科学と技術のあゆみ

兵藤友博／小林 学／中村真悟／山崎文徳 共著

ムイスリ出版

はじめに

　21世紀社会を生きる人類にふさわしい教養とはどのようなものか。その一つの手掛かりは「地球市民」という言葉である。この言葉に含まれる意味は人類社会のこれまでの活動が地球的規模に展開し、グローバルな諸問題——地球規模に広がる環境破壊、国境を越えた経済成長競争、終息しない核軍拡競争、さらにはとどまることのない人権侵害、難民、貧困など——として提起されている。いまや人類はそれぞれの国に帰属するというよりは、ともに地球に生きる市民として互いに連携し取り組むことなしに、こうした問題を解決できなくなってきている。

　人類はこれらの諸問題に対峙し、そこから提示される情報を自らの知性、また人間的態度をもって咀嚼し、言い換えれば、これらの諸問題のさまざまな部面を見極め、その本質を的確に把握できるかが問われている。その際に有効性をもつ教養はどのような内実を備えているのかといえば、教養の基軸を形づくる論理性は歴史性の上に成り立っている。また、教養を構成する知性と人間的態度の現代的到達点は歴史的に形成され、継承されてきたものである。本書が提供する科学史・技術史は、こうした21世紀に生きる人類すなわち地球市民として欠かせない教養の一領域といえよう。

　本書は、人類の誕生から今日までの科学と技術の歴史の中からそれぞれの時代において代表されるトピックを科学史、技術史的に叙述し、全体としては人類がつくりあげてきた科学と技術の成り立ちを通史的にまとめたものである。

　科学と技術のあゆみの中に身を置いて、この歴史の大河がどのように流れ、どこに向かって行こうとしているのかを見据え、これらの歴史のあやを紐解き、それらの事柄の本質はどのようにアプローチすれば迫ることができるのか。科学史、技術史が提供する学びのプロセスにおいてその方法を編み出し、教養の一領域として科学史・技術史を学んでみよう。

　執筆にあたっては、史実を的確に叙述するとともに、それぞれ固有の内容を備えた科学と技術とがどのような歴史社会の中で展開してきたのかに留意し叙述している。ところで、本書『科学と技術のあゆみ』は『科学と技術の歴史』（2015年）の改版で、新たに6章を加えた。

　思い返せば、この間本書を上梓するまでに通算6、7年の歳月を要し、ムイスリ出版での編集会議、メールのやり取りも含め執筆者—編集部との間で、それぞれのトピックスの基本的論点や歴史のとらえ方について忌憚のない議論を重ね、また文章表現、用語の表記などについても改めて整理を行った。ようやく本書をまとめることができたことは、執筆者を代表して感慨に絶えない。

　なお、ムイスリ出版社の方々には、たび重なる編集作業に対して辛抱強くご対応頂き、ここにお礼申し上げさせて頂きます。

2019年8月
執筆者を代表して　兵藤友博

目　次

第1部　科学と技術の起源

第1章　はじめての自然認識と技術 ……………………………………… 2
- 1.1　石器の製作・使用と自然認識　2
- 1.2　ヒトから人間への進化と道具　4
- 1.3　石器の製作技法　6
- 1.4　人間と動物の道具の使い方の違い　―工作道具　7
- 1.5　言語の発明と協働　8
- 1.6　技術の発達と多様な自然認識、火の使用による転機　9

第2章　科学の誕生をおしとどめていた魔術
####　　　　―技術と自然認識の未熟さの補完 ……………………… 10
- 2.1　洞窟壁画と経済的動機　10
- 2.2　石器の進化と農業・牧畜のはじまり　11
- 2.3　埋葬・呪術に込められた意味　13
- 2.4　占星術と国家の命運　13
- 2.5　太陽暦と灌漑農業　14
- 2.6　生産活動の発達と度量衡・算術　15
- 2.7　書記の登場とその役割　16

第2部　古代・中世における科学と技術

第3章　科学的自然観を獲得したギリシア人 ……………………… 20
- 3.1　大地は水の上に横たわっている　20
- 3.2　バビロニアの神話的自然観　22
- 3.3　ポリス社会の形成と鉄器の導入　23
- 3.4　イオニアの植民都市の隆盛とその哲学的気風　24
- 3.5　イオニアの自然哲学者たち　25

第4章　ギリシア自然哲学の系譜 …………………………………… 26
- 4.1　アルケーを「数」に求めたピタゴラス派　26
- 4.2　理性重視のエレア派と、流転する世界を説く多元論派　28

4．3　原子論の誕生　29
　4．4　奴隷制の発達と変貌する市民の関心　30
　4．5　ペロポネソス戦争でのアテネの敗北とプラトン　31
　4．6　イデア論と奴隷制　32

第5章　プラトン、アリストテレスの自然学　33
　5．1　『ティマイオス』が語る自然世界　33
　5．2　師プラトンを批判したアリストテレス　34
　5．3　アリストテレスの四原因説：質料因・形相因・始動因・目的因　35
　5．4　アリストテレスの物質観の本質　36
　5．5　アリストテレスの生物学的解釈　37
　5．6　アリストテレスの天動説と運動論　39

第6章　ヘレニズム期の科学・技術　41
　6．1　アレクサンドリアの科学・技術とムセイオン　41
　6．2　ストラトンの『真空論』にみられる実験的考察　42
　6．3　幾何学の体系化と天文学的計測　42
　6．4　幾何学に機械学を結びつけたアルキメデス　43
　6．5　ヘロンの技術的考案　44
　6．6　古代ローマの天文学と生理学　45

第7章　ローマ人の実用主義と科学の後退　48
　7．1　ローマの建国と軍隊、奴隷制の発達　48
　7．2　ローマの道路建設　49
　7．3　ローマの水道建設　50
　7．4　ローマ市民の教養とその実用主義　52
　7．5　帝国ローマにおけるキリスト教の台頭　54
　7．6　科学の神学への従属化　54

第8章　中世における科学と技術の再生
　　　　　　―ゲルマン、アラビア、中国　56
　8．1　三圃農法と農業生産力の増大　56
　8．2　中世都市の誕生と手工業の発達　57
　8．3　中世都市における大学の誕生　58
　8．4　水車・風車、機械時計　59
　8．5　高炉の発明　60

8.6　大洋航海を可能にした全装帆船　60
8.7　イスラム帝国の学術政策とアラビア語化による「文化的一体性」の形成　61
8.8　ゼロの発見と代数学　62
8.9　アラビアの医学、錬金術（化学）　63
8.10　古典文献の翻訳とアラビア科学の移入　63
8.11　中国の技術（製紙法、印刷術、羅針盤、黒色火薬）　64

第3部　近代科学の成立

第9章　ルネサンスと近代解剖学の成立　68
9.1　ダ・ヴィンチの絵画にみられる科学的手法　68
9.2　中世後期の解剖学の展開　70
9.3　近代解剖学を拓いたヴェサリウスとライバルたち　72
9.4　ハーヴェイの血液循環説　73

第10章　地動説の展開　76
10.1　コペルニクスの衝撃 ―『天球の回転について』　76
10.2　ティコ・ブラーエによる天体観測　77
10.3　ケプラー ―宇宙の数的調和の探求　78
10.4　ガリレオによる天体観測　81

第11章　ガリレオの天文学研究と宗教裁判　82
11.1　望遠鏡の製作を契機に天文観測へ　82
11.2　『星界の報告』　83
11.3　地動説の支持と太陽黒点の発見　84
11.4　科学と聖書のはざまで　84
11.5　戒告　85
11.6　『天文対話』執筆　85
11.7　有罪判決　86
11.8　ガリレオ宗教裁判とその社会的背景　87

第12章　力学を中心とする近代科学の誕生　89
12.1　新しい科学的手法の探求　89
12.2　ガリレオの運動研究　91
12.3　ニュートンによる万有引力の発見　94

第13章 近代化学の成立 ……………………………………………………………… 98
- 13.1 フロギストン説　98
- 13.2 ブラック ―二酸化炭素の発見　99
- 13.3 キャベンディッシュ ―水素の発見　99
- 13.4 プリーストリー ―脱フロギストン空気の発見　101
- 13.5 ラボアジェ ―燃焼理論と質量保存の法則　102
- 13.6 原子論への道　104

第4部　産業革命と科学・技術

第14章 イギリス綿工業における技術革新 ……………………………………… 108
- 14.1 イギリス産業革命の背景　108
- 14.2 綿と三角貿易　109
- 14.3 ジョン・ケイによる飛び杼の発明　109
- 14.4 紡績工程の技術革新 ―ジェニー紡績機の発明　111
- 14.5 アークライトの水力紡績機　113
- 14.6 クロンプトンのミュール紡績機　114
- 14.7 織布行程の改良 ―カートライトの力織機　115

第15章 蒸気機関の発明・発展と紡績業への応用 ……………………………… 116
- 15.1 セーバリー、ニューコメン、スミートンの蒸気機関　116
- 15.2 ジェームズ・ワットと分離凝縮器の発明　117
- 15.3 ワットとボールトンとの共同事業　118
- 15.4 工業用動力源への適用　119
- 15.5 紡績業への蒸気機関の導入とワットの功績　122

第16章 19世紀の物理諸科学と技術 ―電気・磁気・光・熱 …………………… 124
- 16.1 ボルタの電堆と化学の発展　124
- 16.2 電池が促した諸科学の発展　126
- 16.3 諸力の相互転換 ―エネルギー保存の法則への道　127
- 16.4 電磁気の発見　129
- 16.5 技術と科学の結節点 ―熱の効率的利用と熱力学の成立　131

第17章 近代生物学の展開と進化論 ―生物の体制・機能の共通性と歴史性 …… 134
- 17.1 分類学による自然界の体系的整理　134

17.2　発生をめぐって　—前成説と後成説　135
17.3　フランス啓蒙哲学と進歩思想　136
17.4　産業革命と地質学・古生物学の発展　—激変説・斉一説　136
17.5　ラマルクの『動物哲学』　137
17.6　ダーウィンのビーグル号航海と『種の起源』　138
17.7　『人間の由来』の執筆と進化論の受容　141

第18章　近代装置工業の登場
—酸・アルカリ工業の成立と有機合成の始まり　142
18.1　酸・アルカリ工業　142
18.2　合成染料の製造　148

第19章　イギリス製鉄業の展開　153
19.1　コークスによる高炉操業　153
19.2　ハンツマンのるつぼ鋳鋼法　154
19.3　ヘンリー・コートのパドル法　155
19.4　近代溶鋼法の成立
　　　　—ベッセマーの転炉法、シーメンズ=マルタン法、トーマスの塩基性炉　156

第5部　20世紀の科学・技術

第20章　物質・宇宙・生命の世界を探る20世紀科学　162
20.1　ミクロな世界の発見と科学実験・観測装置の登場　162
20.2　量子力学の建設　163
20.3　原子核研究と素粒子論の幕開け　164
20.4　宇宙線観測と高エネルギー加速器の出現　164
20.5　現代天文学の発展と観測・探査手段の発達　166
20.6　分子や遺伝子、生態から生物の謎を解き明かす20世紀生物学　168
20.7　科学研究の現代的展開とその諸問題について　170

第21章　アメリカの大量生産技術　171
21.1　小銃製造における工廠方式　—部品の標準化による互換性部品の生産　172
21.2　ロンドン万国博覧会とアメリカン・システムの発見　174
21.3　民間への工廠方式の普及　—ミシン、刈り取り機　175
21.4　テーラーによる労働の科学的解明　177

21.5　フォードによるT型車の生産　178

第22章　20世紀の化学技術の発達と石油化学コンビナートの形成　181

22.1　カーバイド・アセチレン工業　181
22.2　ハーバー=ボッシュ法と高圧化学　182
22.3　石油精製技術の発達と石油化学工業の登場　183
22.4　高分子説と高分子化学工業の登場　185
22.5　アメリカの戦後復興政策と石油依存型エネルギー・資源構造の形成　186
22.6　チーグラー触媒の登場と高分子化学工業の新展開　187
22.7　石油化学コンビナートの形成と公害　188

第23章　科学と技術の軍事利用　191

23.1　化学技術の軍事利用 —二度の世界大戦　191
23.2　生物・医療技術の軍事利用 —日本陸軍731部隊　193
23.3　核物理学と原子力技術の軍事利用 —アメリカの原爆開発　194
23.4　航空宇宙技術と電子技術の軍事利用 —アメリカの軍産複合体　196

第24章　電子制御の発達と生産の自動化　199

24.1　機械的な制御機構の発達と制御理論　199
24.2　メインフレームとしての大型コンピュータの発達　200
24.3　マイクロプロセッサの開発と分散型の電子制御　202
24.4　装置工業における生産プロセスの自動化　203
24.5　機械工業における生産技術の電子化　204

主な参考文献　207

事項索引　217

人名索引　223

〈執筆分担〉

兵藤友博：第1章－第9章、第11章、第17章、第20章
小林　学：第10章、第12章－第16章、第19章、第21章
中村真悟：第18章、第22章
山崎文徳：第23章、第24章

第1部
科学と技術の起源

第1章 はじめての自然認識と技術

　私たち人類は科学をどのようにして獲得してきたのだろうか。この問いに答えるには科学というものがどういうものなのかを明らかにしたうえで、どのような状況下であれば獲得できるのかを検討することが必要である。

　科学的認識とは、自然界に客観的法則性を認め、それを仮説として観察・実験を行うことで検証し（法則の発見）、その法則の再現性に基づいて予測したりすることといえよう。そうした理解からすれば、科学的認識は法則的認識に達しているのかが問われる。とはいうものの、最初の人類といわれる猿人たちが科学的な法則的認識をしていたのかといえばそうではないだろう。それならば、その前段階となるような素朴な自然認識には達していたのだろうか。この点を考えてみよう。

1.1 石器の製作・使用と自然認識

　人類のルーツは、アウストラロピテクス属の猿人（1924年南アフリカ・タウングで発見されたアフリカヌス、エチオピアでその存在が見いだされた390万年前のアファール：1974年公表、420万年前に出現したアナメンシス：1987年公表など）とされてきた。その後、アルディピテクス属の猿人（440万年前のラミダス：1992年、500万年前をゆうに超えるカダッバ：1997年など）がいずれもエチオピアで発掘され、700万年前に遡るともいわれるようになった。それらはヒト（ホモ属）とサルをつなぐミッシングリングといわれ、その解剖学的特徴はヒト的である。

　もう一つ注目すべき事実は、アウストラロピテクスは石器を使用していたことが判明しており、道具の使用という重要なヒト的特徴を備えている。

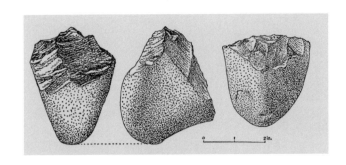

図 1.1　オルドワン型礫器(れっき) (タンガニイカ)

　さて、石器づくりはどのようなものだろうか。石と石をぶつけたところでその割れ方はさまざまで、

意外と難しくその作業は想像を絶するものであっただろう。それでも彼らは試行錯誤の末に、やがて打撃の仕方と石の割れ方の関係、また石器に適した石を見つけ出した。この製作過程こそは経験的ではあったが自然の理を認識する過程であったのである。

なぜならば、原料としての石、またいくぶん加工された中間生産物としての石器、完成品としての石器は、それをつくる鉱石自体の物理的特質・形状に貫かれている自然の理に即して変化せざるをえない。そして、改変された自然（石器）は人工的構造物として結実した技術の原理に従って機能するからである。いいかえれば、石器の製作・使用にあたって、石器には技術の原理が備わって原料としての鉱石とは見違えるようなパフォーマンスをとるに到る。だが、その根本は石器の原料としての自然そのものの原理に基づくもので、その意味で石器は自然の原理を超えてその機能を発揮しない。つまり、技術は技術固有の原理を備えなくてならないが、技術の製作にあたっては自然の原理をつかまえなくては技術には到らず、技術の製作・使用はその限りで自然認識の過程でもある。

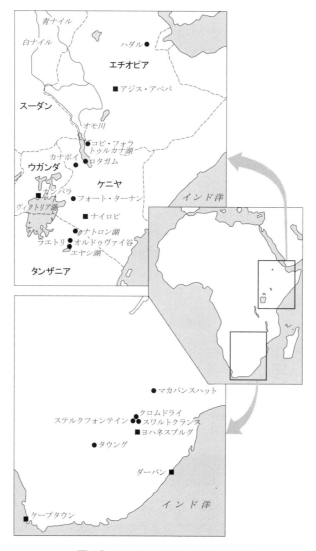

図1.2 アフリカのおもな人類化石出土地

しばしば、五官を生き生きとさせることで自然を豊かに認識できるのだといわれる。けれども認識は、技術を媒介した自然に対する働きかけを行うことで、はじめてその本質を豊かにかつ的確にとらえられる。たとえば、電流の本質は感覚だけで的確に感じとれるようなものではない。電流をとらえるには少なくとも電流計や回路など、実験・観測手段が必要である。宇宙のかなたの天体をとらえるのに肉眼では非力である。そこで光学望遠鏡や電波望遠鏡で観測するのである。このような実験・観測手段のような技術を媒介させて自然現象の実際を捉えるのは、多くは近代以降において科学がこれを装備してからであるけれども、このことは科学研究ならずとも広く人間活動にも敷衍できることである。

前述のアウストラロピテクスの場合についていえば、石を触ったり見たりすることで捉えられる認識もあるが、石器をつくる際に敲き石（たたきいし）で原料の石にどのように打撃を加えたらよいかを思案して得られる認識は、感覚だけで捉えられる認識とは違ってより深い認識を獲得させる。人間は技術を媒介させて自然を原料として生活物資（製品）をつくり出すのであるが、さまざまな技術を考案し、これを製作し使用することで、同時にさまざまな自然現象についての認識を広く深く獲得してもきた。多様な認識を成立させる第一の要件は、多様な技術を媒介した活動にあるのである。

1.2 ヒトから人間への進化と道具

このように自然認識の獲得において、技術を自然との間に介在させることは欠かせないことである。しかし、人類の進化史を調べてみると、これまでの考古学的調査では最初から石器を製作し使用していた証拠はない。このことは人類の形態学的な意味での進化の問題もあるけれども、知的認識能力の形成との関係で検討しなくてはならないことである。実に、人類が出現したのはゆうに500万年前を遡るが、石器の出現は250万年前、最近の調査でも330万年前である。もちろん250万年それ以前に、木の枝や石などの自然物をそのまま道具として使用していた可能性もある。だが製作された道具は発見されていない。となると、人類はヒト的形態によって二足歩行をしたが、道具を製作しなかったというギャップがここにある。

ところで、アウストラロピテクスの脳の容積は400cc程度でしかなかったが、道具が製作された250－160万年前の猿人と原人の中間種であるホモ・ハビリスや100万年前に出現した原人ホモ・エレクトゥスは600－800ccへと、脳は大頭化し確実に進化している。

この時期の人類はどのような進化過程にあったのか。食虫類を起源とする人類の祖先はもともと樹上生活を営み、自らの身体の形態的特質を変えてきた。指の対向性や肘や肩の関節の自由度を獲得したり、腰を伸ばす姿勢がとれるようになり、また、指は猫などのようなかぎ爪ではなく平爪であったことから、手先や上半身での器用な物の取扱いを可能にした。確かに嗅覚は衰えたが視覚を発達させて立体視を実現した。とはいえいきなり人類は地上生活へと転じたのだろうか。気候変動に伴う森林の後退という環境変化に、なお樹上生活にとどまった種もいただろうが、これに適応するために次第に二足歩行での地上生活へと移行していった。ここに、他の哺乳類がたどった進化プロセスとの違いが見いだされる。

地上生活で四足歩行をしていた牛や馬は、二本指や一本指でつま先立ちをしている。これに対して人類は、樹上生活で獲得した身体的特質を二足歩行のそれへと展開させ、樹上生活で身体を支えていた足の平で接地し、身体を保持し立ち上がる姿勢をとるようになった。その一方で自由になった手は、指の対向性をさらに完成させ、手全体で物をつかむ握力把握に加えて親指と人差し指、中指による精密把握を実現させ、手指をより器用なものにした。つまり、二足歩行に移行していくのに伴って、もちろん身体や各種の器官を進化させたが、さまざまな自然物（石や枝木など）や食べ物を手でつかみ、ときにはより小さなものを指でつまむことを繰り返すことで、二通りの把握を発達させた。そこまで到るのに、先に指摘したギャップ、およそ200万年をこえる年月を要し、確実に道具を製作し使用できる段階になった。石器の製作・使用の以前に解剖学的に見てヒト的特質を形成していった過程があり、そこからより高度なヒトへと進化する段階があったのである。

図1.3 食虫類からサル、類人猿、ヒトへの進化　（出典：伊藤嘉昭『人間の起源』一部改変）

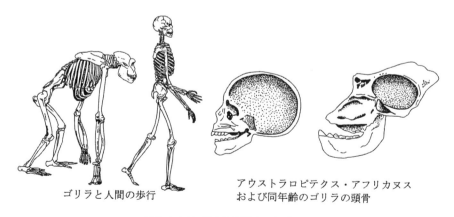

ゴリラと人間の歩行　　　アウストラロピテクス・アフリカヌスおよび同年齢のゴリラの頭骨

図1.4 アウストラロピテクスとゴリラ

1.3 石器の製作技法

　最初の石器そのものは素朴なものではあるけれども、その技法は意外と複雑なもので、石の形状を見ながら一打ごとに打撃方向や打撃力を加減しながら、またどうしたら目的の石器が効率よくできるか、作業の仕方を工夫し、握り斧状の礫石器を作った。

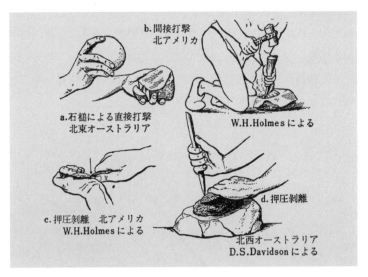

図 1.5　石の剥離の方法　　（出典；オークリー『石器時代の技術』）

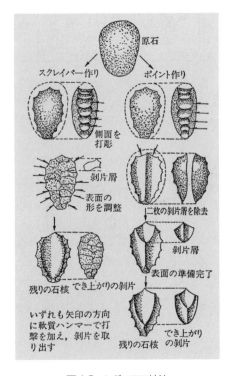

図 1.6　ルヴァロア技法

片刃礫器（れっき）といわれるものは、片面を敲き石を用いて数回から 20、30 回程度打撃を加えて製作された。また扁桃形などの形をしたより進んだ両刃礫器は、50 ないし 80 回程度木製あるいは骨製のノミを用いた間接打撃で製作されたと思われる。これらの敲き石やノミは後述する工作道具の原初的なものである。やがて石片を取り出しやすいよう石核をあらかじめ整え（第一操作）、敲き石やノミを用いた直接ないし間接打撃、あるいは押圧によって剥離し（第二操作）、こうして得られた剥片を調整加工（第三操作）して得られたのが、剥片石器である。ルヴァロア技法（パリ近郊のルバロア・ペレ遺跡にちなんだ呼称）とよばれるものはそのうちの一つで、8 万年前までの前期旧石器時代に相当するものである。

握り斧状の礫石器は、固い実を割ったり植物をすりつぶしたり、あるいは動物を殴り殺したり骨を割って骨髄を食べたりするときに用いられた。その後に登場した剥片石器は、動物の皮をはぎ、肉を切り裂くこともできた。また、死肉食あさりだったのかそれとも狩猟だったのかであるが、恐らく死肉食あさりから狩猟へと移行していったと思われる。

脳の重さは体重の 2%にすぎないが、脳のカロリー消費量は全体の 20%にも達する。肉食はそれを充足した。人類は、道具を製作することで、動物の狩猟、その解体を行い、自らの生の営みを転換していった。一説には、このような肉食への展開がこのような大頭化を生み出したという。

1.4　人間と動物の道具の使い方の違い　—工作道具

周知のように、動物たちのなかにも道具を用いて捕食するものがいる。ラッコは石を使って貝殻を割り、エジプトハゲワシは石を空中から落としてダチョウの堅い卵の殻を割って食べる。ダーウィンが進化論を考える契機となったガラパゴス諸島に生息する鳥ダーウィンフィンチは、サボテンのトゲを用いて木の中の虫を捕らえて食べる。捕食ばかりではない。ビーバーは草木や土でダム（巣）を、クモは網の目の巣を、ミツバチは六角形の房の巣をつくる。あたかも設計図があるかのように見事にやってのける。

こうなってくると、動物たちのなかにも技術を媒介させて目的を果たし、人間と同様に自然界を認識しているものがいることになる。しかし本当にそうなのだろうか。問題は、動物の道具使用はどの程度のものなのか、それは本能的行動の一環にあるのか、それとも知能的行動によるのかということだ。概していえば、動物たちの行動は、ことに高等哺乳類の場合は知能を発揮した思考が介在することもあるが、それらは複数の無条件反射が組み合わさった行動、あるいはそれぞれの動物種で共通のパターン化した本能的行動、あるいは欲求を満たすための具体的状況を前にした思考や行動の試行錯誤だともいわれる。

とはいっても動物たちのなかには、たとえばチンパンジーは、シロアリを捕らえるのに植物の枝やつるの葉を取って、これを釣り道具としてシロアリの巣に差し込んで食べることがある。つまり、チンパンジーは道具を使用するだけでなく道具を製作する。となると人間だけが道具を製作するのではない。ここで留意すべきは、チンパンジーがシロアリの釣り用具の製作に工作道具を用いたのかということだ。この場合、チンパンジーは自らの手指、歯などを用いてつくっているにすぎない。霊長類

を研究する人類学者たちは、サルとヒトとの連続性を追求して、あれこれ試みる。だが、道具によって道具をつくる、すなわち二次的な道具「工作道具」を製作し、これを用いて道具を製作するかが問題とある。

人間は工作道具を製作し、これを用いて一次的な道具を作る。後期のアウストラロピテクスや前述のホモ・ハビリス、ホモ・エレクトゥスも道具をつくる道具を持っていた。近年の調査によれば、ハンマーとして用いられたとみられる、多角形のボール状の石核が出土している。今日では工作道具の製作どころか、工作機械さえ持つに到っている。

人間はあらかじめ狩猟や採取の状況を想定し、どのような狩猟用の道具を製作したらよいかを過去の経験を参考に設計し、工作道具を用いてそのための道具を作る。その過程はきわめて計画的、いいかえれば戦略という仮説に基づいた技術設計・製作の過程である。そして、それを実際に使用してその効能を検証する。それは科学における実験的手法の起源というべきものともいえよう。ここに他の動物にはない人間の自己学習的習性という特質がある。

1.5 言語の発明と協働

人間は、道具を製作し使用することを通じて自然界の仕組みを知るのだが、この認識が緻密になり蓄積され、多くの人間のものとなるには道具の製作・使用だけでは不十分である。

先に肉食のことに触れたが、肉食獣は本能に支配された行動プログラムで獲物を捕獲する。これに対して樹上生活を経ることで肉食獣とは異なった進化を遂げた人類は、強力な身体、かぎ爪、キバを持たず、その点ではきわめて無力である。だが、その代用物といってもよい狩猟道具を製作し、これを武器に獲物に挑もうとする。その際に人類は互いに連携する必要性から、身ぶりや手ぶりとともに言語によるコミュニケーションをとるようになった。言語は、身ぶりや手ぶりとは違ってより複雑な状況を説明し、事態の解決のために何をしたらよいのかを相談しその指針を示すのに効果的である。

確かな認識を獲得した人類は、言語を媒介することで具体的思考ばかりか一般的な表象や概念を駆使した抽象的思考を働かせて、次から次へと行動の仕方を発展させうるような知能的行動ができるようになった。人類がハーレム社会を形成していたのか、乱婚的社会を形成していたのか、どういう社会を形成していたのかという問題もあるが、協働する人類の社会化された活動は次第に複雑さを増し、相互に連携をとる必要性を感知させ、言語コミュニケーションをとるようになった。感覚に加えて、言語を媒介させることで、人間は思考し記憶し、認識した内容を伝えあう。言語は多様な認識を成立させる第二の要件である。

人類は二足歩行に移行し直立した結果、咽喉は複雑な音声を発生しうるようにその構造を解剖学的に変化させていった。先のホモ・ハビリスはその咽喉や口腔の解剖学的構造からみて、初歩的ではあるが言語を操ったと考えられている。いうならば、ようやくこの段階になって人類は生物学的「ヒト」ではなく、道具を製作し言葉を操る社会的「人間」として進化し、人間として独り立ちしたのだろうか。また、人間は人間らしい形態をもった身体・器官を備えて誕生するが、これらの身体や器官に潜在化している能力を訓練し学習し、行動様式として顕在化させ、人間としてその集団に加わるように

なった。現代においてヒトが一人前の社会的な人間となるためには10－20年もの歳月を要している。

さて、言語の機能は外界の事物を一般化して表現するところにある。感覚でとらえた具体的な事物、たとえば、ある石器の表象が音声記号〈セッキ〉と結びついて認識される。そして、その個別的な表象がそれと類似した他の具体的な表象（別の石器の表象）と結びつくと、石器の共通した特徴を備えた一般的な表象へと転じる（幼児にとって〈ハハオヤ〉は特定の母親であって、ただちに他の母親を〈ハハオヤ〉と認識しない）。こうした表象は石器だけでなく棍棒、槍、弓矢など、その他の事物についてもそれぞれの音声記号と結びついて同様に認識される。だが、これらの道具を総合した道具一般を一つの像として表象することは難しい。そこで、音声記号〈ドウグ〉と結びつけて道具一般の概念、すなわち、さまざまな道具に共通する一般的特質をその概念に集約して認識するのである。この表象と概念に関する認識の仕方は自然界の事物についても同様に成り立つ。こうして、道具の製作・使用に加えて言語活動が展開されるに伴って脳は発達し、大頭化していった。

労働とは、人間が人間自身の自然力（腕と脚、手と脳など）を用いて、労働対象である自然物との間に道具（技術）を介在させて加工し、集団的に協働して生活物資をつくり出すことを指す。この際に生活物資がつくられるだけでなく、自然物に働きかけた主体である人間自身の自然力、すなわち頭脳を含む身体全体をつくり変えてもいる。知的営みは基本的に労働と一体化したもので、前述のホモ・ハビリスやホモ・エレクトゥスの行動はまさにこの始源的なものにあたる。その意味で労働は科学の起源であるといえよう。

1.6 技術の発達と多様な自然認識、火の使用による転機

原始時代においてどのような自然認識を得たのだろうか。それらは経験的かつ断片的ではあるが、生命維持のための食料の確保行動からは、獣たちの習性や身体の仕組み、ないしは植物の自生の仕方や果実の構造についての知識であろう。本節で述べた石器の製作・使用からは石器にふさわしい鉱物材料や、精緻で効率的な加工法を見いだそうとの探究過程からは初歩的ではあるが鉱物学的、力学的知識を獲得した。ほかにも昼夜の天空の様子、気候の変動とそれに伴う森や草原、湖沼や河川の変容などの多様な知識を得ただろう。

さて、その後の原人、旧人、新人への人類の進化史の詳細はそれらの文献に譲るとして、自然認識の発展に関連して欠かせない点は、数10万年前（一説によれば120万年前）に始まった火の使用である。火の使用は他の動物と人間とを分け隔てるものの一つである。というのは、類人猿などの一部の動物たちは前述のように簡単な道具を使用するとしても、火はどんな動物も使うどころか近づくこともできなかった。ところが、人類は火山や山火事から火の効能を知り、その火を松明にすることで夜の闇を照らし、獣たちを威嚇し、焚き火をして寒い日には暖をとり、生存環境を拡大するだけでなく、山火事の後の焼けこげた動植物を食することで、焼いたりあぶったりして食べることを知り、化学反応を原理とする技術獲得のとば口に立ったのである。

第2章 科学の誕生をおしとどめていた魔術
― 技術と自然認識の未熟さの補完

　こうして人類は自然界のさまざまな事物を多様に認識できるようになったが、道具（技術）と言語を獲得すれば、それで自然界の事物を的確に認識することができるのかというと、そうではない。人類が手にした技術は未成熟でその効果は限界性をもっていた。獲物を捕獲しようとしてもその可能性は決して大きくはなかった。また、言葉は具体的な事物の一般的特質を表現するといっても、本質をとらえているとはいいがたく、その把握の仕方いかんではいかようにもとらえられ、不確かであった。

　原始の時代にあって非力な人類がなしえたことは、大自然の絶対的ともいうべき圧倒的な存在感に比すれば、ささやかなものであった。魔術や呪術のような、現代からすれば非合理的かつ超自然的ともいえるものがなぜこの時代に行われるようになったのかというと、意識をもつようになった人類は大自然に威圧感をいだき、そこに自己の存在をはるかに超える存在を見いだし、天空や海洋、大地はもちろんのこと木や石などにも神霊や精霊が宿っていると考え、これに祈ることで技術の未成熟さ、知識の不確実さを補おうとした。ある意味では、技術と自然認識が未成熟ゆえに、自然に対する神秘的・非合理的な見方を許した。この展開は科学的な見方の誕生への産みの苦しみの過程ともいえよう。

2.1 洞窟壁画と経済的動機

　壁画的遺跡の古いものとしては、南アフリカのブロンボス洞窟から中期旧石器時代（BC7.5万年前、一説には10万年前）とみられ、幾何学的な線刻模様が描かれたオーカーとよばれる粘土状の破片（顔料の原料）が巻き貝のビーズ装飾品と共に発見されている。これは後期旧石器時代（1万数千年前頃）とみられるフランスのラスコーやスペインのアルタミラの洞窟壁画より相当早い。

　そのことはともかく、洞窟壁画は何の目的のために描かれたのだろうか。牡牛や野牛、鹿、馬、山羊など、多くの動物の姿が見事に描かれている。『文明の起源』を著したG.チャイルドは、それは〈単なる神秘的な「芸術上の感激」の表現ではない。事実芸術家は、確かに楽しんで、これを行ったが、‥‥まじめな経済上の動機から行った。‥‥洞窟壁画が魔術上の目的をもったことを、示すものである。‥‥まちがいなく成功するために、時々‥‥ヤリのつきささった野生の牛を描いた。〉これらの壁画には、実際狩猟の様子を描いたもの、なかには鳥のカブトをかぶったと思われる呪術師（シャーマン）の姿が描かれたものもある。シャーマンは部族の経験上の伝承を受け継いだ知恵袋ともいえる存在であったが、事が成就するように祈った。占いを行い、祈りを捧げることで未熟な技術を補完し成就しようとしたのである。

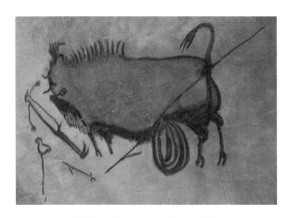

図2.1 ラスコーの洞窟壁画より

2.2 石器の進化と農業・牧畜のはじまり

　農業や牧畜が始まるのは新石器時代であるが、その先駆けとなるものは中石器時代に由来する。また、後期旧石器時代に由来する石刃技法では、多様な機能を備えた、かつ研磨された磨製石器が造られるようになった。また多様な材料を原料とした道具をつくり出した。漁労を可能にした骨角器もその一つである。中石器時代になると細石器化の進行に伴い、石刃はより鋭利になり、穀草の実を刈り取ることができる規格化された形状の細石器をはめ込んだ石鎌が登場し、石皿、石杵も発見されている。また狩猟の対象となる動物種拡大の可能性を開く弓矢や、森林の木の加工を可能にした柄つきの石斧（石錐で柄を取りつける穿孔をうがつ）など、組合せ型の複合道具も製作されるようになった。こうして弓の弾力性や矢の空気力学的な抵抗、野鳥の生態など、経験的ではあったがその知識は拡がり深化した。

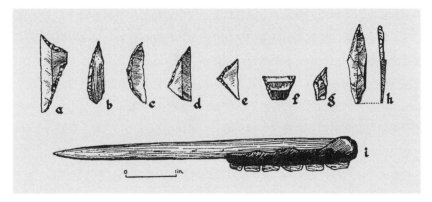

図2.2 各種の細石器とナイフ

　種火を宿した炉だけでなく、後期旧石器時代以降には火打ち石（たとえば黄鉄鉱）を石英・フリントに打ちあて、乾燥キノコに点火する方法や、きりもみ式、弓ぎり式などの摩擦による発火技術が発明されるにいたって、火を自由に扱えるようになった。火は自然物に化学的な作用を引き起こす技術的基礎を与えた。

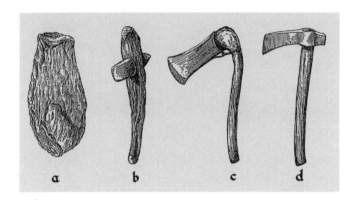

図2.3　斧の進歩　打製石斧、柄にはめられた磨製石斧、柄つき青銅斧、鉄斧

図2.4　錐もみ式火起こし

　土をこねて焼いた土器の出現は2万年前との調査もあるが、1万2000年前にはつくり出された。こうして石器や掘り棒などの物理的作用で自然物に変化を引き起こす道具とならぶ、化学技術としての容器が出現した。容器を用いて穀類の貯蔵や煮炊きによる料理が行われ、また発酵作用による酒の醸造、薬液を浸しての皮なめし、染めものなどの技法が発明された。さらには金属鉱石から金属を取り出すのにも火は不可欠であった。これらの営みから初歩的な化学的知識が獲得された。

　狩猟・採取の問題は、捕獲したものを貯蔵しておくと腐植してしまう。しかし、人類は野山に自生している穀類や果樹の面倒をみる半栽培や種を播いて栽培を行ったり、野生動物を生け捕り生きたままストックしたり、それらを家畜化して繁殖させる拡大再生産の利点に気がついた。こうして農業・牧畜が始められるようになり、人類の経済活動は獲得経済から生産経済へと展開した。これらの農業、牧畜の開始は植物の発芽・生長・開花・結実・枯死の過程や動物の生殖・誕生・成長・死亡という、動植物の生態に関する知識を獲得させた。これらの知識はおそらく狩猟、採取活動の段階では断片的であったと思われるが、農業・牧畜の開始とともに確かなものとなった。また動植物のライフサイクルは、自然界に因果関係があることを知らしめることとなった。

2.3 埋葬・呪術に込められた意味

このようにして人類の自然界に関する知識は拡充されたけれども、気候の変動や病害虫など、思いもよらない出来事が到来したりして、必ずしも収穫は保証されるものではなかった。雨乞いや風の招来などの祈念は、これらをコントロールしようという呪術であった。また、死者の埋葬にはいろいろなタイプが知られているが、土葬は死者を自然回帰させるものといわれる。祖先を大地に埋めることでその霊が穀物の種子の発芽を守ってくれると考えられていた。また宝石を装身具として身につけるのも、単に着飾るためではなく富や長命の望みを託すためにその魔力にあやかろうとするものであった。しばしば石や象牙、粘土製の女性の性的特徴を誇張した小像が出土されるが、これは出産による種族維持とともに生命を産み出す女性にあやかって収穫の豊饒を祈ったとみられる。これらの神霊や精霊の魔力に頼る呪術的ともいえる行為は、そこに非合理的ではあるが因果関係を自然界のなかに見いだしていた証拠である。とはいえ、世界の理解の仕方は神秘性に包まれていた。

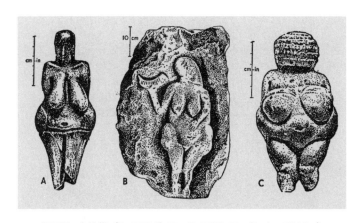

図2.5 女性像（A. モラヴィア、B. フランス、C. オーストリア）

2.4 占星術と国家の命運

占星術は、天空の異変と地上の出来事との相関を見いだそうとするもので、経験主義的な天体観測をよりどころに、紀元前三千年頃にメソポタミア平原のカルディアに登場した。当時の占星術の多くは天下国家の行く末を占うものだった。というのは、当時の古代国家は神の化身とされる専制君主を頂点とする中央主権国家をなし、占星術師は王と国家のために仕えていたからである。占星術師は王家の運命、外敵の侵入・戦争、飢饉・洪水など、不測の事態に備えるべく、天空の異変（通常の星とは異なり、天空をうつろう惑星の動きや日食・月食、彗星の出現など）に地上の異変の予兆があるとみて、占星術を行った。こうした占星術のなかには、穀物の生長や魚介などの成長状態を占うものもあった。星位図は牡牛座や双子座、獅子座、サソリ座などによって構成されるが、たとえば小麦の値段は天秤座の位置によるのだとか、魚卵の成長状態は魚座の輝きと関係しているとされた。火星がサソリ座に近づくと王の死を招くとされた。これらは天下国家のための占星術であったが、やがて時代とともに個人のための占星術が支配的となっていった。

2.5 太陽暦と灌漑農業

今日、国際的に使われている太陽暦はエジプト起源（2781年制定）の暦である。なぜ太陽暦がエジプト起源なのか。それはエジプト人のこだわり、彼の地で行われていた農業と関係がある。ナイル川は毎年定期的に氾濫し沃土を上流から運んだ。そうして形成された川沿いの沖積平野を灌漑して農業が行われた。問題はナイル川の氾濫をどうやって予知するかである。神官たちはナイルの川の水位も計測したが、長年の天文観測から一年を区切る星はどの星でもよかったが、多くの星のなかからそのサインになる星を決めて、見張ったのだった。その星はおおいぬ座の星シリウスであった。なぜならばシリウスが日の出前に東の空に見えるようになると洪水季（6月末〜10月）となり、中空に昇って輝くようになると水が引き播種季を迎え、それから4ヶ月後日暮れの西の空に見えるようになると収穫季が訪れる時季に合ったからである。

図2.6 古代メソポタミアの犂(すき)（上）、古代エジプトの犂（下）

こうして1年を365日（30日×12月＋付加日5日）とする暦がつくられたが、やがて季節とのずれが生じ、4年に1回366日のうるう年を入れる太陽暦がつくられた。ここで注視すべきは、その天と地の相関は、本来は天文現象の周期性と地上の季節の循環性との合理的関連性をもととしているが、神官たちは「神の御心」の通訳者として振る舞い、天文観測をバックに呪術性をよそおった。なお、古代エジプトにはオシリス信仰なるものがあるが、農耕を司っていた神オシリスの妻：豊饒の女神イシスのその涙によってナイルの川の水かさが増し、大地を潤すとの神話が伝えられている。太陽暦の基準となるシリウス星はそのイシスの象徴として同一視される関係にあった。

　文明は風土に規定されるともいわれ、固有の風土をもつ地域の生産活動、その要となる技術は、その自然環境にふさわしいものが考案される。古代エジプトでは河川水に頼る灌漑農業が行われたが、

これとは気象・地理的条件の異なるギリシア、ローマでは湿潤で雨水に頼る乾地農業が行われた。

図2.7 階段の壁に刻まれた水位計

図2.8 オシリスとイシス

2.6 生産活動の発達と度量衡・算術

　それにしても灌漑技術はまさに古代の農耕文明にあって生命線というべきものであった。それは太陽暦を生み出しただけではない。その土木事業や地代、農産物などの貢ぎ物の管理は、計量単位や算術、測地学などを発展させた。月の満ち欠けを数えた痕跡は少なくとも1万数千年をさかのぼるが、いつ頃からか穀物の入ったカゴや家畜などを数えることから数の概念が形成された。

　また、古代農耕社会にあっては収穫物の重さや倉の容積、土地の広さなどを計量するために度量衡の標準が必要となった。計量は物と物を直に比べることから始まり、ついで身体の各部分すなわち指や手、腕、歩幅の長さ、あるいは1カゴの容積・重さなど、たとえば、1グレイン：大麦の粒 (0.0648g)、1カラット：キラトという豆の実（約200mg）、1秒：ノギという稲の穂先の毛のことで「あるかないかの量」、1デジット：中指の幅、1パーム：手のひらの幅、1キュビッツ：肘から指の先端までの長さ、あるいは1パッスス：1複歩、1スタディオン：古代オリンピアの走路の長さ（ゼウスの足裏600歩分ともいわれる、太陽の上端が地平線に顔を出してから下端が地平線を離れるまでの時間の2分間に歩くことのできる距離）等々、いろいろな単位がある。しかし、身体や穀物を標準にしたのではそれぞれ大きさは異なり、都合がよくない。そこで社会的に統一した標準を定める必要が生じて、たとえばモノサシにその統一した標準を記し、重さを計量する場合は標準的分銅を石や金属でつくって天秤やハカリ竿で計量するようになった。

　そして、エジプトやバビロニアではこれらの生産活動に関わるいろいろな問題の解決が求められ、算術が考案されることになった。さまざまな形の畑の面積と収穫量、いろいろな形の容器に詰められた穀物量、パンをさまざまに分配したときの量、円筒形の井戸の内壁に必要なレンガの数、ピラミッドの傾斜面の体積、土木作業における土塊と人夫一人あたりの仕事量、織布にかかる時間、醸造に必

要な穀物の量、等々。これらの実際的問題を解決するために、分数の記述の仕方を含む記数法をはじめとして加法・減法、被乗数の倍加による乗法、除数の倍加や半減による除法、さらには平方表・立方表・逆数表などの各種の計算表を編み出して解いた。生産・分配・流通・消費に伴う経済活動の展開がこれらの算術発展の契機となった。

　それらの解答は実際的な概算ではあるものの、たいしたものである。円の求積にみられる円周率に相当するものは $4(8/9)^2$ で、小数に直すと 3.1605 である。これは、一辺が 9 の正方形の各辺を 3 等分して 4 隅にできる三角形（面積 9/2）を切り取った八角形の面積、それは 63 になる。一方、この八角形の面積はまた一辺が 8 の正方形の面積ともそれほどかけ離れていないことから算出したのではないかとの推測がされている。どちらにしても幾何的図形の相互関係の考察をもとに導出しているのだけれども、この円の求積よりも一層見事なものは「円の面積の円周に対する比 $\pi r^2 : 2\pi r$ は、その円に外接する四角形の面積のその周囲に対する比 $4r^2 : 8r$ に等しい」である。この比にまったく齟齬はない。また、次のような、今日ならば代数によって解く、「アハ（積み上げた山の意という未知数を表す言葉）とアハの 7 分の 1 の和が 19 であるときのアハを求めよ」というような問題を、仮定法を駆使して解決しているものもある。

　このようなものをみると、算術というよりは数学的な解析へと近づいていたかなり高度なものともいえる。しかしながら、これらの算術は伝承的に受け継がれたが、数学的ロジックのなかで解析されることはなかった。何がそうした段階にとどまらせたのか。これを駆使していた書記たちはその本質的理解が求められていたのではなく、実際の現場で具体的な問題を解決し役立てられればよかったのである。

2.7　書記の登場とその役割

　このような算術や測地に取り組んだエジプトの書記たちは、世襲の者を含め訓練所で徒弟的教育を受けることになっていた。文字は、空間・時間を超えて知識を伝えていく表現手段ではあるが、それを習得するには、複雑な象形文字のヒエログリフ（聖刻文字）や草書体のヒエラティック（神官文字）を学び、さまざまな記録文書、畑の地図、暦、計算書などを読み解くことを長期にわたって仕込まれた。彼らは、葦の筆（灯心草すなわちイグサの茎から作られた筆も使われたことがある）と、石製または木製のパレット、赤と黒のインクの塊とそれを溶かす皮製の水袋または壺を携えて書いた。

　当時の様子を物語る絵として、書記が測量士とともに、河川の氾濫後の徴税の基礎となる境界石をただすために、奴隷たちに測量用の結び目のついた縄を運ばせているものが伝えられている。彼らは、国家の統治に関与する神官と同様に、もっぱら精神的労働を行うスペシャリストで、農夫や職人（金属細工人、鍛冶屋、陶工、石工、大工、指物師、織物師、皮革細工人、カゴ作り師、理髪師、サンダル造り、焼印押し、養蜂人、等々）などの肉体的労働を行う者たちとは異なり、王侯に仕える特権階級の一翼を担った。書記たちの知的能力は国家支配のために利用されていたともいえる。そこには階級格差がみられる。一例を上げれば、金属細工職人たちはいろいろな金属や溶剤、それらを扱う巧みな魔術的ともいえる手法を知っていたが、書記たちは汗まみれのこれらの職人たちの汚れた手仕事を

軽蔑して、それらの貴重な経験を記さなかった。

　今日伝えられている、古代河川文明の時代の知的貢献が、収穫物の算定、神殿における天文観測に見られるように、概して算術、天文などに偏在しているのは、それらが国の支配のために行われていたからであろうか。科学や技術は、自然を母体としているにも関わらず、場合によっては自然を破壊し、人間をも殺傷するものとなる。こうした科学や技術のあり方には、科学や技術の利用がその時代の支配階級の利益を確保すべく利用されるという、科学の階級性の問題がある。この起源は国家が出現する河川文明の時代に発する。

図2.9　古代エジプトの書記坐像

図2.10　古代エジプトの測量風景

第2部
古代・中世における科学と技術

第3章 科学的自然観を獲得したギリシア人

　前節で最後に記した知識の獲得は、生産活動、ある意味では労働と一体化していた。つまり、会得されたとはいっても、ものづくりそのものに即した形でいわゆる勘と経験において獲得されているのであって、測量や算術に見られるように実際的な運用には活かされたが、自然界の原理を解明するものではなかった。また、神霊や精霊が自然界に宿っていて、それが自然界をコントロールしているという神的自然観が支配的な時代で、自然界は神秘のベールに包まれていた。

　こうした枠組みを脱して、自然界を科学的にとらえてその原理を合理的に理解しようとしたのが他ならぬ、古代ギリシアの哲人たちである。なぜ古代ギリシアの哲人たちが古代エジプトやバビロニアとは異なって、自由な思索を展開し、科学的な自然観を獲得しえたのか。これが本節のテーマである。なお、ここで科学的自然観というのは自然現象を自然そのものの原理に基づいて説明する見方（思想）のことを指す。

3.1 大地は水の上に横たわっている

　周知のように、初めて科学的な見方を提起したのは小アジア（現在のトルコ）の西海岸地域イオニアのミレトスの自然哲学者タレスである。タレス（前624頃－前546頃）は政治、経済に通じていただけでなく、各地のより進んだ知識を見聞し、実践的な問題の解決を試みた。エジプトの測地法によって沖合の船の位置やピラミッドの高さを算定したり、また、天文学的知識にも長けバビロニアの星表をもとに日食を予言したり、星の観測をもとにした『航海天文術』を著し、さらには河川の水路工事や船舶操舵機構の改良にも通じていたという。

　さて、タレスは《大地は水の上に横たわっている》と語ったといわれているが、なぜ彼はそう語ったのであろうか。後のギリシアの哲学者アリストテレスは、タレスは《ただ質料の型に属する原理のみが万物の原理である。そのゆえに何ものも生成することも消滅することもない。このような哲学の開祖タレスは水がそれであるといっている。彼がこのような見解を抱くにいたったのは、おそらく万物の栄養は湿っていること、また熱そのものは湿ったものから生じ、またそれによって維持されるということなどを観察したことからであろう。》（『形而上学』）と記している。

　万物の原理とはギリシア語のアルケーに相当するが、世界は生成消滅するもののそれを形づくる物質は保存される。すなわち、その一つの物質が質的に異なるものへと転じ、多様な物質世界をつくり出す。水は温められて蒸発し、冷えては氷となって固体となる。また蒸発して何処とはなしに消えた水は、再び雨となって地上に降り、川となって流れて土砂を運んで沖積させ肥沃な大地をつくる。そ

れはミレトスのマイアンドロス川も例外ではなくどこでも同様に起こる。そして海にとうとうと注ぎ行き着く。また、それは霧や露となることもある。そればかりではない。人は水を欲して飲み、汗をかき排泄をする。実に水はいたるところにあり、しかも可変性、可動性に富んで相互に変化しうる普遍的物質とみえた。そこでタレスは自然界を自然（水）の原理で説明しようとした。

図3.1 タレス

図3.2 ヘカイタイオスの世界地図

このタレスの見方は、一面でエジプトやバビロニアに共通する部分もあったが、はなはだ異なっていた。タレスは神の存在を区別して自然観から切り離した。いいかえれば、世界の創造主である神を追放することで、初めて科学的な自然観を説いたのだった。

図3.3 古代都市ミレトスの遺跡

3.2 バビロニアの神話的自然観

　なぜ古代エジプトやバビロニアでは神を追放できず、ギリシアは可能だったのか、この点を古代バビロニアの前 2000 年頃の新年祭に奉納される祭儀文「エヌマ・エリシュ」を例に比較してみよう。この祭儀文は古代バビロニアの水から始まる天地創造物語である。その概要は次のようなものである。
　《天と地を生んだ父アプス（淡水）と母ティアマト（海水）が混ざり合い、ラームとラハムとが、その両者から天の精霊の男神アンシャルと地の精霊の女神キシャルが、そしてこの両者から天の神アヌが、さらにアヌから地と水の神エアが生まれた。アプスとティアマトの子孫の多くの神々が生まれたのだが、そのうちにこの神々の騒がしさにアプスは不快を感じたが、この騒がしさを鎮められなかった。一方の若い神々のなかでも知恵のたけたエアは作戦を立てて、アプスに呪文をかけて眠り込ませて殺した。エアはそこを占領してダムキナを花嫁に迎え入れ、マルドゥクを誕生させた。このマルドゥクは女神たちに育まれ、バビロンの主神へと成長した。王権を授かったマルドゥクは嵐と雷の神の武器を持ってティアマトに挑んだ。ティアマトが大きく口を開いたときに、マルドゥクは激風を送ってティアマトの腹をふくらませ、矢を射った。その矢はティアマトの心臓に突き刺さった。そして、マルドゥクはティアマトを二つに裂き、一方を高く上げて大空にし、もう一方を大地の土台にした。マルドゥクは神々に神々の居所を割り当て、星々を大空に輝かせて、季節と暦を定めた。こうしてすべてが定まった後に、マルドゥクは神から外されたティアマトの側近キングの身体を切り裂いて、神々に奉仕する人間とよぶ「しもべ」を造った。》（ガスター『世界最古の物語』）

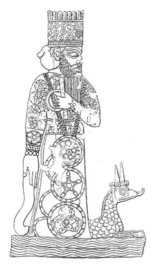

図 3.4　マルドゥク神

　この祭儀文は神々が血を流す生々しい記述になっているが、それは自分たち人間たちの現実を反映したもので、祭儀文の内容は人間がこしらえたものであることを示している。それはともかくとしても「水」を支配している神の身体から大空と大地が造られ、またマルドゥクは風を皮ひもでつないで嵐と雷を自由にコントロールするというのだから、まさに天地は水づくし。この点でタレスの《万物の栄養は湿っていること、また熱そのものは湿ったものから生じ、またそれによって維持される》と大いに通ずる面をもつ。
　それは古代バビロニアにあっては灌漑農耕を行い、それで生活の糧を得ているという、水こそが生命線であることを示しているが、神が抜きがたい存在として語られている。これに対して、タレスは神を排して、水の原理が世界を支配しているとしたのである。
　また、この新年祭は植物のサイクルの生死に合わせて開かれるもので、毎年年の始めに新年祭を行い、王が主神マルドゥクを演じ、マルドゥクから王権を授与される。そして収穫した成果を供物として神殿に貢納する。つまり、祭儀文の最後に神々への奉仕を記し、この時代の総体的奴隷制といわれる社会体制を、すなわち王を神の化身とみて特権的地位をもつ王に尽くすことを、神の名において当然の掟なのだと合理化することを企図している。その際に神官はこの祭儀文を朗読し、これを先導する重要な役割を演じている。この

点は天水農耕を基本とするギリシアのポリス社会とは大いに異なる。

　人間の精神が制限、抑圧されずに、どれだけ自由にありえるかということは彼らが暮らす国の成り立ち、社会の仕組みと関わりがある。両者においてそのシンボリックなものとなるのが、神が絶大な存在になっているか、神の存在から自由でありえるかの違いである。物質文明が発達しても、ただちに精神が進歩するのではない。人間の精神はどのようにして進歩するものなのかということがみてとれる。それにはギリシアがエジプト、バビロニアとは異なって、ポリスを形成し市民による政治が行われていたからだといわれる。この辺の事情をギリシアの社会形成の歴史に立ち戻って考える。

3.3　ポリス社会の形成と鉄器の導入

　ギリシアも古くは部族長的な王による小王国を築いていた。農耕は冬場の雨の天水に頼るもので、土地は決して肥沃ではなかった。ギリシア人は生産力の限界を脱するべく新たな地を求めて、バルカン半島内での移動ないしは海外への流出をくり返した。やがてギリシアは族長をリーダーとする小集団が争闘と提携をくり返しながら、前8世紀半ばにはポリスとよばれる都市国家を築くに到った。前7世紀初め頃のヘシオドスの『労働と暦日』には、土地所有の程度の差はあれ、平民が貴族と政治的に対等な立場に立っている様子が語られているという。

　また、ヒッタイト王国によって秘匿・独占されていた製鉄技術が、その滅亡を機に流出した。ギリシア人はこれを導入し鉄製の武器や労働用具を製作した。鉄製の犂刀（りとう）や斧などの農工具は、森を伐採し荒れ地の開墾を可能にして、耕作を容易にし農業生産力を高めた。そして鉄製の剣の刀身や槍の刃で武装した重装歩兵の軍団を編成した。その意味でギリシアのポリス社会は戦士共同体的性格を持っていた。鉄製の鋸やノミ、釘などの工具は、交易活動に不可欠な大型船の建造に威力を発揮した。前8世紀末には200人の漕ぎ手が乗り組む三段櫂船（かいせん）も造られた。

　こうした技術を基礎にギリシア人は、再び6世紀半ば頃にかけてエーゲ海、小アジア沿岸、南イタリアなど地中海沿岸への植民活動を、強力な軍事力をバックに活発に展開した。黒海沿岸、エジプト、シチリアの穀物をはじめとしてオリーブ油・ぶどう酒・陶器・羊毛・木材、あるいは奴隷などを商品とする交易活動を行い、ギリシア世界を拡大させしめた。これらの軍事を含む商工業の発達は、貴族層による寡頭制を強めたものの、実践的な活動に必要な知識を獲得させて、ギリシアは文化的にも繁栄した。

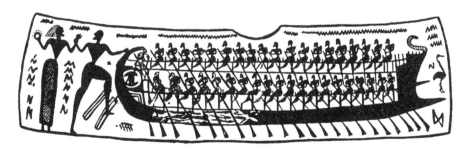

図3.5　ギリシアの軍用三段櫂船

3.4 イオニアの植民都市の隆盛とその哲学的気風

　ギリシア人が小アジアの西海岸地帯のイオニア地域に植民を始めたのは、前述のように前8世紀頃から前6世紀頃であった。確かにこの小アジアの中央には強国リュディアが、その背後にはペルシアが控え、ギリシア植民都市は政治的独立をいかに確保するかが重要なテーマであった。これらのイオニアのミレトス、サモス、エフェソスら植民都市はこれらに対抗しつつも、交通の要衝であったこともあって交易活動を基礎に栄えた。それに伴って地中海諸地域のみならず東方の地域の文化が流入した。イオニア諸都市は、ギリシア本土の伝統にも束縛されない自由な精神を育む植民都市固有の社会的事情もあって、独自の哲学的な気風をつくり出した。

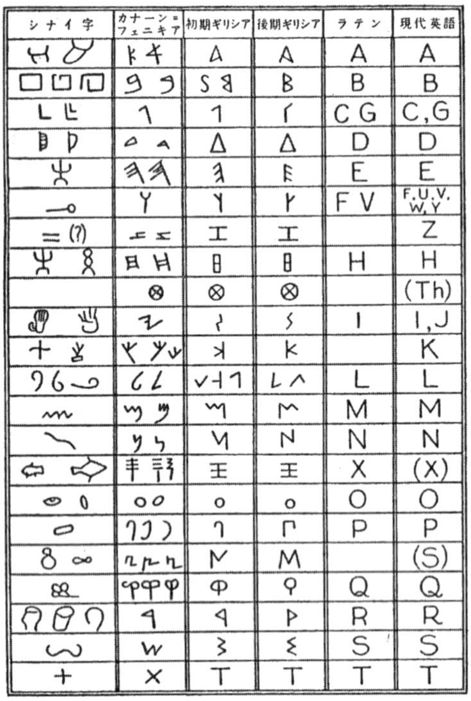

シナイ字	カナーン・フェニキア	初期ギリシア	後期ギリシア	ラテン	現代英語
⊬	⊬⊬	A	A	A	A
□	ᛯᛯ	Sᛯ	B	B	B
⌐	⌐	⌐	⌐	C G	C,G
⊿	⊿	△	△	D	D
𐤄	𐤄	Ǝ	E	E	E
⌐	Y	Y	Y	F V	F,U,V,W,Y
=(?)	⇌	I	I		Z
Ψ 𐤀	𐤇 𐤇	B	B	H	H
	⊗	⊗	⊗		(Th)
♌	∠	⌐	⌐	I	I,J
+	Ψᜒ	K	K	K	K
⌐∼	ᒪᒪ	∨⌐	⌐∧	L	L
～	𐤌𐤌	M	M	M	M
～	ᒪᒪ	∨	N	N	N
⇔	𐤎𐤎	Ξ	Ξ	X	(X)
○	○○	o	o	O	O
Ω	𐤐𐤐	⌐	⌐	P	P
8 ∞	𐤑𐤑		M		(S)
⊗	𐤒𐤒	φ	φ	Q	Q
♌	𐤓	⌐	P	R	R
ω	w	𐤔	≷	S	S
+	×	T	T	T	T

図3.6　アルファベットの字形の変化

　前8世紀後半に創作されたとみられる叙事詩『イーリアス』『オデュッセイア』は、神々と人間が織りなす壮大な世界のなかに人間社会の普遍的価値を語り、トロイア戦争を題材にしたものであるが、この作者ホメロスは小アジア出身で、イオニア方言でうたい上げたのも偶然ではない。

　また神霊や精霊によって支配されているとする神秘的自然観をぬぐい捨て去ることができたのには、次のような事情もあった。専制的な国王を頂点にいただいた隷属的な没個性的成員で構成する共同体的国家ではなく、ギリシアは私的所有と労働奴隷制を発達させる一方で、個人主義的な市民の政治参加によるポリス国家を築いていた。こうした社会制度の違いは神に対する態度に表れた。前者では神格化された国王による任命または世襲的な神官が祭儀にあたったが、後者では神官は特権的地位にはなくポリスによって選任された。

3.5 イオニアの自然哲学者たち

　こうして科学的な自然観が誕生し、その伝統はイオニアに根づいた。前6世紀前半頃のタレスの後継者ともいうべき商工階級出身のアナクシマンドロスもその一人で、地図の製作や植民都市の建設の指揮、また天球儀をつくるなど天文研究でも知られる。そのアナクシマンドロスのアルケー「無限なるもの」は特定の物質ではなく無規定的かつ無尽蔵なものであった。彼の言説で興味ある記述は、「永遠なるものから、冷たきものと温かきものとを生むものがこの世界の生成にあたって分離し、そしてこのものから焔の球が大地を取り巻く空気のまわりに、ちょうど樹皮が樹木のまわりに生じるように、生じてきた。それからこの球が破裂して、ある種のいくつかの環の中に閉じこめられたときに、太陽や月やもろもろの星が生じた」、あるいは「大地は何ものによっても支えられていないが、すべてのものから等距離にあるために宙に浮いている。その形は凸状で丸く、石柱に似ている」と記されている。地球中心の天動説の先駆けのようにもみえるが、神を介在せずに宇宙の生成を具体的に語った。

　これに続いたのは前6世紀半ば頃に活躍したアナクシマンドロスの弟子のアナクシメネスである。アナクシメネスが考えたアルケーは「気息（空気）」であるが、なぜ「空気」なのかといえば、彼が次のように語ったと伝えられているところから推察できる。「われわれの魂が空気であって、われわれを統括しているように、気息、すなわち空気が世界全体を抱擁している」と語ったとされている。ここでいわれる気息とは呼吸、呼気のことであるが、彼は空気に魂、すなわち生命力の根源を見いだし、その空気が世界のあらゆるものの生命の原動力と考えて、これを万物の原理とした。前500年頃に活躍した同じイオニアのエフェソスのヘラクレイトスは、黄金があらゆる商品と交換されるように「火」に万物の根源性を見いだしたと伝えられている。

　それにしても、なぜこのような科学的な自然観が生み出されたのか。それは古来より人びとの生活、すなわち生産活動や経済活動などの物質的根幹となる「水」とか「火」とか「空気」などに科学的実践としての観察の目を向け、そこに万物の多様な変化・発展の根源を見いだしたからにほかならない。

第4章 ギリシア自然哲学の系譜

　イオニアの植民都市で誕生した古代ギリシアの自然観は、前章で示したように、神秘性をはぎ取った合理的なものだった。本章では、その後の古代ギリシアに出現した自然観が、その時々の社会的環境下において、哲人たちはそれぞれ固有の態度をもって自然を理解した。その自然観はその伝統を引き継ぎつつも多様な形をとって展開した。いうならば、その科学性をより深化させたものも現われたが、一方で再び神を復活させるものも現われた。

4.1　アルケーを「数」に求めたピタゴラス派

　幾何学や数論などで多くの業績を残したピタゴラスは、ミレトスの対岸のサモス島の出身で、父は商人であった。ピタゴラスは、エジプトやバビロニアなどの東方各地を遍歴したといわれるが、彼は母国サモスの専制的僭主政治に不満を抱いて出国した。ときはペルシアによるイオニアへの侵攻による世情不安もあり、南イタリアの商業都市クロトンに移り住んだ。ピタゴラスはこの地を拠点に宗教的秘密結社「ピタゴラス教団」を組織して活動した。

図4.1　ピタゴラスのハンマー、鐘、弦楽器、笛など

ピタゴラス教団の教説は、神的な魂は本来不死であるものの、不純な魂はその住みかとしての肉体を次々と取り替える苦しい転生の旅をする。しかしながら知恵をとぎすます「修業」に勤めれば、魂は純化され神的本性を回復することができるとし、知恵の探求（フィロソフィア）に努めることが大切であるとした。そして、数の学、形の学、星の学、調和の学を課した。ことに音楽は魂を浄化しうるものとされ、その和音の音程に数的関係があることを発見したという。

　ピタゴラスはある日鍛冶屋の前を通りかかったとき、打ち下ろされる数本のハンマーの響き具合に興味を引き、最初はハンマーを打ち下ろす力に関係しているかと思った。だが、そうではなくてハンマーの重さに関係していることを知り、さらに琴について調べ、音の響き具合は弦の長さに比例していることを知った。これはまさに音響学的な実験的分析であるが、ピタゴラスはイオニアの伝統を受け継ぎ、森羅万象の数的調和性に万物の原理を見いだしていたことを窺わせる。

　前述のタレスも三角形の相似や合同、対頂角が等しいこと、半円の円周角が直角であることなどを示しているが、ピタゴラスらは、三角形の内角の和が二直角になることを証明したり、直角三角形に当てはまる「三平方の定理」を示したりした。また、数を奇数と偶数とに区別したり、三角形数や正方形数、長方形数、五角形数などの図形数をあみ出したり、数列の規則性について考察した。幾何学を英語で geo-met-ry、語源はギリシア語というが、それは geo：土地、met：測る、ry：術で、その元の意はエジプトで発展した測地術のことである。彼らは実際的な技術学を出発点にしつつも、図形の幾何学的規則に着目し、数を幾何学的に整理し数論にも成果を上げた。このように抽象化された「数」を原理とし、具体的な自然や生産的実践と一応切り離して考察することで、これまでの実学的成果を科学としての幾何学や数論に高めたのだった。

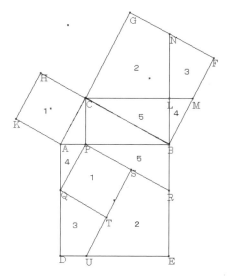
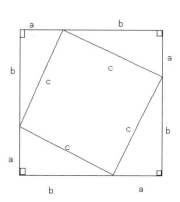

図4.2　三平方の定理の証明

　ところで、彼らは教団のシンボルマークである星形五角形の複雑な作図をコンパスと定規でやってのけたが、一方で道理に合わない知見を表明していた。1は数の源で理性を、2は女性数で意見を、3は調和を、4は正義を、5は結婚を、6は創造を、7は幸運を、そして10（点を表す1、線を表す2、

平面を表す3、立体を表す4の総和)は神聖な数とした。哲学的かつ倫理的な数秘学を展開した。そして、天界は音階の数的調和、すなわち神聖な数10に基づいて宇宙はつくられているとして、根拠のない宇宙の中心火を真ん中に、地球、月、太陽、金星、水星、火星、木星、恒星球を配置した。だが、これでは9つにしかならず、対地球なる存在を中心火の反対方向に置くという、つじつま合わせを行った。

このようにピタゴラスたちの事物の量的側面を抽象して世界の秩序を見いだすやり方は、数や幾何学の合理性に基礎づけられた、抽象化された科学的認識の具体的事物からの相対的自立性を示している。だが、その一方で自然そのものの客観的原理から遠ざかる神秘主義をはらんでいた。なおピタゴラス派は、無理数の存在は世界のあり方に欠陥があるとしてこのことを秘匿していたが、これを口外した者は溺死させられたと伝えられている。

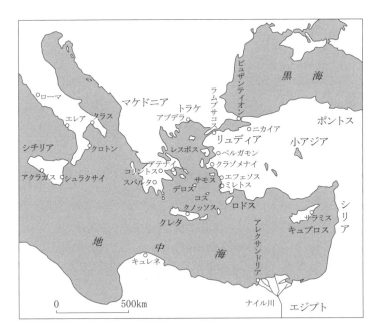

図4.3 東地中海沿岸の地図

4.2 理性重視のエレア派と、流転する世界を説く多元論派

クセノファネス(前560?－前478?)は、イオニア・コロファンに生まれ、ペルシアの侵攻を受けて、南イタリア・エレアに移住した。ホメロスやヘシオドスの神話を批判し、それらの神は人間が描いた姿であって、永遠に不動な唯一者(理性神)こそ真理だとした。

この考えを発展させたのが、エレア派に属するパルメニデス(前515頃－没年不明)である。「あるものはある、ないものはない」と述べ、真にあるものは連続一体・不生不滅・不変不動の同質の球体を形づくっているのだとして、理性的思惟で把握される唯一不変の「有」を認識しうる真理の世界と、感覚で把握される生成消滅の臆見の世界を説いた。

こうした考え方に対して、多元論から流転する多様な世界を説く者たちが登場した。その一人がシチリア・アクラガスのエンペドクレス（前 490 頃－前 430 頃）である。彼は、土・水・火・気の四元素説を唱えた。これらを四つの「根」（リゾーマタ：rizomata）とし、それらは「愛」（ピリア：philia）によって結合し、「憎」（ネイコス：neikos）によって分離し、万物は流転する動的自然化を説いた。ちなみに太陽は巨大な火の塊で月よりも大きく、星々も火の元素からなり、天は氷のように冷たいものからなるとした。また魂は血液に宿っているとし、魂の転生説を説いた。「わたしはかつて一度は、少年であり、少女であり、藪であり、鳥であり、海ではねる魚であった」と述べ、人間の四肢はもともと土の元素が集まって生まれたと述べた。

この四元素説をより一層発展させたのが、イオニア・クラゾメナイ出身のアナクサゴラス（前 500 頃－前 428 頃）で、アテナイに移り住み、イオニアの哲学を持ち込んだ。物体は限りなく分割され、このもっとも微小で多彩な構成要素を、「スペルマタ」（spermata：種子の意）とよび、世界のあらゆる物質はこの多種多様な無数のスペルマタが混合することで生成すると説いた。すなわち、宇宙の万物は最初、スペルマタは微細な破片に分かれ、入り混じって判然としない状態にあった。その原始の混合物のなかに麦や肉、金などのスペルマタが存在していた。だが、これらが認識されるにはその性質や特定の名前を与えられなくてはならない。そこで理性は、すべての知識と力を有する「ヌース」（nous、知性、理性、精神などの意）を介在させて、この混合した複合体から同質のものを選んだ。このようにヌースが原因となって、原始の混合体は回転し始め、遠心分離の作用によって広がり、現在のような宇宙となったのだと。ちなみに太陽は「灼熱した石」であると述べた。

4.3 原子論の誕生

原子論を提起したことで知られるデモクリトス（前 460 頃－前 370 頃）は、商業都市アブデラの富豪な市民の子として生まれ、地中海諸国を旅して多くの知識人と出会い、また自然界のありようについて見聞を広めた。彼は膨大な多岐にわたる書物を著したが、消失し三百ほどの断片が残っているだけである。なお、デモクリトスは直接的にはイオニアとは関係をもっていないが、彼の師はこのアブデラで学派を開いたミレトス出身のレウキッポスであった。

さて、原子論の根幹は、もちろん文字通りの意味では不可分という意味をもつアトムの存在を認めたことにある。だが、それだけでなく運動には空なるものがなくてはありえないと考えて、空虚の存在を認めたことにある。つまり、あるものとしての原子と、あらぬものとしての空虚とを世界の基本構造とし、小さくて目には見えないが、さまざまな無限の形態をもつ無数の原子が、物質世界の質的変化と消滅の究極的原理となり、それらが分離・結合し、またそれらの配列と位置が異なることで、その質的変化が説明されるとした。

図4.4 デモクリトス

伝えられている断片によれば、《世界は、それらのさまざまな形態をした無数の原子が大きな空虚に運ばれて、これらの原子が集まって一つの渦巻きをつくり出し、互いに衝突しさまざまに回転しているうちに似たもの同士が集まって、平衡状態を保ちつつも回転運動ができなくなると、軽いものは篩にかけられたように外方の空虚に向かい、残りのものは互いに絡み合い最初の球形をつくった》と考えた。この世界の生成についての記述は、きわめて力学的で機械論的な印象を禁じえない。けれども、生成消滅する多様な姿をとる自然界を物質の自己運動から説明している点で、自然の創造主として神を追放したタレス以来のイオニア自然哲学の合理的科学思想を引き継ぎ、その頂点に立っているともいえよう。

先に原子には形態があり、その配列と位置の違いが物質の多様なあり方を決めるとしたが、それについてデモクリトスは次のように語っている。重さ軽さは原子の大きさによって区別されるが、混合された物体においてはより多くの空虚を有するものが軽く、より少ない空虚を有するものが重い。また、緻密なものは堅く、稀薄なものは柔らかく感じられる。それはその物体のうちにある空虚の位置や含まれ方、原子の配列の仕方が異なっているからだと。なお、重さは「物質の多さ」に比例するものだとして、もはや物質の偶然的特性ではなく物質の普遍的属性であるとの見解、いうならば世界の物質性は保存されるという、物質の不滅性を説いた。

また、次のような説明は単純すぎておかしな感じもするが、機械論的というよりは幾何学的物質観ともいえる原子論の他の一面を示している。《ヒリヒリする味はその原子の形態が角立ち曲がりが多く小さくて薄い、すなわち尖っているために速やかに到るところにもぐり込んで引き寄せ引きしめ、空虚を身体のうちにとり込んで温めると、また甘い味の原子は円くあまり小さすぎはなく、身体全体に行きわたっていく》と述べたという。

以上、原子論のいくつかの部面について見てきたが、原子論は物質観を説いているだけではなく、私たちの認識はどのようにして成立しえるのかということについても語っている。すなわち、五官の感覚でとらえられる重い軽い、堅い柔らかい、辛い甘いなどの物体（物質）の感性的認識と、一方でこれらの感性の情報を集約し思考することでとらえられるさまざまな形態や配列、位置をもつ原子の離散集合の仕方についての理性的認識とを区別し、これら二つの認識の統一によって認識は成立しているとしている。

それにしても、なぜこのような原子論が生まれたのか。この点について個々独立した原子の離合集散で世界を説明しようとするところから、その着想には、奴隷制に支えられたものであったが、商品生産社会での市民の個人主義的気風の哲学的表現だとの見解がある。

4.4　奴隷制の発達と変貌する市民の関心

さて、ギリシア市民は、政治と軍事、農場の経営などに携わったが、それを下支えしていたのは奴隷たちの生産活動であった。ギリシア人は鉄器やふいご、手びき臼、ろくろ、斧、船、建築技術などの技術を受け継いだが、何ら新しい技術をつけ加えなかったともいわれる。市民たちは生産活動の労役を奴隷に任せる奴隷制に寄りかかっていたために、市民の関心は生産的実践には向かわず、その要

たる技術には頓着しなかった。知恵の意味をもつギリシア語のソフィア（sophia）は、もともと"ものづくり"に関わる技巧の意味を備えていたが、これを遠のけた。

こうしてイオニアからギリシア本土のアテネにその拠点を変えたギリシアの学は、自然を論じるというのではなく、政治的社会的変貌に伴いポリス社会と人間のあり方を主要なテーマとするようになり、転機を迎えた。科学は今日のように制度化されてはおらず、科学の方法も十分に装備できてはおらず、再び神を復活させる気運が強まっていった。

4.5 ペロポネソス戦争でのアテネの敗北とプラトン

プラトン（前427－前347）の青年期は、ちょうどアテネとスパルタがエーゲ海一帯のギリシアの覇権をかけて争ったペロポネソス戦争（前431－前404）の時代であった。デロス同盟（もとはペルシアの脅威に対抗するためにつくられたギリシアの都市国家間の軍事同盟のことで、沖合いにあるデロス島に集まり結成された）を率いるアテネは、スパルタ側のペロポネソス同盟（ペロポネソス半島の都市国家によって結成された）との攻防の末に敗北した。長年の戦争の傷跡は、戦役がもたらしたものだけではなかった。疫病の流行もその一つであったが、アテネを支えてきた土地所有農民の農場は荒れ、市民の生活基盤に亀裂が入った。また、貨幣経済の進展とともに市民の間で土地や家屋が売買され、土地集中は激しさを増し、市民の貧富の差は拡大した。その結果、アテネの民主制を支えてきた市民の共同体意識は後退していき、アテネの政治の実権は民主派から寡頭派へと移っていった。

図4.5 プラトン（左）とアリストテレス（右）

この社会的変動は知的探求の対象を変えた。すなわち、技芸にも秀でた知恵者でもあるソフィストらのポリス社会への登場を契機として、これらのソフィストに対峙したソクラテス（前470頃－前399）は、ペロポネソス戦争で疲弊していた市民に人間的な徳を説き、思慮深くあることを語った。このソクラテスの教えに影響を受けた者の一人がプラトンであった。彼の知的探求の対象は人間や国家のあり方に移り、イオニア以来の自然哲学の流れから転じた。それはこのアテネのポリス社会の変動を反映したものだった。

戦争後の独裁的な寡頭制下の不当な告発によって師ソクラテスは死（前399）に追い込まれ、プラ

トンはアテネに幻滅し、都市国家メガラや南イタリア、シチリアなどの地中海諸国の各地を訪ね歩く旅に出た。この遍歴の旅は12年に及んだが、彼が理想を体現する国家には出会えなかった。アテネに戻ると、プラトンは政治に哲学的英知を結合することでギリシアの「政治的生命の再生」を実現しようと、有意な青年教育をすべくアテネ郊外の森に学園アカデメイアを設立した。アカデメイアでは数論と算術、平面幾何学、円運動にかかる天文学などの「数学的諸学科の自由な学習」、その上で神を観想する不滅の魂によって真実在のイデアの認識を想起する「哲学問答」を課した。その学風は学園の戸口に《幾何学を知らざる者はこの門をくぐることはできない》と掲げたことに示されるように、ピタゴラス派の数学的傾向を引き継いだ。

4.6 イデア論と奴隷制

　プラトンの哲学の核心はそのイデア論にある。イデアとは超世界的な永遠不滅の実在のことであり、地上の現実世界の個々の事物はこのイデアを原型とする、生成消滅する似姿にすぎないとみるものである。

　《幾何学者は可視的な図形を用いて論じる。しかしそうしながらも、そこに見える図形を思惟しているのではなく、それが表しているそのもの自体を思惟している。彼らの論の対象はそこに描かれている図形ではない》。つまり真の図形は思惟の世界でとらえられているイデアの図形であって、作図された図形は不完全なその似姿にすぎないというのである。また、《寝台にもいろいろあるが、真の寝台は神の創造したものしかなく、指物師が寝台をつくりうるのも彼が心の目でこれを見て模倣することによって実現しえたのだ》とする。

　プラトンは、真に道具の知識を知る者は道具をつくる職人ではなく、使用する人だと説く。ものをつくる職人の技術的実践は模倣の技であって不完全なもので、これに対して使用する人、すなわち市民はイデアの世界を知る哲学的思索に長けた者たちであるとした。このようにプラトンは、哲学的な知的思索を技術的実践に携わる人たちから切り離し、知的思索の土台となる生産活動を蔑視する態度をとった。プラトンは《市民は、誰一人として職人の仕事に従事してはならない》と述べた。その点では弟子アリストテレスも同様で、奴隷を《生ける道具》とよび、《理想的な国は、職人を国民にしない》と述べている。

　いうならば、プラトンのイデア論は市民生活を支える生産活動に携わる奴隷制度を強めることで、アテネ社会を成り立たせようとするものだった。当時のアテネの人口は、市民は3－4万人で家族を含めると12－13万人、在留外国人は1万人でその家族を含めて3－4万人、奴隷は10万人程度であったとみられている。アテネ市民の生活は奴隷労働なしにありえなかったのだけれども、確かにギリシアは民主政を基礎とするポリス社会を形成していたが、その民主主義は今日のそれとは異なって、総人口の10分の1の成人男性の意思による限定的なものであった。プラトンがイデア論を説くのには、神のイデアを見通すことのできる理性をもつのは市民のみだと説いて、市民による限定的な統治と、市民生活が人口の過半に近い奴隷労働に支えられていることを合理化するところにあるともいえる。

第5章 プラトン、アリストテレスの自然学

　前節ではギリシア自然哲学の系譜をたどり、その構図のありようをみてきた。本節では、プラトンとその弟子筋にあたるアリストテレスの自然理解について、両者の共通性と違いを対比させ、前者には奴隷制社会の構図から自然の成り立ちを説明する歪曲された自然理解が、後者にはそうした部面をもちつつも自然観察を重視する合理的理解もみられることを示す。

5.1 『ティマイオス』が語る自然世界

　プラトンは著書『ティマイオス』において、宇宙の生成と四元素、身体の感覚・器官の仕組み、病気の成因と健康、ならびに人間と動物がどのようにして誕生したかということなどを語るにあたって、神を復活させ、その言論によって世界は成り立っているとした。

　そこでの論点の一つは、幾何学と数的比例による宇宙の秩序づけである。神は、可視的物質「火」と可触的物質「土」を生じさせ、これらの比例中項をとって「空気」と「水」を生じさせた。プラトンによれば、それら四つの元素はそれぞれ幾何学的正多面体をなし、火は正四面体、空気は正八面体、水は正二十面体、土は正立方体をなしている。1個の空気の粒子から2個の火の粒子が生じ、1個の水の粒子がばらばらにされると1個の火の粒子と2個の空気の粒子が生ずるという具合である。また、天の種族としての月、太陽、金星、水星、火星、木星、土星の地球からの位置は、2と3の等比数列を組み合わせた1、2、3、4、8、9、27の距離にあるとし、恒星は神的で永遠なる生きものがゆえに同じ場所を一様に回転するとした。そして、これらの天の種族である天体が美しく輝いて見えるのは、至高の知性をもつ神々にふさわしいからだと説いた。

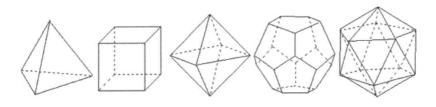

図5.1　プラトンの五つの正多面体

　第二の論点は、人間やさまざまな動物は、世界に存在する万有のものの魂をその知性の程度に基づいて調合し、運命づけるというやり方で誕生したのだと。すなわち、神は万有の魂を調合した材料の残りを入れて純度において劣った仕方で混ぜ、星と同じ数だけの魂を分割し、それらを星々に割り当

てた。そして、それを馬車にでも乗せるように四肢と胴体を与えて、そのものの本来の相（すがた）と運命を定めた。これがプラトンの考えるところの人間の二つの性のうちの優れた方の男の誕生である。ついで、男のうちで臆病で不正な生涯を送った者は、第二の誕生で女に生まれ変わったとした。

また、動物たちには翼で空中を飛翔する種族（鳥）、歩行する陸棲族（獣）、水棲族（魚貝）がいるが、罪はないけれど軽率で天空のことに詳しいが証明は目で見て得られると信じた男は鳥に生まれ変わった。さらに胸部にある魂の部分の指導するままに従っていたために、哲学に親しむこともなく天を注視することもなかった男は、陸上を歩行する獣類に生まれ変わった。これらの獣類はその愚かさの程度に比例して大地へと引きつけられ、より多くの支えを必要として四つ足や多足に、さらに愚かなものは無足となり地面を這うことになった。そして知性にも学知にも無縁な、ありとあらゆる過誤を負う不純な人びとは第二の誕生で、その罰として純粋な呼吸には価しないとして水の濁った深みへ突き落とされ、魚貝となったのだとした。

このように理性の優劣、知性の程度に応じて天の種族、飛翔族、陸棲族、水棲族が誕生するとしたが、ここにはピタゴラス派の魂の不死説による転生がみてとれる。だが、これらの死すべき定めをもつ者の魂は、前述と同様に劣った仕方で混ぜて調合した材料からなる。というのも、それらの魂は天界の神の理性にはほど遠く不完全なものと考えられたからである。そこでプラトンは、この不完全さを救う手立てとして視覚の役割を与え、天にある理性の循環運動を観察して、私たちは頭の中の思考の循環運動を矯正することが必要とした。

これらの記述はイデア論に合致するものであるが、そのバックグラウンドは奴隷制社会の市民を頂点とする宿命的身分制度に基づく社会型発想法によるものといえよう。つまり、第三の論点は、実験観察に基づいて宇宙や動物などの自然の成り立ちを検証するというのではなく、社会的制度、境遇に応じてその道理、運命を説いたところにある。

5.2 師プラトンを批判したアリストテレス

さて、アリストテレスの出生地は北エーゲ海に面したスタゲイラで、医者の家系に生まれ、父はマケドニア王家の侍医を務めた。17歳でアテネに出て（前367）、以後プラトンが他界するまで20年間にわたって学園アカデメイアに学んだ。プラトンの亡き後のアカデメイアの学頭にはプラトンの甥のスペウシッポスが就いたのを受けて、アリストテレスは友人とともに、アカデメイアの流れを引く僭主ヘルメイアスがいる小アジアのアッソスに移った。そこで学問研究にいそしんだ。また、友人の故郷である沖合のレスボス島を訪れるなど、魚介類の観察を行った。その後、マケドニア王ピリッポスの招きにより、王子アレクサンドロスの家庭教師を務めるために首都ペラに赴いた（前342）。

その後、アレクサンドロスが王位に就いた翌年（前335）、アリストテレスはアテネに戻った。アテネはすでにマケドニアの支配下にあったが、彼にとってはマケドニアとの縁が幸いし、アポロン・リュケイオス（学芸を司る太陽神）に捧げられた東郊外の聖域に学園リュケイオンを設けた。その位置は西郊外のアカデメイアとは対極をなした。なお、晩年のアリストテレスは、アレクサンドロス大王の客死（前323）を機にアテネに反マケドニアの気運が高まって槍玉に上げられ、母の故郷に逃れた

ものの62歳で病死した。

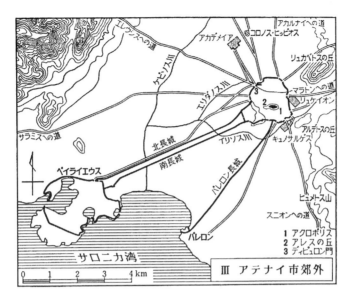

図5.2 アテネ郊外周辺にあるアカデメイアとリュケイオン

5.3 アリストテレスの四原因説：質料因・形相因・始動因・目的因

　さて、アリストテレスは、師プラトンのイデア論とは異なって、現実世界の事物を客観的実在として認め、その本質をその事物の中に見いだそうとした。そして、すべての事物はその素材となる〈質料〉（形状や機能、仕組みを与えられていない材料）に形態を与える〈形相〉からなっているとした。たとえば煉瓦や木材などの質料に棟梁（建築師）がもつ家の形相（棟梁がもつ技術知）を付与することで家は造られる。家は家から生まれず、棟梁の働きかけなしに家はありえないのだから、棟梁は事物の制作過程の始まりとしての〈始動〉であり、造られた家はその制作過程の終着点としての〈目的〉とした。このように形相こそは事物の本質であるとする点で、事物の客観性をとらえたが、形相なしに何もありえないという考え方は、イデアこそ原理だとするプラトンの考え方に近い部面をもつ。

　彼は、霊魂論のなかで人間の認識の仕方について、事物は形相と質料からなるという形相論の考え方に立って説いている。《感覚は、感覚される形相を、質料を伴うことなしに受け入れるもので、たとえば封蝋がその質料である金を抜きに、金の指輪の印形だけを受け入れるように》、つまり《感覚することと思惟としての知識活動との相違は、感覚をつくり出すものは、対象となる個々の外的な具体物であるが、知識の対象は普遍的なもので霊魂そのもののうちにある。それゆえ思惟は欲するときにいつでも自分の力だけでできるが、感覚することは自分の力だけではできず、感覚される具体物が現存していなければならない》。ここに語られるアリストテレスの感覚と思惟の区別は、前節で話題にしたデモクリトスの認識における感性と理性の役割とは異なるが、形相論の特性が垣間みられる。いうならば、感覚は、抽象的な思考活動としての思惟とは異なって、限りなく変化する外在的対象、すなわち形相なしに成立しえないこと、またそうだからといってその外在的対象の素材としての質料

そのものは受けとらないとして、感覚の本質を見事に説明している。

5.4 アリストテレスの物質観の本質

ところで、アリストテレスはこれとは別に四元素説、そして世界を形づくる材料である唯一つの「第一質料」を説くが、これら元素観と形相論との関係はどうなっているのだろうか。彼によれば、その第一質料が四つの基本的な性質（形相）である熱・冷・乾・湿の組み合わせとその程度の違いで、多様な物質が生成されるとする。いいかえれば、四元素説の先駆者エンペドクレスとは異なって、それら四つの元素が基本にあって混ざり合うことでさまざまな物質がつくり出されるのではなく、前述の四つ基本的な性質が組み合わさって、まずは一次的結合である単純な物質としての四つの元素も生成され、またこれら以外にもさまざまな組み合わせが生じて、バラエティのある多様な物質が生成される。要するに四元素なるものは、実は無規定的な「第一質料」を元にした物質の多様なバラエティのうちの四つの部面を示しているにすぎなく「第一質料」に帰するもので、物質は形相すなわち性質の程度の違いの現れなのだと説いている。

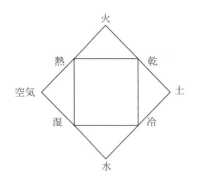

図5.3　アリストテレスの四元素説

このようにアリストテレスの物質観は「第一質料」にすべて発するもので、今日的理解としての固有の特性・構造をもつ粒子（原子）を基本とする元素の概念とは異なる。古代の元素概念は多様な世界を質（形相）の側面から説明してはくれるが、そこには自然界を構成する元素固有の粒子的な物理的形状を備えた存在形態は感知されていない。基本的には、あの独特な形相論に基づく物質観でしかない。

確かにアリストテレスは、物質の性質として相対的意味合いでの「重さ」の概念を認めている。ではあるが、その「重さ」の概念は、固有の重さをもった元素の存在を前提としたものではなく、熱・冷・乾・湿の形相（性質）の違いの産物でしかなく、デモクリトスが展開した原子論で了解されているところの「重さ」の概念とは異なる。この「重さ」の概念の理解の違いはつまるところ「空虚」の存在を肯定するか拒否するかにある。アリストテレスは空虚、いうならば真空の存在を認めなかった。これに対して、デモクリトスは空虚の存在を認めることで絶対的な物体の重さが問題になるのである。というのは、空虚のなかでは比較の対象としての他の物はなく、当該物体（物質）がそのうちにどの程度原子とともに空虚を有しているか、その粗密の程度が問題となり、その絶対的な重さが自ずと決まるからである。

アリストテレスの物質観とデモクリトスの原子論は、どちらも生成消滅流転する世界を説明しようとしたが、物質観としてはまったく異なっている。前者は現象的な形相（性質）に、後者は究極的実体としての原子（質料）が空虚のなかで運動するその物理的なあり様に見いだそうとした。そうした点で両者の認識構造は対極にある。

このような両者の認識構造の違いもさることながら、それらの認識は化学的な物質変化や力学的運動を的確にとらえていたかというと、いまだ不十分であった。それにしてもなぜそれらの物質観・運動論は不十分な段階にとどまらざるをえなかったのか。それは基本的には古代という時代の生業（産業）的な意味合いでの技術的実践の未発達にあろう。確かな認識を獲得するにはそのための土壌が提供されなくては不可能である。また、古代は科学的実践（観察、実験）を行うにしても生産用具や生活用具を科学研究用に転用するという段階にあり、科学実験・観察手段は不十分な段階にあった。

5.5 アリストテレスの生物学的解釈

アリストテレスは、前述の四原因説に基づき、材木自らで寝台をつくりはしないし、青銅自らが銅像をつくりはせず、何か他の転化の原因があって材木や青銅などの質料は寝台や銅像などの目的となるものがつくられるのだとして、形相因と始動因があるとした。

彼はしばしば自然界のことを語りながらも社会的な人間の活動をなぞらえ、たとえば『動物部分論』のなかで《およそ道具〔器官〕というものはすべて何かのためにあり、身体の各部分も何かのためにあり、この目的というのは一定の活動のことであるから、身体の全体も何かある総括的活動のためにつくられている。なぜなら、鋸のために「木をひくこと」があるのではなく、木をひくために鋸がつくられている。したがって、身体も結局は霊魂のために、身体の各部もそれぞれ目的とする機能のためにある》と記している。確かに人間の活動（労働）はきわめて目的的活動であり、生産活動や生活に使用される道具は何かの目的のためにつくられている。

これら事例は人間がとり行う生産活動に関わる事柄であるが、この四原因説をアリストテレスは生物現象にもあてはめている。たとえば動物の発生は、始動因たるオスの精液がメスの体内においてメスから提供される質料と一緒になり、精液に内在する形相がこれに働きかけ変化して、目的となる子が生まれることなのだという。この発生の仕組みは当を得ている部分もあれば、そうでない部分もある。というのは、ここには男女の社会的差別を反映した、オスのメスに対する優位を前提としているからである。

さらに、アリストテレスは、四原因説の目的因を生物の身体や器官にあてはめ、その存在目的（機能）を説く。心臓は血液の起源のためにあるとか、骨が骨格をなしているのは身体を曲げたり直立に保持したりするためだと述べて、その目的を説く。だが、なかには、唇は歯を保護し防衛するためにあり、ヒトの場合は会話という高級な目的のためにあるとか、さらに肺臓は体内の熱の冷却のためだとか、先の骨格についても、バラバラだと肉に突き刺さってしまうから、というようなものもある。このようにすべての自然界の事物に目的因を問い、それがために不適切な説明も見られる。

それにしても、この目的論には、すべての事物はそれぞれ目的があらかじめ与えられ、世界は秩序立てられているという考え、すなわち、それぞれの目的は誰によって付与されたのかという、問いに行きあたる。その問いの答えは神をおいて他にはない。つまり、生物の各器官の機能を、事実をもとに説明しているともいえようが、その根源には神が自然の創造主だとの世界観が横たわっていることに留意する必要がある。

ここで、アリストテレスの著作『動物誌』をもとに、彼がどのように動物を分類していたかを示しておこう。ここでの有血動物は今日の脊椎動物で、無血動物は無脊椎動物に相当する。また、いささか形態的特徴に目をとられているものの、たとえば鯨を胎生として分類し、発生の仕方に注目しているところは、生物の分類として合理的である。

Ⅰ．有血動物
　ア．胎生　　　・ヒト　・胎生四足類（裂けた蹄の反芻類、単蹄の動物）　・鯨類
　イ．卵生（卵胎生を含む）
　　　a．完全卵　・鳥類（爪をもつ食肉鳥、水かきのある遊泳鳥、ハト・ツバメ他）
　　　　　　　　・卵生の四足類（今日的にいえば、両生類・爬虫類）
　　　　　　　　・無足類（ヘビ）
　　　b．不完全卵・魚類（サメ、軟骨魚、その他）

Ⅱ．無血動物
　ア．不完全卵　・軟体類（イカ、タコ）　・軟殻類（エビ、カニ）
　イ．蛆生　　　・有節類（昆虫、クモ、サソリ、ムカデ）
　ウ．生殖粘液、無性生殖または自然発生
　　　　　　　　・殻皮類（カタツムリ、カキ）　・海綿、腔腸動物　・その他

ところで、アリストテレスは自然界を霊魂を有するものと有しないものの二つに分けて、霊魂を有するものの一つに植物のような固着的なものとして栄養霊魂をあげた。栄養霊魂として生まれて滅んでいく霊魂は、永遠で神的なものにあずかるために栄養の摂取と生殖を行う。次の霊魂が感覚霊魂で、これに該当するものが感覚を頼りに運動する動物で、動物は雌雄に分かれ、生殖においても感覚と運動を必要とする。これら動物霊魂は永遠なもの、神的なものに与ることができないが、動物霊魂は感覚と運動においてより優れた動物へとつながり、最後に生物の頂点に位置する人間へと達し、人間は思考する能力をもち、理性霊魂をもつとした。

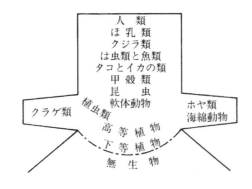

図5.4　アリストテレスの自然の階段

なお、ここで栄養の摂取と生殖を生物の共通の性質としてあげているのは間違いのない指摘であり、今日ならば植物は独立栄養というところを固着性といい、また動物は従属栄養というところを感覚と運動によって生命を維持しているというのは、今日的な植物と動物との相違を暗にとらえた表現ともいえる。問題は、植物の上に動物、そして人間というように序列づけをして、この序列を霊魂の違いとして説明しているところにある。つまり、一面では生物の生命

維持がどのようにとり行われているかを問題にしながらも、栄養霊魂や感覚霊魂とは異なって、人間には身体から分離しうる永遠な理性霊魂（思惟的霊魂）が備わっているとした。ここには師プラトンと同様に、理性的存在としての市民が奴隷制を統治していくとのギリシアの社会の身分制が反映している。

5.6 アリストテレスの天動説と運動論

アリストテレスの天動説は、前4世紀のエウドクソスの同心天球説に由来するが、天上界と月下界とを、すなわち天地を異質なものとして二元的に区分けする。天上界というのは聖なる世界にて永久不滅な円運動をなしており、月下界というのは人間の住む生成消滅の俗なる世界にて、運動にも生死すなわち始点と終点とがあるというのである。

前者の天上界は第五元素「アイテール」が満ち、55個の同心天球からなって、月、太陽、水星、金星、火星、木星、土星、恒星天の順でめぐっているとした。後者の月下界は土、水、気、火の四つの層からなり、空中の石が落下するのは土の元素からなる石が本来あるべきところに下降するのだとし、焚火の炎が燃え立つのは火の元素からなる炎が本来あるべきところに上昇する。そして空気と水はそれぞれ軽さと重さを持ち、水は土地を除くすべてのものの下へ沈むが、空気は火を除くすべてのものの上に浮きあがるのだとして、月下界での「自然運動」は上下方向の垂直運動であるとした。このように物体は本来あるべきところに達すれば静止するので、物体に水平方向の運動を起こすためには、突き動かす力によって強制する必要がある（強制運動）。

さて、空中での投射体の運動をどう説明するのか。アリストテレスはここでも原因論で説明する。すなわち水平方向に放り出された石は、石の前方の圧せられた空気が空虚になろうとする石の後方にすばやく移動して石を前へと突き動かすのだとした。アリストテレスはこのような運動の原因論の立場から、デモクリトスとは反対に空虚の存在を否定した。

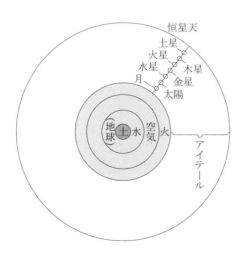

図5.5 アリストテレスの天動説の模式図

原因論は「動かすもの」があって「動かされるもの」が移動するという、アリストテレス特有のものである。なお屋根が崩落しないのは屋根を支える柱が妨害原因となっている。この原因論を動物にあてはめてみると、動物の運動は自己起動者である心魂が起動対象である身体を動かすことになるが、生死のある動物の心魂では永遠の運動は保障されない。したがって、先の強制運動も含めて、その究極には「動かされえない動かすもの」としての一切の起動者「神」の存在に行き着く。

アリストテレスの天動説の根幹はこのように特異なものであるが、一面では日常のみかけの運動を踏まえ、それを体系的に語ったものともいえよう。太陽や月、星々の天体の日周運動や年周運動、あるいは地上における物体の運動（たとえば荷車は押さずには前に進まない）などの日常世界をうまくとらえて説明してもいる。

第6章 ヘレニズム期の科学・技術

　これまで古代ギリシアの自然哲学や科学についてみてきたが、これらのギリシアの科学的伝統を引き継いだのがヘレニズム期の科学・技術である。この時期の科学の象徴は、エジプト王国アレクサンドリアに前3世紀に設立された総合的な学術施設「ムセイオン」である。この名はギリシア神話の学芸や音楽を司る女神ムーサイにちなみ、もとはそのムーサイの祀堂であったが、それが学堂に発展したものといわれる。

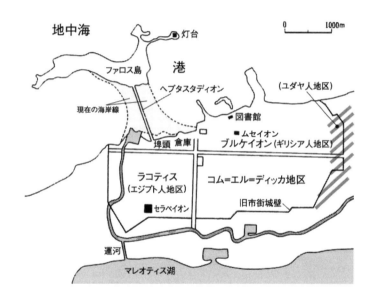

図6.1　古代都市アレクサンドリアの市街図

6.1　アレクサンドリアの科学・技術とムセイオン

　なぜこのような学堂が設けられるようになったのか。エジプト王国は、もとはアレクサンドロス大王によってつくられたマケドニア帝国が大王の死後に三分割されて成立した王国である。大王が王子の時代にアリストテレスの教えをこうたことに示されるように、マケドニアはギリシア文化を受け継ぐ帝国であった。エジプト王国のプトレマイオス一世は、積極的な施策を行ったが、王国の権勢を示すべく学術の国家的施策が展開され、ムセイオンが造られたのだった。こうした施策は他にも採られたが、なかでもアレクサンドリアのムセイオンは抜きん出ていた。講堂、柱廊広間、獣舎、天文台のほか、宿泊施設や食堂も備えていたが、付属図書館は70万巻を所蔵し、古代最大規模を誇った。そして、このムセイオンに地中海沿岸の各方面から学者が訪れ、逗留したといわれる。

6.2 ストラトンの『真空論』にみられる実験的考察

小アジア・ランプサコス出身のストラトンは、アテネのリュケイオンの第三代学頭の地位についたことで知られるが、前300年にプトレマイオス王に招かれて王子の家庭教師を務めたこともある。

そのストラトンには『真空論』の実験的研究がある。それは、アリストテレスが否定しデモクリトスが肯定した「空虚」について、非連続的で微小な「空虚」のアイデアで両者を調停するものである。それによれば、一見空っぽの容器を逆さまにして水の中に沈めても水は入り込まないが、その容器に孔をうがつと水は浸入し、孔から空気が吹き出す。したがって連続的空虚というようなものはない。ところが、空気の漏れない金属球の孔に唇をあて強く吹き込むと、さらに吹き込むことができる。このことから空気は球内の空間を満たしているが、空気を構成する粒子は完全にはくっついてはおらず、粒子間にはすきま「空虚」があり、自然な状態に反して強制すれば押し込むことができることが解る。

6.3 幾何学の体系化と天文学的計測

エウクレイデス（前330頃－前260頃）は、幾何学の体系的書物『原論』13巻をまとめたことで知られるが、アテネに学んだ後アレクサンドリアに逗留した。『原論』は平面や立体の幾何学、数論からなるが、端的にいえば、点、線、面、角、円などの定義、公準・公理に続いて465個の命題を簡単なものから複雑なものへと順次証明したものである。幾何学はもともと土地測量や天文観測から生まれたものであるが、エウクレイデスはタレスやピタゴラスをはじめとした幾何学の成果を集約したのだった。なお、前3世紀に活躍した小アジア・ペルガ出身のアポロニオスは円錐曲線の研究で有名であるが、彼もアレクサンドリアを訪れたことがある。

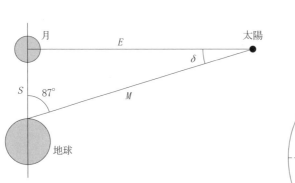

図6.2 太陽と月の大きさと距離の幾何的分析

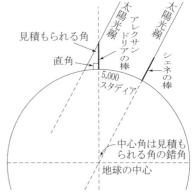

図6.3 地球の大きさの導出

サモス出身の天文学者アリスタルコス（前310頃－前230頃）は、天動説が一般的な時代にあって地動説を提唱したことで知られる。彼があげているその根拠は、諸惑星の明るさの変化や、月の皆既食と金環食の際の視直径の変化などである。また、アリスタルコスは著作『太陽と月の大きさと距離

について』において、太陽は月よりも 18−20 倍遠いことを、観測事実を踏まえた幾何学的解析を行い導き出している。だが、正しい値は約 405 倍で、あまりにもかけ離れている。その原因は、半月の際の太陽と月の離角を測ったのだが、望遠鏡もない古代においては肉眼に頼らざるを得ず、精確な視認ができなかったことにある。

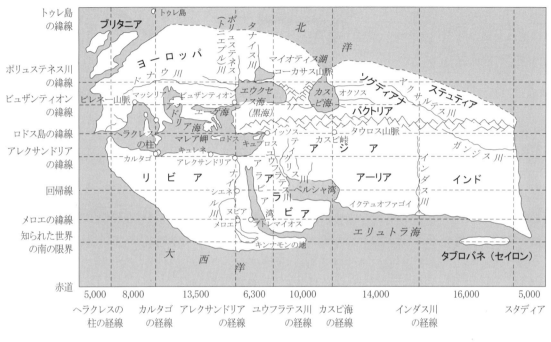

図 6.4　エラトステネスの世界地図

　エジプト・キュレネ出身のエラトステネス（前 275−前 194）は、アテネに遊学した後、王の意を受けて王子の家庭教師兼ムセイオンの図書館長を務めた。エラトステネスは地球球形説に立って、太陽の光は平行に降り注いでいるとして地球の絶対的大きさを算定した。すなわち、アレクサンドリアとシェネの二地点間の距離 5,000 スタディオンと、夏至の日のグノモン（日時計）で測った二地点の太陽高度の差 7°12′ をもとに幾何学的解析を行い、地球の周囲を 252,000 スタディオン（推定換算 37,497 km か 39,690 km?）とした。また交易活動の発展に伴い地理的情報が摂取されたのに促され、今日の経度・緯度に相当する平行線を配した地図を作製した。その記載範囲は地中海周辺からイングランド、中央アジア、アラビア、インドにまでおよんでいる。

6.4　幾何学に機械学を結びつけたアルキメデス

　シチリア・シュラクサイ出身のアルキメデス（前 287−前 212）は、幾何学的解析だけでなく機械的な実験的手法を結びつけて、流体静力学研究や各種の面・立体の求積を行った。また揚水機（アルキメデスのら旋）や巨大な船の建造、また軍事用の投石器や熱光線をつくり出す集光器、鉤爪を備えたクレーンなどを発明し、その才知は多方面にわたった。

図 6.5 アルキメデスのら旋揚水機

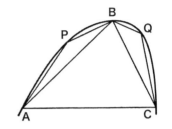
図 6.6 放物線と線分で囲まれた面積の取り尽くし法による求積

　流体静力学の研究とは、黄金の冠に金細工職人が銀を混ぜたか否かを判定するのに関わるものである。アルキメデスはテコの原理を用いて、一方に王冠、他方に同重量の金塊をつるして水中に沈めたところテコは金塊の方に傾いた。つまり、王冠はより多くの水をはじいて軽くなることから、銀の混ぜ物であることを王冠を壊さずに探り当てた。これは浮力の原理として今日知られているものである。

　求積では、幾何学的に限りなく分割するものではあるが、今日の積分法に似た「取り尽くし法」を用いた。たとえば、放物線と一つの線分で囲まれた面積は、その線分とこれに平行な線分の放物線との接点を頂点とする三角形の面積の3分の4倍であると解析した。またこれに類似した方法で、円に内外接する96角形を用いて、円周率は$3\frac{10}{71}$より大きく$3\frac{1}{7}$より小さいことを見いだした。これを少数の近似値で表すと 3.1408 と 3.1429 となる。

　なお、アルキメデスは、ローマ軍がシュラクサイに攻め込んだ戦争の最中においても幾何学の研究をしていたといわれる。ローマの兵士にはアルキメデスには危害を加えないようにとの指令が出されていたが、一心不乱に図形の研究をしていたアルキメデスは問答無用に殺されてしまった。そのアルキメデスの墓には、彼が立証した球とそれに外接する円柱との両者の体積比と表面積比が同様に 2：3 になるこれらの図形が描かれたという。

6.5　ヘロンの技術的考案

　ヘロンは、古代の技術者たちの各種の装置の発明を含め書きまとめたことで知られる。その生没年は前2世紀頃とも後1世紀頃ともいわれ、不詳である。著作『気体装置』『自動装置』には、たとえば水蒸気を利用した気力球（一種のタービンエンジン）、水をはった壺の管から水が流れ出すサイフォンの仕掛け、あるいは空気の熱膨張によって容器に水を押し出し、冷却によって水を戻して神殿の扉を自動開閉する仕掛け、ピストン式の消化ポンプなどについてまとめている。

　また、テコ、輪軸、クサビ、ネジ、滑車の五つの単一機械のこととその応用の仕方について論じている。滑車の数が増えるほど、わずかな力で重量物を持ち上げられること、あるいは車輪と歯車とを組み合わせ、指示針で距離を示す走程計の考案について記している。さらに『照準儀について』では、

どのような水平角、高度角でも精確に測る測角器について記しているが、ヘロンは両端が見通せない地形での二地点間のトンネル問題や鉱山採掘で方角決定などの土木測量法にも長けていた。

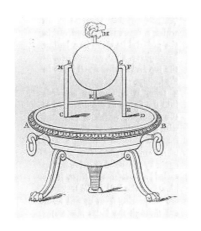
図6.7 ヘロンの気力球

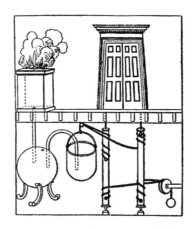
図6.8 神殿の自動開閉扉の仕掛け

それらは機械や装置（容器）などの技術を用いた自動機構、荷揚げ機構、測量器と多彩であった。だが、これらの技術的考案の自動機構や動力機械は奴隷制社会にあっては、生産活動とは乖離した「おもちゃ」の域にとどまった。なお、ヘロンは任意の三角形の面積を三辺の長さから求積する「ヘロンの公式」でも知られる。

6.6 古代ローマの天文学と生理学

古代に学として成立した代表的分野は、これまでに紹介した幾何学や天文学、また生物学ならび医学・生理学分野などである。以下では、古代ローマ時代に体系的な学説としてまとめあげられた、天文学と生理学について述べる。

プトレマイオス（83-168頃）の天動説の体系的天文学書『アルマゲスト（数学全書）』13巻にその研究成果が引き継がれた、まず前2世紀の小アジア北方のニカイア出身のヒッパルコスについて触れておこう。ヒッパルコスはアレクサンドリアに滞在したと伝えられているが、球面三角法による観測を発展させ、地球から月までの距離を導出した。また、150年前の観測値と比較して、すべての星の黄経がずれていることを知り、春分点が逆行する歳差運動を発見し、太陽年（約365日5時間55分、この値は今日の観測値より6分程度長い）は恒星年より短いことを確認した。さらに、星の明るさを6段階（視等級）に分け、850におよぶ黄道座標（天球上の黄経・黄度）を示した星表を作成した。

プトレマイオスは書き加えた1022の星表に合わせるために、特に太陽と月、惑星の動きを説明するために同心天球を改編して、周転円-導円の体系、および導円の回転をその幾何学的中心から外した離心円、加えてこれらの円運動の重ね合わせに位置する惑星の天球上の角速度が一定に見えるエカント（擬心）[*]などを採用し、実際の惑星等の見かけ上の動きを説明する体系を考えた。そして、この

---

[*] エカントは、離心円モデルで円の中心をはさんで地球と反対側に位置する点。

体系を球面幾何学に基づいてより精緻なものに仕上げた。この考案は、聖なる天上界を何としても円運動で説明しようとするもので、その説明は複雑なものになったが、しかし見かけ上の運動を説明する現実的な面もあり、プトレマイオスの書はコペルニクスが登場するまで天文学の代表的著作となった。なお、著書『ゲオグラフィア（地理学）』にある経緯線を配したトレミー図法の名はプトレマイオスの英称である。彼はまた占星術の古典『テトラビブロス（四つの書）』も著している。

図6.9　プトレマイオスの天球図

図6.10　天文学者プトレマイオス

(a) 離心円

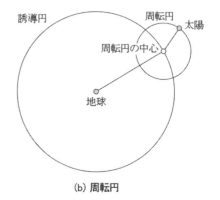

(b) 周転円

図6.11　天動説における離心円と周転円

さて、古代の医学において注目すべき医学者は、前4-5世紀に活躍したイオニア・コス島出身のヒポクラテス（前460-前375頃）である。彼は、古代イオニアの自然哲学の四元素説を踏まえて四体液説をとなえた。それは血液、粘液、黄胆汁、黒胆汁の四つの体液のバランスによって病理・健康を説くものであった。このギリシア・ローマ期の一般的な治療法は、生活環境や食事などの日常の臨床的観察を踏まえた自然治癒力を重視するものであったが、ヒポクラテスの四体液説はその根拠を与

えるものとなった。なお、今日ときに話題となる人間の性格を多血質、粘液質、憂鬱質などと見立てるのは、これを元にして類型化されたものである。

　後2世紀に活躍したペルガモン出身のガレノス（129頃－200頃）は、若い頃ギリシア神話に登場する医学の守護神アスクレーピオスを祀る神殿に仕え、コリントやアレクサンドリアなどで研究を積み重ねたという。157年、故郷に戻って剣闘士の外科医となり、負傷した剣闘士の治療や手術を行った。やがて162年にはローマに移り、公開解剖やさまざまな解剖・治療の観察知見をふまえた医学書を執筆し、さらには第5代皇帝マルクス・アウレリウス・アントニウスの典医、また軍医になるなど活躍した。彼の手術は巧みなものでもあったが、白内障の手術に針を突き通すようなとても治療といえないものもあった。

　ガレノスでしばしば話題となるのは、人間の生理的メカニズムを説明するプネウマ説である。すなわち、肺から吸い込まれた「生命精気」（プネウマ）が左心臓に入って心臓の隔壁を透して入ってくる血液と結合し、動脈に流れ込む。また動脈の一部は脳の基底に運ばれ、怪網の管を通って細分され、生命精気は精神精気に転じ、神経に配分される。消化管から門脈に吸収された乳糜（にゅうび）は肝臓に達して静脈血に自然精気を吹き込み、栄養と共に静脈にゆきわたり配分される。静脈血は静脈系を満ちひきしながらも、やがて右心臓を経由して肺に達して不純物を吐き出す。また右心臓に達した静脈血の一部は左心臓に移る。

図6.12　ガレノス

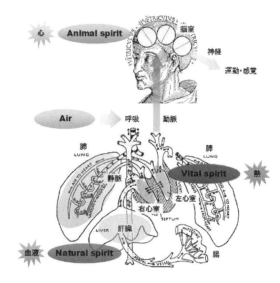
図6.13　ガレノスのプネウマ説

　ところで、ガレノスはギリシア語を語ることが多かったと伝えられ、ヒポクラテスの四体液説を叙述したことに示されるように、その基本的知見はギリシアの医学を継承するものであった。前述のガレノスのプネウマ説の起源は、イオニアの自然哲学者アナクシメネスのアルケー「気息（空気）」にまで遡ることができるが、より直接的にはエラシストラス（前3世紀）の生気論的なプネウマ説による。確かにその循環のメカニズムには誤りもあるが、ルネサンス期に近代生理学が登場するまで権威あるものとして受け継がれた。

第7章 ローマ人の実用主義と科学の後退

　古代ローマと聞いて、多くの人たちが思いを寄せるのはカエサルや奴隷スパルタクスの反乱、あるいは水道や道路、コロッセウムのような建造物であろうか。それらはどれも大帝国を築いた古代ローマの特質を表している。しかし、ここでなお注視すべきはその広大な帝国の領土は、もちろん半島の南部の一部をさす地名としてギリシア人が用いていたイタリアを冠するのでもなければ、フェニキア語の陽の昇る場所（東）の意をもつ Asu に対する Ereb、すなわち陽の沈む場所（西）に由来するヨーロッパを冠するのでもなく、ましてや地中海帝国でもない。実に一都市国家ローマの名を冠したことである。つまり、ローマ帝国とはローマ人が支配する帝国であったのである。

7.1　ローマの建国と軍隊、奴隷制の発達

　ローマの建国は前8世紀、最初は王政であったが、前6世紀に共和政に移行した。市民団は財産評価、後には年齢に基づいて軍隊を編成し、近隣の諸部族との軍事的争いに対応しやがて他のラテン諸都市国家との全面戦争に入った。ローマ人は当初は自営農民であったが、こうした軍事的衝突で得た領地の拡大に伴い、捕虜を奴隷として大規模な農園（ラティフンディウム）を経営するようになった。

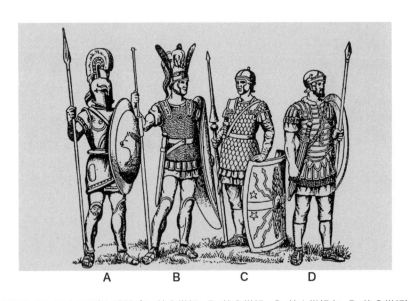

図7.1　ローマ人の甲冑と武器（A. 前6世紀、B. 前2世紀、C. 前1世紀末、D. 後2世紀）

こうして奴隷制が発達したが、ローマにおける奴隷の職種は単に農耕や鉱業、家内奴隷だけではなかった。娯楽奴隷としての剣闘士、俳優、さらには教師や医者、建築家、水道を管理する下級官吏など、ローマ人の市民生活のいろいろな部面で奴隷の労働に頼るに到った。これを労働奴隷制というが、こうした社会制度、国家としてのあり方はローマ人の科学や技術に対する態度を変えた。

古代のギリシア人が引き継ぎ、ローマ人が受け継いだ技術は、鉄器、ふいご、手びき臼、製陶用ろくろ、斧、船、建築技術だといわれる。これらには輪軸や軸受け、管、仕口などの機械の要素が見受けられるが、これらの技術的達成にローマ人は何をつけ加えたのか。確かにローマ人は土木・建築技術や投石器・攻城槌などの軍事技術に大きな足跡を残した。しかしながら、民生用の生産技術面では、貴重な先駆的発明もあったが、それらは普及しなかった。代表的なものには水車があげられよう。水車は前2世紀頃に小アジア方面で発明され、ローマの建築家ウィトルウィウスも自著で論じたが、普及するのは中世10世紀を待たねばならない。また一種の蒸気タービンともいえる気力球なども考案されたが、おもちゃの域を出なかった（前章参照）。というのもこれらの動力技術を生産現場に適用し、技術革新を行おうとすれば新たな設備投資が必要であった。奴隷制社会にあっては奴隷労働に頼めば動力技術は不要であったのである。生産活動に直接従事しないローマ人は、広大な属州を支配することには大いに知恵をめぐらしたが、技術革新には興味を抱くことは少なかった。社会制度のありようがローマの科学と技術の進歩を規定したのだった。

7.2 ローマの道路建設

強大なローマ帝国形成への出発点は、自営農民を徴兵する軍制改革にある。鎧兜で身を固め、槍と盾で武装した軍団を編成し、強力な軍隊をつくった。2世紀ハドリアヌス帝の時代には40万人に達する常備軍を擁していたといわれる。奴隷の確保と領有地の拡大には強固な軍隊が必須であったのである。

ローマはこのような軍隊を基礎にして侵略活動を展開したのであるが、それに不可欠なものが道路であった。このような意図から前312年につくられたのが、ローマと軍事根拠地カプアをつなぐアッピア街道である。当時、ローマ人はイタリア半島南部に住むサムニウム人と戦争中で、迅速かつ確実な軍隊の移動や軍事物資の輸送を実現することで戦争を有利にする必要があったのである。そこでケンソル（戸口監察官）の地位にあったアッピウス・クラウディウスによって道路建設が計画された。建設の子細は定かでないが、土木技師の指揮の下に奴隷を動員し1年半という短期間で完成させたという。やがて前3世紀には公共事業請負会社なる部署も設置された。

ところで、ローマの道路は4等級に分かれ、砂利道などもあったが、一級道路は割石を敷いた路盤、次いで砕石コンクリートの基盤、砂利コンクリートの基層、表層に舗石を石灰モルタルで固めた厚さ1mに達する堅固な石畳道であった。いろいろな地形や自然環境に合わせて、盛土道や切通し、水はけの確保など、さまざまな工法が採られた。

ローマの軍隊は二輪車や四輪車を伴い1日6時間で30km余りを移動したというが、こうした道路が総延長30万kmも縦横に敷かれた。実に道路は、各種の投石器や攻城機、軍船などの軍事兵器に並ぶまさしく侵略と帝国統治のための軍事技術であったのである。

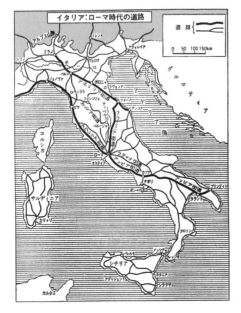
図7.2 イタリア：ローマ時代道路

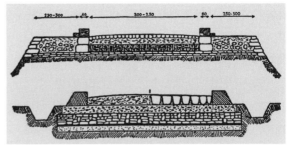
図7.3 幹線道路の石畳舗装の構造

7.3 ローマの水道建設

都市国家から出発した都市ローマの人口は、前2世紀には40万人、前1世紀には90万人、後1世紀には100万人に達した。この人口増加に応えるために、前1世紀までに4系統、後2世紀までに新たに5系統、後3世紀までに合わせて11系統の水道が敷設された。水源は、泉が8系統、河川が2系統、湖が1系統だった。泉の水は炭酸カルシウムを含み清澄なものは少なく、河川や湖のものは灌水にも用いられた。

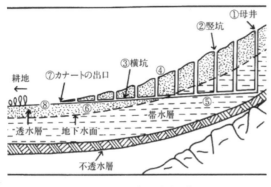
図7.4 アラビアのカナート

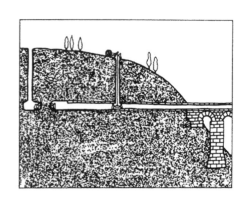
図7.5 ローマの地下導水管の掘削

当時の水道の最大の特徴は、今日とは異なり自然流水で、技術的に簡単なように見えるがそうとはいい難い。水路の勾配がきつければ水路から水が溢れ出してしまうかもしれない。これを防ぐために

は勾配を適正にする必要があった。そのためにコロバテスとよばれる水準器などを用いて勾配を0.5％以下にした。

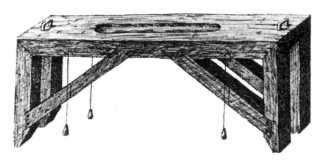

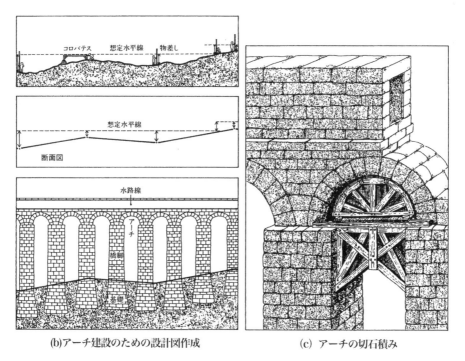

(a)ローマ時代の水準器（コロバテス）

(b)アーチ建設のための設計図作成　(c) アーチの切石積み

図7.6　コロバテスによる測量と水路橋建設

　水路の建設は、地上から深くないところでは掘削して蓋をするカットアンドカバー方式で、丘陵を突き抜ける地下水路は前8世紀頃イラン北西部で考案されたとみられるカナートとよばれる方式が採られた。この起源は前10世紀頃、あるいは前8世紀頃にイラン北西部によるといわれる。カナート（qanat）とはアラビア語で地下水路のことをいい、英語ではカナール（canal）、ペルシア語でカレーズ（karez）、シルクロードを通って中国西域に入り中国語で坎児井（カンアルチン：kanerjing）といい、竪坑を用いてトンネルを掘削する方式である。また深い谷がある場合には水路橋やサイフォンを設けて越え、給排水のために貯水池や揚水装置、沈殿槽や排水槽も設けられた。なお、これらの水路の多くは地上にむき出した部分は少なく、たとえば前312年に建設されたアッピア水道の場合、地上部分

は全長の 0.5%にすぎず、これは敵からの攻撃に備えたからだといわれている。なお、ここで特筆すべきことは水路の水密性をどのようにして保ったかということである。そこで用いられたのが、ポッゾラーナとよばれるヴェスヴィオ火山の麓で産出された火山灰を原料にしたモルタルであった。

後 1 世紀に『水道書』を著した水道長官フロンティヌスは、都市ローマの水道は 9 系統で 1 日に 100 万m^3、市民一人当たり 1 m^3もの水を供給したと伝えている。給水の内訳は、市民用は 44%で、これに対して皇帝用 25%、兵舎や公衆浴場・噴水などの公共用が 31%で、政治・軍事を優先した古代ローマの性格をよく表している。また、フロンティヌスは同書で、《こんなに多くの水を送ることのできる土木工事を、もしお望みなら、あのなまけ者のピラミッドやギリシア人の名高くはあるが役に立たない建造物と比べていただきたい》と述べて、ローマ人の実用を重んじる価値観を披歴した。

7.4 ローマ市民の教養とその実用主義

ローマ人の使うラテン語はもともと地方言語の一つでしかなかったが、ローマの属領の拡大に伴いメジャーな言語となった。このラテン語の語彙や文法を確かなものとするために、ローマ人はギリシア語からこれを学んだ。だが、ギリシア文化の学問的な面というよりは、実際的な市民生活に役立つ教養を取り入れた。前 1 世紀に活躍したローマの政治家で哲学的著作を残したキケロは、ギリシア人は幾何学に最高の敬意を払っているが、ローマ人はこれを測量や計算に限定した、とその国民性の違いを記した。ローマ人の学問観は、前述の道路や水道などの技術に対する態度と同様に、概して実用主義的な傾向が強かった。

こうした特質をより一層表しているものがローマの著述家たちの書物である。前 1 世紀に活躍したアテネで哲学を学んだことのある著述家で政治家のウァロ（前 116 － 前 27）は、ローマ的教養の父ともいわれ、多数の書物を著した。その著作『諸学科』9 巻（現存しない）は、ローマの自由市民の教養を典型的に表している。それらの構成は、元老院や平民会での政治的談義・応酬に役立つ文法学・弁証法・修辞学、自然の学としての幾何学・数論・天文学、芸術的素養としての音楽、これにローマ固有の医学と建築学の九科であった。つまり、ローマ市民の教養は、ギリシアのプラトン時代の市民的教養を前提としつつも、ローマ時代末期に整備された「自由七科」とも異なる、医療や技術的実践と結びついた実学を含むものだった。彼はカエサルの命によりローマ最初の図書館の設立にあたった。

ところで、「自由七科」の英語表現 liberal arts はラテン語のセプテム・アルテース・リーベラーレース（septem artes liberales）に対応する。この英語の語彙 art、arts が芸術、技術、教養科目の意味をもつのは、上述のようなローマ時代に由来しているが、アートの語源ラテン語のアルス（ars）は、「自然の配置」「技術」「資格」「才能」などのより広い意味を持った語彙である。なお、「自由」を冠しているのは、肉体労働から解放された、自由人たるローマ市民が身につけるべき教養であることを示している。

『建築書』の著書で知られる前 1 世紀後半のウィトルウィウスもこの点で同様である。《建築家は文章の学を心得て覚書を作成し、描画に熟達して模図に作品の姿を具象化する。幾何学に精通することで定規とコンパスを使用して敷地の上に作品を設定し、数論を用いて建築費を算定し計測数値を処理

する。また装飾品のデザインの主題の説明には歴史を知ることは欠かせない。さらに哲学は、建築家を誠実で清廉にする。また音楽は、いろいろな構造物の響き具合を判じうるために、医学は健全な土地や水の利用に役立ち、法律はトラブルを回避し契約書を作成するために必要である。そして星学ないしは天文の理論は時計の造り方を教えてくれる。》と、建築学を基軸に幅広い教養を身につけることの大切さを説いた。

また、帝国ローマの神話や故事を引く著述の復古主義的な傾向は、帝国領土の膨張ともあいまって、後1世紀のプリニウス（23-79）をして、これまでのいろいろな知識を集約した百科事典的な『博物誌』（37巻）という書物をまとめさせた。彼は軍人や財務官として活躍する一方、戦記物の文人で、古今東西の著述家の書物に学び、宇宙、地理、人間、建築・絵画・彫刻、金属とその薬剤、鉱物・宝石とその薬剤など、その記述は多彩である。しかし、そのかなりの部分は動植物とその薬剤で25巻を占める。ここにもローマ人の市民生活に有用な知識に大半を割く実用主義の特質が現れている。とはいうものの、博物誌には地動説や病気の微小生物説などの自然そのものの科学的原理をとらえようとした学説も記載されている。

なお、古代ローマの暦はもともと太陰暦であったが、カエサルの時代にエジプトの太陽暦を採用した。この採用は、強大なローマをして広く地中海世界を越えて普及する契機となったが、ユリウス暦やアウグストゥス暦の月名、各月の日数は帝政ローマの強者の意向を反映したものになった。

ローマ人の実用主義は帝国の支配には大いに役立ったのだろうけれども、ギリシア・イオニアのタレスらにみられるような自然に関する探求は後退した。いいかえれば、ローマ帝国は奴隷制を基礎とした帝国支配のための土木技術は大いに発達させたが、科学的探求を促すような法制度や教育・研究制度はつくられなかった。

古代ローマの太陰暦と太陽暦の変遷

月	ヌマ暦 名称	日	ユリウス暦 名称	日	ユリウス暦 アウグストゥス改暦 名称	日	グレゴリウス暦 現在の暦 名称	日
1	Martius	31	Januarius	31	Januarius	31	January	31
2	Aprilis	29	Februarius	29	Februarius	28	February	28
3	Maius	31	Martius	31	Martius	31	March	31
4	Junius	29	Aprilis	30	Aprilis	30	April	30
5	Quintilis	31	Maius	31	Maius	31	May	31
6	Sextilis	29	Junius	30	Junius	30	June	30
7	September	29	Julius	31	Julius	31	July	31
8	October	31	Sextilis	30	Augustus	31	August	31
9	November	29	September	31	September	30	September	30
10	December	29	October	30	October	31	October	31
11	Januarius	29	November	31	November	30	November	30
12	Februarius	28	December	30	December	31	December	31

図7.7 古代ローマのヌマ暦とユリウス暦（月名：ラテン語）、グレゴリオ暦（月名：英語）

7.5 帝国ローマにおけるキリスト教の台頭

　こうした事情に加えて、科学を後退させたものがキリスト教であった。前1世紀はローマが帝政を築いた世紀であるが、共和政末期の社会生活の不安、動揺は、神との合一による魂の永遠性を説く密儀宗教を登場させた。また、占いや迷信への依存傾向も現れた。これらの宗教や迷信とは必ずしも出自を同一とするものではないが、ローマの世界的国家への展開にあわせて哲学的倫理を説く者たち、たとえば科学を神のロゴス（万物の理法）とする思索家なども輩出させたストア学派や、死の恐れや迷信を原子論で惑わされないように説くエピクロスの原子論を継承した学派などが現れた。こうした社会情勢はキリスト教をひろめ、その後の神学的世界観を強める素地となるものであった。

　キリスト教の出発点は、ローマ帝国の圧政に苦しむ人びとに信仰される弱者救済の精神を備えたものであった。それがために迫害と弾圧の対象にもなった。だが、キリスト教信者の拡大はやがてローマの支配層にも浸透し、ローマ帝国はキリスト教を帝国支配の新たな体制固めの手立てとして利用するようになった。313年キリスト教はミラノ勅令により帝国の公認宗教となり、392年にはローマ帝国の国教として認められるまでになった。

図7.8　聖アウグスチヌス(左)と、聖パウロ(右) (ルネサンス期の絵画より)

7.6 科学の神学への従属化

　このキリスト教は世俗権力へと転じた時代、これを教義の面から後押ししたのが教父アウグスチヌス（354-430）であった。彼は若い頃マニ教に傾倒していたが、ローマに渡って教父アンプロシウスの説教を聞いた。それが契機で、新プラトン主義の実質的創始者であるプロティヌスの著作を読み、キリスト教に回心したといわれている。そのことはともかく、アウグスチヌスの著作としてよく知ら

れているものに『告白』や『神の国』があるが、これらは異教やさまざまな宗派が乱立していた時代、キリスト教の教理と権威を際だたせるために書かれた。しかしながら、このアウグスチヌスの論駁の矛先は、自然の探究を創造主としての神の御業を崇めるものとし、科学にも向けられ、諸学問を神学に従属させることになった。

　著作『神の国』の中には、古代ギリシア・イオニアの自然哲学者たちに対する評価が書かれている。タレスやアナクシマンドロスはまったく神のことに触れなかった。けれども、アナクサゴラスは万物をつくるものは種子とし、それらには神的精神が介在するとした。そして、その教説を聞いたアルケラウスの弟子がプラトンの師ソクラテスで、その弟子プラトンが登場するに及んで「真実の神は万物をつくり、真理を証明し、浄福を与えるものである」と正しい見地に到ったという。このようにアウグスチヌスはプラトン哲学を哲学中の哲学として持ち上げた。

　そのうえで、キリスト教の聖典『聖書』をこのプラトンの哲学によって権威づけたのだった。「新約聖書」の思想に影響を与えたのは旧約聖書のうちの予言者エレミヤの書（前6世紀前後）といわれているが、このエレミヤの書の影響がプラトンの著作には見られるとアウグスチヌスは述べる。旧約聖書のうちの『創世記』は前5世紀の作であるが、それは「はじめに神は天と地を創造された。地は見えず、形なく、闇が深い淵の表にあり、神の霊が水のおもてをおおっていた」と始まる。アウグスチヌスによれば、これはプラトンの書『ティマイオス』が「はじめに神は天と地を創造された」と始まっているところに似ているというのである。次いでプラトンが天と地の中間に水と空気があると記したのは、『創世記』の「神の霊が水のおもてをおおっていた」というのをそのように解したからだという。すなわちプラトンは聖書における「神の霊」がどういう意味をもっているかを注意せずにそう記したのであって、それどころかプラトンの言説をよく調べてみればわかるように、彼は空気を霊としてもいる。こうして、アウグスチヌスはギリシア哲学の代表たるプラトン哲学の源流も『聖書』に由来しているとして、『聖書』は最高位にあるとした。

　アウグスチヌスはこう権威づけたうえで、著作『告白』で次のように自然のことを語っている。「神は万物に全体として満ちているが、何物も神を容れることはできない」。すなわち、神はすべての自然の中に満ち渡っているけれども、自然界の「何物」も神を包含することはできないのだと、創造主としての神の偉大さを説いた。

　アウグスチヌスは個々の自然物に垣間みられる自然現象は神の御業の産物だとして、自然観察は信仰を深めるものと位置づけたのだった。これにより、科学的な自然への関心は遠のいた。

　宗教が政治権力と結びつき、世俗勢力の一翼となった、その影響は、日常生活を含む社会生活にとどまるものではなかった。真理の検証を旨とする科学のあり方を根底的に転換し、科学を宗教に従属化させるものとなったのである。こうして科学・技術の展開は衰退の大きな転換期を迎えたのである。

第8章　中世における科学と技術の再生
― ゲルマン、アラビア、中国

　科学は近代になると、それ以前に比べようもないほどの勢いで息を吹き返すことになる。その要因の一つ、産業資本主義はマニュファクチュアから出発するが、産業革命期には技術を駆使した機械制大工業を発達させる。その機械の発明・改良に人間の熟練の勘と経験の代わりに科学を必要としたからである。二つ目は、科学発見の方法が近代科学の発展とともに深化し、三つ目は、科学研究の拠点ならびに科学的成果を継承する拠点としての高等教育制度や研究機関が発達したからである。

　しかし、科学がただちにこれらの性格を装備するようになったのではない。その出発点は、地中海を中心とした古代文化の拠点のラテン世界ではなく、その北方に位置するゲルマン世界の新たな動きから始まった。それは中世における農業技術の一新と手工業の展開、中世都市の発達、大学の誕生である。本節では、近代における科学復活の基礎、前提はどうやって形成されたのか、科学・技術の牽引役となったゲルマン世界がどのようにその礎を築いたのか、歴史展開の道筋に即しながら述べる。

　また古代ラテン世界と中世ゲルマン世界をつなぐアラビア世界および技術的に先行していた東洋からの科学・技術の移入、いうならば国境を越えて展開する科学・技術の国際性のことについて述べる。

8.1　三圃農法と農業生産力の増大

　その第一は、ゲルマン民族の大移動に伴う新しい農法と社会制度の新たな展開、すなわち新たな生産様式、いわゆる封建的生産様式の誕生にある。封建領主は農耕地を農民に貸し与え、武力でもって農民たちを緊縛し保護する一方で、その見返りに年貢（封建地代）を取り立てた。農民は隷属状態にあり農奴ともよばれた。

　ゲルマン民族は7世紀末以降、有核密集村落を形成し、農耕具などの生産手段は自ら所有し、農耕法を改良することに関心をもった。鉄製の犂（すき）ヘラを備えた有輪犂を役畜で牽引する犂耕の導入だけではなしに、まぐわ、熊手、大鎌、殻竿（からざお）などの各種農具を使用した。また耕作地を冬穀（小麦・ライ麦：食料用）、春穀（大麦・エン麦：飼料・醸造用）、休耕の三つに分けて耕作する三圃農法を取り入れた。この農法は三つの耕作地（約30モルゲン≒70,000 ㎡）を帯地に分けて、各農家の耕区は三つの耕作地に混在して保有するもので、耕作強制を伴うものである。これを開放耕地制度という。これによりゲルマンの原初村落時代に比すれば3倍、古代ローマの二圃農法に比しても耕作地は増大した。労働力は家族労働であったが、この農法は耕作シーズンを替え、また前述の役畜利用の農耕で対処しえた。なお牽引用馬具や蹄鉄などは中央アジア方面から流入した技術である。

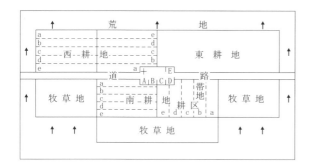

図8.1 三圃農法と役畜を利用した犁農耕

　三圃農法とは、村の耕地を大きく三つ（東耕地、西耕地、南耕地）に分け、「夏耕地（春播きの大麦・燕麦などの飼料・醸造用の作物）」－「冬耕地（冬播きの小麦・ライ麦などの食料用の作物）」－「休耕地」の順で毎年移行させた。三年に一回の割合で耕地を休ませ、地力を回復させるとともに、一種の輪作法によって地力の低下を食い止めようとの工夫がみられる。

8.2 中世都市の誕生と手工業の発達

　さて、前述のような農業生産力の向上に伴う余剰生産物の増大は、自給自足の自然経済を脱して、手工業が農業から分離し、11－12世紀頃になると都市が新たに形成されるに到った。すなわち遍歴商人や職人が、居城や教会、交通の要衝に市場を開設し定着するようになり、その結果として商人と手工業者の生業の拠点としての都市が誕生した。ケンブリッジは橋、オックスフォードは渡し場、ハンブルグは居城、リューベックは港湾を中心に形成された中世都市である。

図8.2 中世のギルド制度の鍛冶工房

　市場の開設は、これを庇護する領主や教会にとっても多くの利益をもたらし、その代わりにこれらの都市の市民は自由と権利を得た。商人は、交換経済の発達とともに次第に富を蓄積し、そして彼らは商人ギルドを組織して団結し、領主に対抗し、都市の自治権を保持するに到った。こうして商品経

済が発展したが、やがて手工業者たちも同業者組合（クラフトギルド）を組織して、営業権（品質保証・公正価格による競争の排除、職人の資格・親方への昇格、徒弟数の制限、加入強制・制限など）を管理し、みずからの生業の保護と発展を期した。そして、専門化する都市も形成された。フィレンツェは毛織物で、金銀鉱山のアウグスブルグ、金物・陶器のニュールンベルグなどは、特産物の鉱工業生産で、ヴェネツィアは遠隔地交易で栄えた都市であった。中世において世界の人口は3億人から5億人へと増加したとの指摘があるが、その背景にはこうした生産活動と都市の新展開があった。

8.3 中世都市における大学の誕生

中世都市の形成は、財産権の保護や商取引上の法的諸問題の解決、病疫の駆逐などの新しい課題を生み出した。こうした都市の課題が大学を誕生させたといえようが、中世の大学は今日のような大学キャンパスとは異なって、その点では都市に同化し、教師と学生は中世都市固有のギルド組織に模した自治的な共同体（universitas）を形成することで、これを成り立たせた。

パリ大学（1211年）は、ノートルダム聖堂の参事会員が設けていた学校の教師組合がもとになって「自然発生的」にできあがったという。イタリアのボロニア大学は、学芸や医学、神学も講じられたが、公証人養成学校が母体となって成立し、ローマ法を基礎にした市民法において秀でた。イタリア・ナポリの南方にあるサレルノ大学は医学校をもとに誕生し、ギリシアのヒポクラテス、アラビアの医学を受け継いだことで注目された。イギリスのオックスフォード大学は商業と手工業者が集まる都市オックスフォードに誕生し、これから分離したのがケンブリッジ大学である。イタリアのパドヴァ大学も同様にボロニア大学から分離独立したものである。中世の終わりまでにほぼ80を数える大学が誕生した。学部として成立していたのは学芸学部、神学部、法学部、医学部の4学部であった。

図8.3 ボロニア大学

8.4 水車・風車、機械時計

　中世に発達した技術は、重機械では水車・風車、精密機械では時計、流通関係では馬車、帆船、運河、さらにはアジアから伝来された火薬・羅針盤・印刷技術などがあげられる。

　さて、水車はヘレニズム期にすでに発明されていたが、これが普及するのは 11–12 世紀以降のことである。その際、水車の活用には水車の建設だけでなく、水路をはじめとして堰や溜め池、水路橋などを建設する必要もあった。というのも水車の出力を高めるためには、動力を生み出す水車本体への水路の整備をどうするか、また作業機構としての臼をどのように配置し繋ぐかが鍵となっているからである。より具体的にいえば、水車を水平に配置して臼と直結するか、垂直に建てつけ伝導機構を介して臼に動力を伝えるか、また垂直に建てつける場合には、下射式、中射式よりも明らかに上射式の方が優れており、これを実現する水路の設計・建設が欠かせない。なお、水車小屋のことを mill（製粉所）というが、これは水車が穀物粉砕に多用されたことによる。とはいえ水車は、単に製粉だけではなく製革、製紙、縮絨、槌打ち、ふいご駆動など、多様な用途に利用された。

図 8.4　水車による製粉

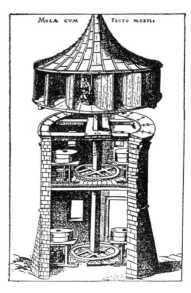
図 8.5　どの方向からでも風を受けられる風車

　実用的な原動機としての風車は 12 世紀には登場したとの記述があるが、13 世紀後半にはありふれたものになったという。風車の機構では、風向きに関係のない軸が垂直に配置されているものと、翼が取りつけられている頭部を長いテコ棒で風向きによって方向を変える、箱型のものと塔型のものとがある。後者の塔型はレンガや石で造られ、頑丈さの保持や木材の節約から造られるようになったといわれる。

　これら重機械としての水車・風車の一方で、精密機械としての機械時計も 13 世紀頃に製作されるようになった。機械時計には脱進機構やギア、動力機構としての錘（おもり）などが不可欠であるが、天体の運行を時計機構で示すものが 14 世紀にイタリアで造られた。脱進機構としての王冠歯車、また

棒テンプなどの機巧も発明され、その後ゼンマイ式動力も考案された。

これらの機械技術は歯車・輪軸・軸受・連接棒・クランク軸・カム機構・脱進機構などの要素技術を発達させ、後の産業革命期の機械化の礎となるものだった。

8.5 高炉の発明

高炉は鉄鉱石を還元し銑鉄を造り、鋼鉄などの各種の鉄をつくる転炉などの精錬炉とならぶ、間接製鉄法を構成する基本的な装置である。

高炉出現の前の製鉄は塊鉄炉といわれるもので行われ、鉱石の粉砕・洗浄、生木を用いた焙焼や、急冷による硫黄や銅化合物を除去する熔錬を必要とするものであった。転機は、低品位鉱の高温での熔錬を行うべく造られた縦炉（高さ2m）とよばれるものが考案され、これが13－15世紀ドイツ・ラインラントのシュテックオーフェンといわれる高さ3－4.2mの高炉へと発展したのである。水力駆動ふいごで硬質木炭を燃焼させて1200度の高温での連続的還元を行い、炉底からの出銑を実現した。生産量は塊鉄炉では60－70kgであったが、高炉では370－600kgと増大した。

なお、鋳型に熔銑を流して鋳物（たとえば、砲を含む火器など）も造られたが、水力ハンマーやクランクによる引き抜きで鉄板や鉄線などもつくられた。

この時代、熔錬・鋳造などの知見を著したビリングチオ（伊）の『ピロテクニア（火工術）』（1540年）、採鉱・選石・精錬などの知見を著したアグリコラ（独）の『デレメタリカ（金属の書）』（1556年）などの採鉱・冶金の工学的成果がまとめられ、ヨーロッパ各地に広く普及する契機となった。

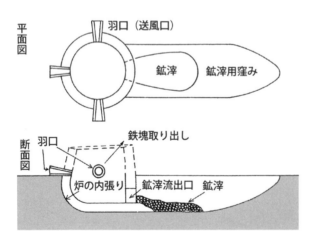

図8.6　古代ローマ時代の製鉄炉

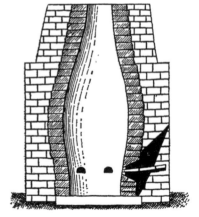

図8.7　初期の高炉：シュトウック炉

8.6 大洋航海を可能にした全装帆船

貿易船として注目されるものの一つに、大きな三角帆を備えたダウ船とよばれる、早くは7世紀に登場し「イスラムの海」とも形容されるインド洋で普及したものがある。もう一つは、12世紀以降バ

ルト海沿岸地域の北ドイツを中心としたハンザ同盟を組んだ諸都市で多用されたコグ船である。これは頑丈な船梁と固定甲板による船蔵、そして固定舵を備えた大きさ 130 t あまりのものであった。ただコグ船は横帆 1 本マストのみで大洋航海には必ずしも適していなかった。これらの南方と北方の両者のすぐれた点を取り込んだものが、15 世紀地中海で開発されたキャラック船である。これは固定甲板と固定舵、横帆 2 本と縦帆（三角帆）1 本を備え、大きさは数 100－1000 t 級の船で、大洋航海を可能にするものだった。

新大陸発見をしたコロンブスのサンタマリア号や、世界一周の航海を成し遂げたマゼランら

図 8.8　15 世紀末の全装帆船

一行のビクトリア号はキャラック船で、ヨーロッパ人として初めてインド航路を開拓したヴァスコ・ダ・ガマらの船もこれである。なお 15 世紀前半のポルトガル・エンリケ航海王子が用いたものは小型のキャラベル船（三角帆のみ）とよばれるものであった。なお、これらの全装帆船の発達は地球規模の交易活動を実現しただけでなく、砲を積載することで軍用船としての機能を高め、海洋の覇権争いに一役買った。

8.7　イスラム帝国の学術政策とアラビア語化による「文化的一体性」の形成

イスラム帝国の新都バグダットの建設が始まったのは 762 年である。帝国はイスラム教をバックに強力な国家機構を築き、中東から北アフリカ一帯までの広大な地理的空間を統合した。そして、灌漑・給水、運河・砂防堤の建造をはじめとして水車や風車、揚水器などを普及させるだけでなく、織物や陶器、金属加工品、香料などの手工業と商業交易を広く展開させた。なかでも注視すべきことは、ラテン世界が衰退する一方で、9 世紀にはバグダートに天文台を付設した翻訳局「知恵の館」を設置し、そこに異端として追放された学者などを招聘し、ギリシア・ローマの古典文献を含む多数の文献をアラビア語に翻訳し、その学術的知識を吸収した。また、これに先んじて設置された「知恵の宝庫」とよばれる図書館においても翻訳は行われた。こうした学者の庇護を含む学術政策はこれにとどまらず、11 世紀初めには「知恵の家」とよばれる図書館機能を備えた学術拠点が建造され、人文学的な学問を含め、医学・天文学・数学などが研究された。『イスラム技術の歴史』によれば、モスクも学問の場であったとのことであるが、アラビア世界は宗教的・政治的統合の下にアラビア語化による「文化的一体性」を形成した。

アラビア世界は、このような翻訳による古典文献の継承を行っただけではない。さまざまな科学・

技術に独自の成果を上げ、今日につながる学術的貢献を達成した。

8.8 ゼロの発見と代数学

　ゼロが記数法で使われるのはバビロニアにもあるが、今日のような意味でのゼロの概念が成立したのはインドである。すなわち惑星の位置や月の満ち欠け、蝕などの天文のことについて記した『ブラーフマ・スプタ・シッダーンタ』(628年) に、「うつろな」を意味するサンスクリット語「シューニャ」、すなわちゼロと他の整数との加減乗除の算法が記されている。また同書は二次方程式の解、三角法なども取り扱っている。

　このインド数学が、アル=フワーリズミーの『インドの計算法について』(825年) やアル=キンディーの『インドの数の使用について』(830年頃) によって紹介されて、今日につながるアラビア数字、それによる位取り記数法が展開されるようになった。なお、10世紀半ばのインド式算術に関する文献には小数の記載も見られる。

　アラビア数学の第二の貢献は代数学である。今日「代数」のことを「アルジェブラ」というが、これはアラビア語に由来する。また計算の手順を示すアルゴリズムというカテゴリもアラビア語起源で、代数学をまとめたアル・フワーリズミーの名にちなんでいるという。彼の著作に『アル・ジャブルとアル・ムカーバラ』とよばれる代数学の初歩となる文献がある。今日的にいえば、アル・ジャブルとは変形や移項、アル・ムカーバラとは同類項の整理のことで、二次方程式や多変数の方程式などの解を見いだす手順のことである。それ以前は幾何学的な手法で解かれるか、ないしは問題は個別的に解かれていたが、アラビア数学の解法は今日の初等代数学に近い。なお、12世紀前半期に活躍したウマル・ハイヤームは一次・二次のみならず、三次方程式の解の究明に努めたといわれている。なお、アラビアの貢献は正弦や余弦、正接などの平面三角法や球面三角法にも見ることができる。

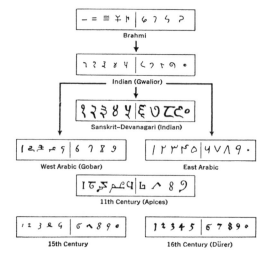

図8.9　算用数字の起源と変遷

8.9 アラビアの医学、錬金術（化学）

　医学書においてもアラビア語化は行われ、ガレノスらの著作が翻訳され、アラビア医学における礎となった。アッ・ラーズィー（865－925）はヒポクラテスやガレノスらの古代医学の科学的伝統を引き継ぐ医学者であった。病院長であったラーズィーは理性重視の立場から迷信にとらわれず多数の病の症状の臨床経過観察を行い、『包含の書』を著し、栄養の摂取や住環境の配慮による自然治癒力を活かした。またハシカと天然痘を区別し書物に記している。

　多方面にその才を発揮したイブン・スィーナー（980－1037）は、『カノン（医学典範）』を著した。その特色は、実験や定量的手法を重んじたことにある。感染症の原因を究明し、伝染を抑えるための検疫の導入、縦隔炎と胸膜炎の区別、水や土などの環境要因による病気の蔓延、神経系の失調など、さまざまな病気の原因・治療法、薬理などについて考察し、後世に大きな影響を与えた。

　11世紀に活躍したイブン・アルハイサム（アルハセン）（965－1040）は、鏡やレンズを用いた光の研究、また眼科手術などを行った。そして視覚のプロセスについて考察し、光線は物体から目に入ってくるものだとした。著作『光学の書』はラテン語に翻訳された。

　アブー・アル＝カースィム・アッ＝ザフラウィー（アブルカシム）は、医学事典30巻を著した。彼はまた、腸線・鉗子・結紮糸・手術針・メス・キューレット・開創器・手術用スプーン・ゾンデ・手術用フック・手術用ロッド・膣鏡・骨用鋸・漆喰など、手術にさまざまな器具を多用したことで知られている。

　アラビアの貢献は今日の化学の起源ともいえる錬金術である。錬金術の中にはどのような金属でも黄金にする秘薬エリキシル（賢者の石）を介在させる怪しげな錬金術もあった。だが、各種の装置（ふいご、炉、ルツボ、鍋、アランビック（蒸留器）、昇華用凝縮器、フラスコ、乳鉢など）を用いて燃焼や蒸留・精製、焙焼、昇華、溶解、化合、凝固等の反応を引き起こし、アルコールや鉱酸（硝酸、塩酸、硫酸など）、そして香料や石鹸、染料、医薬などの有用な物質を生成した。ラーズィーの『秘密の書』にはそれらの用具と操作が記されている。化学の用語 chemistry は錬金術 alchemy 由来であり、またアルカリもアラビア語で、もとは植物の灰を意味する。

　これらの科学的・技術的知見なしに今日の科学・技術もありえず、その意味で学術の国際性をいかんなく発揮し、科学の発展に貢献した。

8.10 古典文献の翻訳とアラビア科学の移入

　大学誕生の創設期は、ハスキンズによって「12世紀ルネサンス」と特徴づけられたが、ギリシア・ローマの古典文献のラテン語訳への翻訳が行われた時代であった。翻訳の拠点となった地域は、スペイン・トレードや南イタリア・シチリア、北イタリア・ヴェネツィアなどを中心とした3地域である。トレードはこの時期にイスラム勢力の統治下から取り戻されたが、ここに残された文献を翻訳する学校が建てられ、各地から集まった学者の共同作業でラテン語訳がつくられた。第二のシチリアも同様にイスラム勢力下にあったが、11世紀ノルマン人によって樹立された王朝の寛容な政策の下に、ギリ

シアとイスラムとの文化的交流が進められた。第三の北イタリアのヴェネツィアなどの都市は、ビザンツ帝国のコンスタンティノープルとの交易活動を展開し、ギリシアの古典文献も移入した。

翻訳された古典文献は、アリストテレスの『自然学』『霊魂論』『天体論』『形而上学』をはじめとして、ヒポクラテスの『箴言』やユークリッドの『原論』、アポロニウスの『円錐曲線論』、アルキメデスの『円の測定』、ヘロンの『機械学』、プトレマイオスの『アルマゲスト』など多数におよんだ。こうしてギリシア・ローマの古典文献が再びヨーロッパにおいて読まれることとなった。翻訳されたものはこれだけではない。8世紀から10世紀頃にかけてギリシア文献を自国語に翻訳し、これを吸収し、新たな知見をつけ加えたアラビア語の数学、天文学、光学、医学などの文献も翻訳された。前述のアル・ラジ（アヴィケンナ）の『医学典範』やアルハーゼンの『光学』、アル・フワーリズミーの『アルゴリズム』、『代数学（アル・ジャブルとワル・ムカバラの計算抜き書き）』等々である。

古典文献の移入はアリストテレスをはじめとする古典的理解を流布することになったが、これまでと異なった自然研究を展開させた。オックスフォード大学のフランチェスコ教団の僧侶ロバート・グロステスト（1175−1253）は、物理学的関心を抱いて、鏡やレンズの作用についての知識を持ち、レンズを用いた実験をした。数学や実験科学の重要性を説いたことで知られるロジャー・ベーコン（1214−1294）は、イギリスの学問的伝統の基礎を築いたといわれるグロステストの弟子にあたる。

8.11 中国の技術（製紙法、印刷術、羅針盤、黒色火薬）

大航海時代に不可欠な羅針盤の原型は3世紀頃中国で使われた指南魚とよばれるもので、当時は吉凶を占うのに用いられた。この方位磁針は、鉄の針を焼いて南北に置くことで磁力を持たせ、そしてこの磁針を魚の形の木片に埋め込んだものが「指南魚」で、魚の口の部分が南を向くようにしたものであった。

図8.10 金属活字（レプリカ）

東アジアでは、2世紀に中国で紙が発明され、7世紀には木版印刷が発明された。そして11世紀には陶器による活字が造られ、さらに13−14世紀には朝鮮（高麗）で金属活字による印刷が行われた。このように東洋での活字技術は、ヨーロッパでのグーテンベルク（1400頃−1468頃）の活字印刷より

先行していた。こうして聖書を含む宗教書が印刷され、宗教改革を促す契機をつくった。アラビアやアジアの技術は先進的で、中世後期に西洋に移入され、大きな影響を与えた。

　中国・唐代の 850 年頃に書かれた「真元妙道要路」には、硝石・硫黄・炭を混ぜると爆発的燃焼を起こすとの記述がある。13 世紀にはモンゴルが火薬弾、火槍を使ったとの記録があるが、日本への元寇襲来でも使われた。これらの発明が 14 世紀の初めにかけて西方に伝わり、14 世紀前半イタリアやドイツなどで火薬を用いた火器、鋳鉄製臼砲が開発され使用された。やがてこの火器は砲丸と火薬をどう装填するかという課題に直面した。当時は気密性を保持できるような精密な機械工作技術はなかったからである。弾丸に旋回運動を与え弾道を精確にできる旋条銃の出現、鋳造技術が改良され一定程度の強度のある砲が製作されるようになったのは 16 世紀であるといわれる。1543 年、日本の種子島に火縄銃が渡来したのもこの時期である。

第3部
近代科学の成立

第9章 ルネサンスと近代解剖学の成立

　科学・技術の先進地域も文明の盛衰に伴い、エジプト・メソポタミア → ラテン（ギリシア・ローマ）世界 → アラビア世界 → ゲルマン世界へと移った。それとともに、ルネサンス期から近代初期にかけて活躍した科学者の出身地は様変わりした。ダ・ヴィンチやガリレイらはイタリア、宇宙論のデカルトや真空実験のパスカルはフランスであった。これに対して地動説提唱のコペルニクスはポーランド、人体解剖学のヴェサリウスはベルギー、天文学のティコ・ブラーエはデンマーク、ケプラーはドイツ、さらに地磁気発見のギルバートや血液循環説のハーヴィやボイルの法則のボイル、バネや顕微鏡の観察の研究で知られるフック、万有引力の法則発見のニュートンらはイギリス、また振り子の研究で知られるホイヘンスはオランダで、ヨーロッパでも比較的北方の地域、ことにゲルマン世界の者が多かった。

　どちらにしても彼らが明らかにした知見は、古代以来の天文や人体に関する知見を一新するものだった。天文学では地動説が確かな根拠をもって提唱され、また解剖学においては実際に人体解剖が行われ、人体の構造と機能とを体系的に示した。

9.1　ダ・ヴィンチの絵画にみられる科学的手法

　画家レオナルド・ダ・ヴィンチ（1452－1519）はフィレンツェ近くのヴィンチ村の出身で、父は商取引の公証人の仕事をしていた。彼は幼い頃より絵画に秀でた才を発揮し、14歳でフィレンツェのヴェロッキオの工房に弟子入りした。この工房のヴェロッキオは、兄弟子に「春」や「ヴィーナスの誕生」の絵画で知られるボッティチェリ、またラファエロの師ペルジーノらをもつフィレンツェではよく知られた画家であった。ダ・ヴィンチは20歳でフィレンツェの画家組合に入り、独り立ちした。このフィレンツェは毛織物や絹織物のマニュファクチュアで発達し、商取引で巨万の富を築いたメディチ家らが実質的に支配する、いわば司教管区や皇帝などの支配から自由な、かつルネサンス文化の社会的基盤を形成していた都市であった。

　さて、ダ・ヴィンチでまず注目されるのは、「最後の晩餐」や「岩窟の聖母」、「受胎告知」などの絵画にみられる技法にある。そうした技法について、ダ・ヴィンチは彼が残した手稿の中で次のように語っている。

　「どうして画家は解剖学を知る必要があるのか――裸体の人びとによってなされうる姿勢や身振りにおける肢体を上手に描くためには、腱や骨や筋や腕肉の解剖を知ることが画家には必要である。それというのも、さまざまな運動や力にあたって、いかなる腱もしくは筋がかかる運動の原因であるか…

知らんがためである。」

「アンギアーリの戦い」とよばれる絵画がある。これはフィレンツェ政庁舎大会議室の壁に描かれたもので、今日は後世の版画家が模したもの、あるいはルーベンスの模写でしか知ることができない。けれども、その模写絵の戦士と騎馬のリアルな躍動感は、確かな解剖学的知識に裏打ちされていることを物語っている。

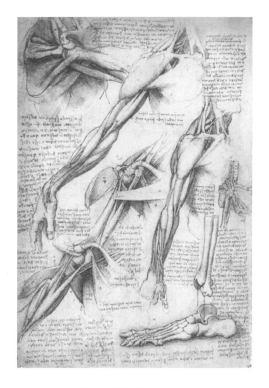
図9.1 解剖学のスケッチ

図9.2 「岩窟の聖母」

また、ダ・ヴィンチは、「絵画の科学的で真の原理は第一に、陰翳（いんえい）ある物体とは何か、根源的な影および派生的な影とは何か、明暗すなわち、闇、光、色彩、形態、情景、遠近、運動および静止とは何かを定めることであるが、以上のものは手の労働を経ずもっぱら頭脳によってのみ把握せられる。これこそ絵画の科学であろう。」と述べて、平面上に立体的に見えるように一点もしくは二点、三点を視点として描く幾何学に基づく遠近法（透視図法）、光学的観察による陰影法（明暗法）など、科学的手法を絵画に活かすことの必要性を記している。

「遠近法とは、あらゆる対象が角錐状線によってその光素を眼に伝達することを実験によって裏書するところの弁証的理法である。」

「光と影の増大によって顔には非常な盛りあがりができる、光った部分では影はほとんど感知しえず、影になる部分では光はほとんど感知されない。このような光と影との表現と増大によって顔は美しさをそえるのである。」

さらにダ・ヴィンチは次のようにも述べる。「画家は自然を師としなければならぬ」、「自然を相手

に論争し喧嘩する」。これは彼の絵画科学、すなわち自然から教えを乞わないでは、自然そのものの原理を知るために自然と徹底して向き合わなくては、確かな絵は描けないとの精神をよく表している。

このようにダ・ヴィンチの絵画は科学に裏打ちされたものであるが、彼は単に画家にとどまらず、科学者・技術者としても活躍した。先に触れた解剖学をはじめとして水力学や地質学、鳥の飛翔などの研究を行った。「自然は、経験のなかにいまだかつて存在したことのない無限の理法にみちみちている」。自然を観察して追求し一般法則を得るためには、「二度、三度それを試験して、その試験が同一の結果を生ずるか否かを観察せよ」との言葉には、ダ・ヴィンチの科学的精神が示されている。

ダ・ヴィンチは現存するだけでも 5,000 枚を超える手稿に多方面にわたる知見を書き残している。30 歳代にはミラノ公に仕えたが、運河や水力製粉機の開発を行う一方、水力学や水の波動運動、連通管の流体圧力の研究、揚水器・水圧器を開発した。また鉄工場や大砲鋳造所、織物工場、寺院の時計などの各種の技術の成り立ちを観察し、複式紡績機や旋盤、印刷機、ジャッキ、組合せ歯車、間歇運動装置、三段式変速機、さらには傾斜計や距離計、流速計、自動水平装置、あるいは自動車や外輪船、羽ばたき飛行機などの多彩な技術的考案を行ったことでも知られている。加えてミラノの大聖堂のドームや河川工事の設計、沼沢の埋立計画や理想都市の構想を考案した。

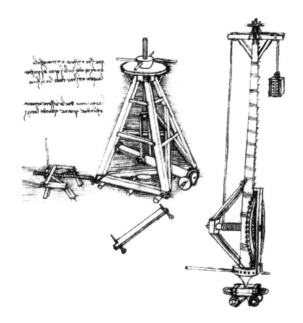

図9.3 ダ・ヴィンチの機械

9.2 中世後期の解剖学の展開

中世においては人体解剖は瀆聖罪に当たるともされ、人体解剖の実施は強い批判を覚悟しなければならなかった。こうした時代にあって、13 世紀後半のボローニャで病理解剖や検死のための法医解剖での人体解剖実施の記録が残されている。

そうした状況において、解剖学という学問見地から解剖を行ったのが、当時の代表的な解剖書『ア

ナトミア・ムンディーニ』（1316年）の著者モンディーノ・デ・ルッツイ（1270頃－1326）である。彼はボローニャの近くのルッツイ村の薬剤師の息子で、ボローニャ大学に学び、同大学の医学部の創設者の一人である。

さて、モンディーノの解剖学書の表紙にある解剖の様子を描いた絵は、学者は講釈台の高い位置に座し、助手が実際に解剖を行っている。しかし、それは当時の解剖講義のよくある情景を描いたものでしかなく、モンディーノ自ら執刀したとの指摘もあり、確かなことはわかっていない。ただ、彼の解剖学書は系統解剖ではなく局所解剖であったことは、筆写師が描いた解剖学書の構成から明らかである。

局所解剖は、四日間で腹部、胸部、頭部、四肢の順に腐敗しやすいところから始める実際的方法で、解剖学書の章立ては、1：序、2：自然器官（大静脈を含む腹部）、3：生殖器官（膀胱を含む）、4：精神器官（舌・食道を含む胸部）、5：動物器官（神経を含む頭部）、6：末梢の各部（脊柱と四肢）である。今日の解剖学は身体各器官の形態に重きが置かれているが、モンディーノの書には機能面についても記されている。

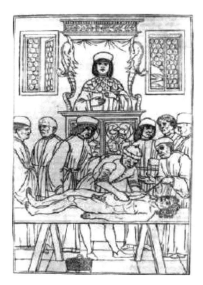
図9.4 モンディーノの解剖書の表紙絵

図9.5「二人の天使と聖母子」

ところでボローニャ大学で人体解剖が大学規則に公式に認められたのは1405年のことで、14世紀半ば頃から15世紀にかけてイタリアの各都市の大学を中心に人体解剖が制度化されていった。また15世紀後半には自然主義を志向する画家たちにも人体解剖を行う者たちが現れた。その一人が前述のレオナルド・ダ・ヴィンチで、人体の表層ばかりか、心臓や子宮内の胎児などを描いた解剖図を残している。また、彼の師ヴェロッキオが描いた『二人の天子と聖母子』の抱かれた子に現れている、後に「バビンスキー反射」と名づけられた、新生児等に現れる足の親指の反り返りである。このように宗教画の中にまで当時の医科学的観察が映し出されている。

9.3 近代解剖学を拓いたヴェサリウスとライバルたち

　アンドレアス・ヴェサリウス（1514−1564）は、1543 年『人体の構造に関する七章』（ファブリカ）と題する人体解剖学書を出版したことで知られる医学者である。彼はルーヴァン大学に学び、パリ大学で古代ローマの医学者ガレノスの解剖学を学んだ。一度ルーヴァンに戻った後、イタリアのパドヴァ大学で学位を取得し、解剖学兼外科教授となった。1537 年には公開解剖も行っている。

　このようにヴェサリウスの解剖学の出発点も、当時の医科学者と同じく古代ローマの医学者ガレノスであった。当時の学者は解剖を下賤なものとして手を下さず、遠目に講釈するだけであった。確かに、ガレノスの解剖学書は人体の外科的所見に即していたが、イヌやサル、ブタなどの動物の解剖所見に基づく誤りを正すことができなかった。ヴェサリウスのエピソードに、ルーヴァンでは絞首刑台にさらされた人体を、パリでは教会の埋葬場の埋められたそれを解剖したと伝えられている。ここには単に文献探究に飽き足らず、実際に検分して真理を究めようとの実践重視の態度を窺わしめる。

　ヴェサリウスは、これまでの医学者・示説者・執刀助手にみられる身分制に縛られた守旧的スタイルを打ち破り、自分自身で執刀し観察して、しかも彼は身体器官の各部分と全体を系統的に整理した（後述参照）。そのあり方こそは近代解剖学といえるのだが、それは古代医学を踏まえつつも、モンディーノをはじめとした科学性を追及してきた多くの医科学者の蓄積のうえに誕生したというべきであろう。

　そうしたなかでもベレンガリオ・ダ・カルピは、ボローニャ大学で教鞭をとり外科医としても活躍し『モンディーノ註解』（1521 年）や『小解剖学』（1522 年）を著したことで知られる。その内容は子細かつ系統的で、ヴェサリウスの解剖書の前提となるものといわれる。というのも 100 体を超える多数の解剖を行い、新知見を示し、これまでの誤りを正した。それだけではない。『小解剖学』の筋肉図や骨格図は、やや雑な木版画ではあるものの、ヴェサリウスと同様に風景の中に立たせて生きているようにその解剖図を描いている。また、バティスタ・カナーノは内科医でフェラーラ大学の講師をつとめたが、1541 年に出版した『人体筋肉解剖図』は筋学についてはヴェサリウスを超える内容を持ち、後にファブリチオ（1537−1619）が書き留めた静脈弁の存在も知っていた。ただし彼はその機能を、血流速度の低下、血液貯溜の阻止などとしていて、その理解は誤っていた。

　さて、ヴェサリウスの到達した解剖研究の峰を確認してみよう。最初に取り掛かったのは、ガレノスの系統解剖に従った門脈、静脈、動脈、神経の四つの系と、骨格系に関するもので、1538 年出版の『六枚の解剖図』である。これに筋系、内臓系、脳にも広げてまとめたものが『ファブリカ』である。初版は本文 660 頁、図版 300 点を超える。章立ては 1：骨学と関節学、2：筋学、3：血管学、4：神経学、5：腹部内臓学、6：胸部内臓学、7：脳である。モンディーノの解剖学書は重版回数 40 を超えるが、『ファブリカ』は 18 世紀にかけて 25 版を重ね、その後も復刻版を重ねた。

　その特徴は、解剖図とはいえ芸術との統合により全身の筋肉図や骨格図が生きているように描かれていることである（同郷の友の画家カルカルによる）。書名のファブリカの意味は、ラテン語で組織や工場の意をもつが、各器官の部分をその機能の全体構造のなかで位置づけた体系性を備えたものである。このような科学性を反映したリアリズムは、ヴェサリウスが理論（分析と所見）と実践（執刀と

観察）とを統合し、自ら体現したからにほかならない。

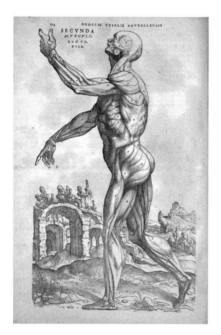

図9.6 筋肉図

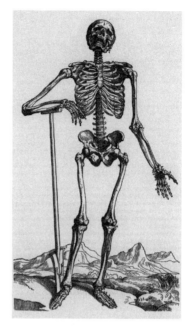

図9.7 骨格図

9.4 ハーヴェイの血液循環説

　イギリスの医科学者ハーヴェイ（1578－1657）の血液循環説は、このような系統解剖の展開、ことに循環器系のうちの血管学の知見の積み重ねを経て提起されたといえよう。そのタイトルは『動物の心臓ならびに血液の運動に関する解剖学的研究』（1628年）で、内容はガレノス生命体系批判を出発点に、心臓の運動、肺循環、体循環の今日知られている血液循環の模様が実験観察に基づいて体系的に述べられている。

　さて、古代ローマ医科学者ガレノスは、すでに実験生理学的見地から動脈の結紮や切開を行い、心臓の運動や血液循環についての適切な知見を示している。たとえば、アリストテレスはヒトの心臓は3室としていたが、ガレノスは4室とし、しかも大静脈、肺動脈・肺静脈、大動脈の存在を示し、大静脈の血流の方向は弁の向きから血液は心臓に向かっていると判定した。とはいえ、心臓の働きはアリストテレスと同様に生命精気を誘因するのだとして拡張作用にあるとしたり、また大静脈より肺動脈が細いことから血液の一部は心臓の中隔の小孔を通して右心室から左心室へ流れ込んでいるとしたり、動脈は拡張して心臓にある血液を誘引しているとした。つまり、ガレノスは血液の循環を見いだせず、血液は潮の満ち引きのように心臓と末端とを行き交っているように考えた。

　こうした段階にあった血管学を適正な理解へと進めたのがハーヴェイであったが、ハーヴェイは博物学的観点も取り入れた比較解剖学という方法論的見地から血液の運動を明らかにした。具体的にいえば、ヘビ、イモリ、カエル、カタツムリ、ウミザリガニ、ウナギ、小魚などの冷血動物の解剖を行

い、比較分析をした。心臓は運動すると白色を帯び、休止すると濃厚な赤血色となることを記している。しかし、イヌやブタは拍動が早すぎて見極めにくいが、死のうとしている心臓の動きのゆっくりとした運動には同様の状態があることを確認している。

ハーヴェイは次のように述べている。「ある種の一般的な緊張と、全繊維の走向に一致したあらゆる方向における収縮とから成り立っている…、筋肉は、活気を呈し、緊張し、軟らかなものが硬くなり、充溢し、太くなるのであるが、心臓もまたそれと同様である。心臓が一つの運動をなし、すべての方向に収縮し、その壁が厚くなるそのときに、心臓はその心室が縮小し、もってその内容物である血液を追い出す」。こうして心臓の機能は収縮作用にあるとした。

肺循環を初めて発見したのはヴェサリウスと同時代にパドヴァで活躍した医学者リアルド・コロンボ（1516-1559）といわれているが、ヴェサリウスの検証は次のようなものだった。まず肺をもたない簡単な構造の魚類の場合は心房から心室を介して全身に向かうとし、同様にハ虫類、両生類も同様としたがこれは誤った指摘である。これに対して、ハーヴェイの優れていたのは肺臓が機能していない胎児の心臓の働きと血液循環を観察し、大人の肺循環とを比較する発生学的見地を取り込む比較解剖学的手法を採用したことである。

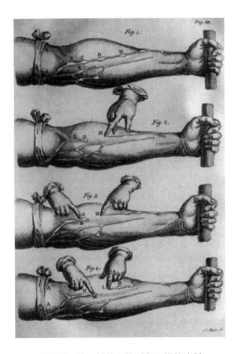

図9.8 腕の結紮と静脈弁の機能実験

図9.9 『ファブリカ』の扉絵

胎児は羊水中に浸っており、動脈性静脈と静脈性動脈は機能していない。その代わりに右心房から右心室へと流れた血液は動脈性静脈から動脈性導管を介して大動脈へ、また大（空）静脈と静脈性動脈との接合部分にある卵円孔を介して右心房から左心房へと流れ込み、そして左心室から大動脈へと、いうならば魚類に似た循環をしている。とはいえ胎児は出産後、肺が機能するわけで、右心房か

ら右心室へと流れた血液は肺動脈から肺臓を経由して肺静脈へと循環し、左心房から左心室へと流れ込み大動脈へと循環し、成人と同様の運動を行う。なお、胎児の時期に機能している卵円孔と動脈性導管は生後（数日ないしは数週間）に閉じる。ただしハーヴェイは、肺は多孔質体をなし、水が土壌をしみ通り小川や泉となるように熱い血は冷やされると記し、肺の機能の正しい理解には到っていない。

　さて、ハーヴェイの著作には国王チャールズへの献辞があり、心臓はその生命の礎石、国王はその王国の礎石であり、両者はともにその小宇宙の太陽であり、国家の心臓であると、国王を太陽になぞらえた心臓中心説が書かれている。そのことはともかく心臓の拍動を起点に全身に血液が体循環することが順に述べられている。1：左心室から追い出される血液の定量的把握による検証を行い、たとえば羊の体内血液は4ポンドしかないが、半時間のうちに場合によっては125−250ポンドの血液が左心室から送出されること、そのうえでこの送出量から考えて末端を介して循環しないことには説明がつかないこと、2：脈拍は心臓の収縮に伴って追い出されてきた血流による動脈の拡張だとし、この点について臨床医学の手法である動脈の切開ないしは穿刺を行うと血液が間欠的に噴出するとの観察事実を上げ、確かに血液が末端に向かっていること、3：また結紮実験を行い、動脈・静脈を止血する強度の結紮を腕に行うと上部で動脈が脈打ち、中程度の静脈流を止める結紮を行うと下部が血液で膨れて、これを外すと血液の鬱積は上部に流れ消え去ることから、血液は末端を介して静脈に向かっていること、4：さらに静脈弁の存在とその向き、その機能を明らかにする実験を行い、血液が心臓に向かい、静脈弁が逆流止めであること、静脈瘤は静脈弁の存在と関係していることを記している。

　血液循環説は当初は少なくない反論を巻き起こした。循環器系というとリンパの問題もあるが、ハーヴェイの学説はやがて正しい理解を深める確かな礎石となった。

第10章 地動説の展開

　大航海時代の探検と発見によって、プトレマイオスの方法で製作された地図の間違いを多くの人びとが認識するようになった。緯度圏航海法、すなわち、目的とする緯度まで南北に航海した後、緯度を一定に保ったまま東西に航海する方法が採用されるようになったが、低緯度地域では北極星を視認することが難しくなるのもあり、太陽高度から緯度を決めるのに必要な航海暦が作られた。

　改暦も必要になった。紀元前46年に制定されたユリウス暦は一年を365.25日とするもので、実際の一太陽年よりわずかに長い。その差はわずかなものであったが、ユリウス暦が制定されてすでに1600年も経った16世紀中頃には、春分の日は前に10日もずれ込んでいた。コペルニクスは、ローマ教会に改暦についての見解を要請されたが、天文学の観測精度と理論では正確な暦を作ることは不可能だと考え、これを断っている。1582年に制定されたグレゴリオ暦（1年＝365.2425日）では、コペルニクスの研究成果が使用された。こうして、地図の作成、改暦などの分野において、正確で定量的な天文観測の重要性が認識された。

10.1　コペルニクスの衝撃　―『天球の回転について』

　コペルニクス（1473−1543）は、これまでの天動説に対して地動説を主張して天と地をひっくり返し、後に「コペルニクス的転回」という言葉まで生まれた。しかし、コペルニクスの業績は、過去の研究伝統に依拠するところが多かった。

　プラトンの時代から、等速円運動のみが天上界での自然的運動であると伝統的に思われてきた。プトレマイオスは、円軌道の伝統は維持したが、エカント（equant）の採用によって宇宙の中心にあるべき地球から見た惑星は等速運動をしなくなっていた。エカントとは、太陽の円軌道の中心に地球はあるが、太陽はエカントという点を中心に角速度一定で円軌道をするというものである。そのため、地球から太陽を見ると、速度は不規則に変化して見える。コペルニクスが、プトレマイオス説に反対した理由の一つが、このエカントにあった。惑星などの星の運動は、等速円運動であると信じていたのである。しかし、そのためコペルニクスの宇宙の体系は、太陽の運行速度の変化を説明できなかった。

　コペルニクスの体系がプトレマイオスの体系より優れていた点が、惑星の逆行についての説明である。太陽を中心に地球や他の惑星が回転していると考えると、導円と周転円を使わずに、惑星の逆行運動を説明できる。導円と周転円が重なるような物理的に不可能なモデルを考える必要がない。内惑星が太陽からほとんど離れない理由も太陽中心説であれば、簡単に説明することができる。この場合、コペルニクスが使った天球の数は、七つにすぎなかった。これは「不必要に実在を多数化してはなら

ない」というオッカムの剃刀に適合するものであり、ルネサンスの合理主義にも合致したものであった。

コペルニクスの『天球の回転について』は、約1400年前に著された『アルマゲスト』に匹敵する数学的な説明を持った宇宙の体系の本であった。しかし、コペルニクスの太陽中心説は、定性的に惑星の逆行運動を説明しえたが、観測データと合うようにするためには、なお離心円と周転円を採用せざるを得なかった。また、エカントを使用しなかったために、太陽の運行速度の変化を説明できなかった。プトレマイオスの天動説もコペルニクスの太陽中心説もどちらも同じ程度の正確さしかなかった。

10.2 ティコ・ブラーエによる天体観測

デンマークの天文学者ブラーエ（1546－1601）は、肉眼による観測としてはそれまででもっとも正確に天体観測を行った。ブラーエは観測精度をこれまでと比べて2倍に高めたが、それは四分儀、六分儀といった観測器具の改良に依拠するところが多かった。

1572年、ブラーエはカシオペア座付近に新星を発見した。天空の同じ場所に約18ヶ月の間それは観測されたが、その後、それは見えなくなった。これは今日、超新星であったと考えられている。天上界の永遠不滅性がブラーエの観測によって破られることになった。1576年にはヴェン島にウラニボルク（天の城）とよぶ天体観測所を建設し、その後、ステルネボルク（星の城）というもう一つの天体観測施設を建設した。これは観測機器を地下に埋設し、半球状のドームだけが地上に顔を出すようなものであった。

1577年、ブラーエは彗星を観測した。彗星はこれまで月下界のものであるとされていたが、これを天上界のものであることを明らかにした。さらに彗星は、惑星などの天球を貫いて運動していることも発見した。天球の存在は疑われることになった。

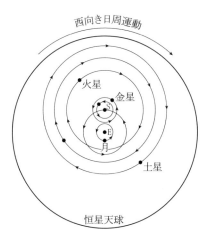

図10.1　ブラーエの体系（S：太陽、E：地球）

こうしてブラーエは、アリストテレスやプトレマイオスの説を否定したが、一方で、コペルニクス説を支持したわけでもなかった。地球が太陽の周りを公転しているのであれば、季節によって、恒星

の見える方角が変わるはずである。これを年周視差とよぶが、この角度の差をブラーエは観測できなかったのである。実際、年周視差はあるのだが、あまりに恒星が遠くにあるため、肉眼では観測できない。望遠鏡によってこれが観測されたのは 1838 年であった。

　ブラーエが考案した体系では宇宙の中心が二つあり、地球は静止していて、月と太陽が地球の周りを公転する。他の惑星は太陽の周りを公転する。また火星の軌道が太陽の軌道と重なるので、これまでのような天球の存在を前提にはできない。ケプラーのような太陽中心説を信じた人びとには、受け入れられなかったが、一方で、コペルニクス説を信じられない人びとには一定の支持を得た。事実、ブラーエの体系は、プトレマイオス説とコペルニクス説を妥協させたようなものになっている。ブラーエによって、天球の存在とアリストテレスの宇宙は大きく揺るがされることになった。

10.3　ケプラー ─ 宇宙の数的調和の探求

　ドイツのヴァイルに生まれたケプラー（1571–1630）は、今日、惑星運行に関する「三つの法則」で名を知られている。ピタゴラスの考え方の影響を受けて宇宙が数的調和の下にあると考え、それを発見しようと多くの努力を費やした。彼は、チュービンゲン大学を卒業した後、23 歳のときに、グラーツの学校の教授およびスチリアの州数学官として着任した。州数学官の仕事の一つとして、占星術を基礎とした予言暦の作成があり、この予言のいくつかが的中して、ケプラーは一躍知られるようになった。ケプラーは、前近代的な占星術者と現代の科学者の両方の側面を持った人物であった。

　惑星間の数的調和を求めたケプラーは、1596 年に『宇宙の神秘』を著した。この著作はコペルニクスの太陽中心説を擁護し、宇宙の構造の原因を探求した著作であった。また、惑星の数が六つあることと、正多面体の数が五つしかないことは、神の思し召しに他ならないとケプラーは考えた。土星の軌道は、正六面体に外接し、木星の軌道は、正六面体に内接し、かつ正四面体に外接する。火星の軌道は正四面体に内接し、かつ正十二面体に外接する。地球の軌道は、正十二面体に内接し、かつ正二十面体に外接する。金星の軌道は、正二十面体に内接し、かつ正八面体に外接する。水星は、正八面体に内接する。惑星が六つしかない理由を幾何学を使って証明できた、とケプラーは考えた。

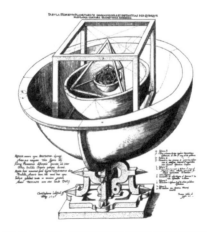

図 10.2　ケプラー『宇宙の神秘』で示した宇宙の模型

『宇宙の神秘』で提起された前提は、現在から見れば間違っていて、また観測データと一致するような宇宙の構造を提示していない。ケプラーは、地球の公転の証拠である年周視差を観測しようと試みたが、到底、ケプラーの手には負えなかった。ケプラーが必要とする観測データは、唯一ブラーエだけが持っていると思われた。

ケプラーがブラーエのもとを訪問したのは 1600 年 2 月 4 日であり、ブラーエが亡くなる約一年半前であった。ブラーエは、若きケプラーの才能を大いに認めていたが、一方で、ブラーエの観測データをケプラーに見せなかった。ブラーエは、ケプラーには退屈であろう仕事をさせた後に亡くなった。ブラーエの没後、彼が 38 年かけて観測した当時としては第一級の天体観測のデータはケプラーの手に引き継がれることになった。またブラーエから神聖ローマ皇帝数学官の称号を継承した。

1609 年ケプラーは『新天文学』を発表し、ケプラーの第一法則「惑星の軌道は太陽を一焦点とする楕円軌道を描く」すなわち「楕円軌道の法則」およびケプラーの第二法則「太陽と惑星とを結ぶ線分が単位時間に掃く面積は一定である」すなわち「面積速度一定の法則」を発表した。

第一法則は、ブラーエの膨大な観測データに従って得られたものである。ケプラーは、これまでの研究の伝統に則って、惑星の軌道は円だと考えていた。しかし、火星の軌道が円軌道でありかつ面積速度一定の法則が成り立つと仮定して、その軌道を調べると、観測データとの間に弧の角度で 8 分の差ができてしまった。プトレマイオスやコペルニクスが使っていた観測データでは、10 分程度の誤差があったから、8 分の差は許容できた。しかし、ブラーエの惑星の観測データでは、4 分の誤差しかなかった。この 8 分の差のために、ケプラーは一から研究をやり直すことになった。

ケプラーは、惑星の軌道を円ではない何か別の閉じた軌道だと考え、さまざまな軌道の形を試し、とくに卵形に注目した。この軌道の決定のための試行錯誤に数年もの歳月を費やした。最終的に、惑星の軌道は太陽を一焦点とする楕円軌道を発見するにいたった。

一方で、第二法則はケプラーの思い込みが転じて発見された。内惑星は周期が 1 年より早く、外惑星は 1 年より長い。外惑星の軌道は長いうえに、外惑星はゆっくり軌道上を進む。ケプラーは、近日点と遠日点においては、地球の公転速度は距離に反比例することを発見した。そこから一足飛びに、ケプラーは、「太陽から地球・惑星までの距離」と「地球・惑星自体の速度」とは軌道上のどこにあっても反比例していると考えた（「速度の法則」）。だが、これは間違っていた。また、この公転速度が異なる理由をケプラーは、太陽から放散される力、すなわち「運動霊（anima motrix）」によるものと考えた。この運動霊は、何もない空間を通して作用する遠隔力である。運動霊のような遠隔作用による力は、神秘的なものであり、それは占星術師の専売特許であった。ただし、ケプラーは後に霊（anima）ではなく、力（vis）という概念を用いるようになった。

図 10.3 のように、惑星や地球が太陽に近づいているとき、太陽から放射される運動霊は強く、逆に離れていると弱くなる。また、ケプラーは、太陽から放散される運動霊が、惑星や地球を公転軌道の上を運動させると考えた。図 10.4 のように、太陽の自転に伴って太陽から放射状に射出される運動霊は箒のように惑星に働き、それらを動かすのである。ただし、今日の力学の知識によれば、運動霊ないし運動力だけでは、軌道上を運動させることはできない。ケプラーは、惑星はそれ自体が大きな磁石であり、磁極は太陽に対し、ある傾きを持っていると考えた。その磁極の傾きによって、惑星の磁

力は、あるときには太陽と引きつけ合い、あるときには反発して、周期的運動を引き起こすのである。

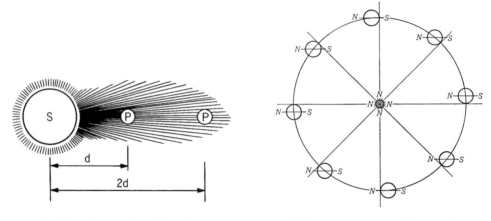

図 10.3　太陽から放出される運動霊　　　　図 10.4　ケプラーによる惑星運動の説明

　ケプラーは、いわゆる面積速度一定と距離と速度が反比例する法則を等価なものだと考えていた。おまけにケプラーは「面積速度一定の法則」を計算する際に、いくつかの間違いを犯したが、たまたま間違いが打ち消しあってほぼ正しい計算結果をケプラーは得ることができたのであった。
　「楕円軌道の法則」と「面積速度一定の法則」によって、離心円、エカント、周転円といったこれまでの使用されていたモデルは不要となった。ケプラーのモデルから導かれる惑星の位置は観測と合致した。
　『世界の調和』は 1618 年に完成し、1619 年に発行された。この著作は、『宇宙の神秘』にて意図された宇宙の総合的記述を完成させるためのものだった。ケプラーはこの著作でいわゆる「ケプラーの第三法則」すなわち「いかなる 2 つの惑星の周転時間の間に在する比率も、無条件に、平均距離の、すなわち円それ自身の比率の 2 分の 3 乗に等しい」を発表した（「調和法則」）。若いときにケプラーは、太陽の運動霊が惑星運動に影響を及ぼすのであれば、距離の違いによってその運動に変化を及ぼすはずだと考えた。それから 20 年後、ブラーエの観測データを使った長い試行錯誤の末に「第三法則」は発見されたのであった。
　当時、ケプラーは神聖ローマ皇帝数学官の称号によって、著名な天文学者として知られていたが、「三つの法則」は彼の著作の中に埋もれていた。ケプラー自身、この「三つの法則」が持つ革命的な意味を理解していなかった。とくに、第三法則「調和法則」は後にニュートンがその価値を初めて認めた。すなわち、万有引力を発見する際に「第三法則」がヒントになると同時に、それを証明する際、既知の事実として用いたのである。
　ケプラーは、アニミズムという物体に宿る霊魂の存在、新プラトン主義やピタゴラスの考え方という幾何学や数を重視する見方、および太陽を崇拝するヘルメス思想といった神秘主義から太陽中心説を奉じ、いくつかの不合理な前提に依拠し、かつ計算のミスをして、「三つの法則」を発見した。にも関わらず、どうしてケプラーの「三つの法則」が歴史の風雪に耐え今日まで不滅の真実として伝えられているかというと、それがブラーエの残した観測データに合致していて、なお今日も観測と合致す

るからである。ケプラーは、占星術といった非科学的な仕事によって生活の糧を得ていたが、一方でブラーエの観測データを決して無視しなかった。遠隔力を信じかつ観測を重視したケプラーの業績は、近代力学の礎の一つとなった。

10.4 ガリレオによる天体観測

　ガリレオ（1564－1642）の科学上の大きな業績は、望遠鏡による天体観測と地上の力学についての研究である。ガリレオによる望遠鏡の作成と天体観測については、第 11 章に詳しいので、ここでは一部の記述を除き省略する。

　ガリレオが望遠鏡で見たもので、コペルニクス説をもっとも強力に支持すると考えたのが、金星の観測結果である。ガリレオの望遠鏡では、金星が大きく見えるときに欠け、小さく見えるときに満ちて見えたのである。図 10.5(左)のように、プトレマイオスの体系では、金星は導円上の周転円の上を運行していて、つねに金星は欠けて見えるはずである。図 10.5(右)のように、金星の満ち欠けと大きさの変化は、太陽の周りを金星が回転すると考えれば、容易に説明することができる。ただし、この現象は金星の公転を証拠づけるものであるが、地球の公転を証明するものではない。しかし、ガリレオは、金星の満ち欠けを地動説の動かぬ証拠とみたのであった。

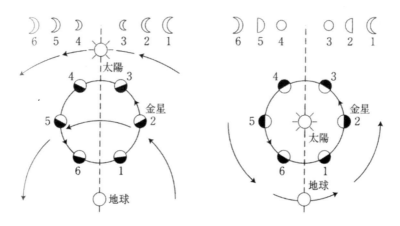

図10.5　金星の満ち欠け

　コペルニクスがいうように、地球が自転しているとすると、地球の表面は相当な速度で移動することになるが、当時の人びとは地球表面の速度を観測できなかった。実際、プトレマイオスも地球が静止している理由として、地球が自転していたならば、地上にある全ての物体は西から東に流されていくだろうが、そのようなことは感知できないことをあげている。ガリレオはコペルニクスの地動説を暗に指示した 1632 年出版の『天文対話』にて「地球表面上の慣性の法則」（邦訳『天文対話』上 223－226 頁）や「ガリレオの相対性原理」（同 220 頁、「それぞれ等速運動をする観測者は、運動をそれぞれ同じ形式で表現できる」）などについて言及し、地球が運動していても静止していても、地上で観察されることは同じように見えることを主張した。

第11章 ガリレオの天文学研究と宗教裁判

　地動説は、その有効性が実証され、今日では理科教育でとりあげられることもあって「常識」となっている。しかし、ガリレオが生きた17世紀の時代は地動説を語り記述することは必ずしも自由ではなかった。地動説は科学的に実証された真理であるが、異端審問制度のある時代では、地動説を語り、記述をすれば有罪になる時代であった。

　しかし、地動説を語ったり記述したりした者たちがすべて罪に問われたのではない。ジョルダーノ・ブルーノのように火あぶりの刑になった者もいれば、ガリレオの書『天文対話』は最終的に発禁となったが、不思議なことにコペルニクスの地動説を著した書『天球の回転について』は公刊されている。どこがガリレオの場合とコペルニクスの場合とで異なっているのか。実は、コペルニクスの著書には、地動説は、神によって啓示されたのではなく、わかりやすくとも仮説的なものでしかないとの前書きが添えられていたのだった。つまり、発見された学説の有効性が認められたにせよ、その知らしめ方の違いから時の権力基盤を揺るがすものになるのか否かで、事柄は異なってくるのである。科学的真理性の認知よりも、宗教的基盤の安定性が優先された時代であったことを考えてみる必要がある。

11.1 望遠鏡の製作を契機に天文観測へ

　ガリレオの本格的な天文学研究の契機は、望遠鏡（筒眼鏡ともよばれた）の製作（1609年）がきっかけとなっている。

図11.1　ジョゼフ=フルーリ作
《ヴァティカンの宗教裁判所に引き出されたガリレオ》(1846年)

図11.2　ガリレオの望遠鏡

彼は、オランダの眼鏡職人ハンス・リッペルスハイが凸レンズと凹レンズを重ねて遠くを覗いてみると拡大して見えることを伝え聞いて、拡大率3倍の望遠鏡を製作した（これ以前に望遠鏡はすでにつくられていて、パリでは商売になっていたという）。だが、それは不十分なものであったことから、友人はこの製作に成功すればガリレオの俸給もアップすると勧めた。そこでガリレオは単にレンズ選びをするのではなく、光学的な法則的理解のもとに思案した。そうした工夫の結果8倍のものができた。ガリレオはヴェネツィア政府の総督・元老院を集めて望遠鏡の威力を実演してみせた。海上都市国家の首脳たちの関心は、望遠鏡による沖合の船の監視への応用にあった。だが、ガリレオの関心は天文観測にあり、望遠鏡を天空に向けたときにその素晴らしさを知った。とはいえ、望遠鏡の性能は不満足なものだった。そこで苦心の末に拡大率を上げ、14倍、20倍の望遠鏡製作に成功した（現存）。

11.2 『星界の報告』

この望遠鏡をガリレオは天空に向け、多くの新発見をすることになった。

さて、これまで天体は滑らかで一様な完全な球体であるといわれてきた。しかし、望遠鏡による月の観測からわかったことは、《逆に月の表面は起伏にとんでいて粗く、到るところにくぼみや隆起があって、ボヘミヤの山脈や深い谷と同様に地球と変わりはない。上弦や下弦などの月の闇と光の境が一様ではなく曲折しているだけではない。驚くべきことには月の照明部から隔たった暗黒部に、多数の輝点が突起が芽生えるように光り始め、時間とともにその輝点は大きくなり照明部にのみこまれてしまう。なかには尖峰のように見えた輝点は大きくなって三角形状を呈した》と記し、地球と変わりないことだった。

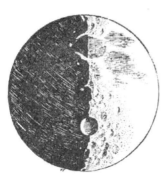 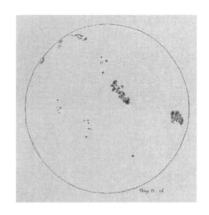

図11.3 上弦・下弦の月のスケッチ　　　　図11.4 太陽黒点のスケッチ

また、ガリレオは天の河や星雲とよばれているものが星の集まりであることにも言及しているが、『星界の報告』（1610年）の中でもっとも紙数を費やしているのは、木星の周りを回る四つの衛星の発見のことである。この点について、ガリレオは2ヶ月にわたる観測を行い、その四つの天体の動きと見かけ上の大きさの変動から、それらが木星の逆行、順行の際にも木星に随伴し、木星の周りをそれぞれ異なった速度で回転していることを記している。確かにこれらの発見は望遠鏡があったから実

現できたに相違ないが、次のような観測手法なしに成しえないことである。すなわち、星空の継続的観測を行い、天体が見せる変化を比較して総合的に分析したのだった。

　ガリレオは前述の四つの衛星を「メディチ星」とよんで、『星界の報告』を支援を受けていたトスカナ大公のメディチ家のコジモ二世にささげた。この観測事実はすべての天体は回転の中心になり得ることを示すもので、地球を回転の中心とする天動説ではなく、コペルニクスの地動説を裏付けるものだった。

　ガリレオはその後、金星の満ち欠けや、土星は三つのぴったりくっついた星（望遠鏡の性能の限界で環が両側にくっついた星に見えた）であることを観測から明らかにした。ちなみに、金星については満ちたときは小さく遠く、欠けているときには大きく近くにあるように見えた。

11.3　地動説の支持と太陽黒点の発見

　しかし、この天文観測の事実は素直に受け容れられたかというとそうではない。友人たちは好感をもって受け容れてくれたが、あれこれ難癖をつけて中傷し攻撃する者もいた。なかにはガリレオの発見は根も葉もないものだといいふらす者さえいた。彼らは古代ギリシアのアリストテレス的世界像に固執する者たちで、ガリレオは聖書の権威を脅かしていると思われた。というのは、アリストテレスの天動説によれば、生成消滅する俗なる月下界に対して、天上界の聖なる世界は完全な球からなる天体が回転する永遠不滅な世界であった。ところが、ガリレオの発見が真だとすれば、天上界は月下界と同様に生成消滅する世界となってしまうのだった。ケプラーは地動説を支持していたが、惑星の精密な観測で知られるティコ・ブラーエは、惑星は太陽の周りを回転するものの、その太陽は静止する地球の周りを回転する、天動説の考え方も取り入れた、いかんともしがたい説を唱えていた。

　ガリレオは 1613 年『太陽黒点とその諸現象に関する沿革および証明』を著し、《太陽面に見られる不規則な形をした黒点は、その形や暗さの濃淡を変えながら生成し、消滅していく無秩序な個別的運動を行っている》こと、そしてその黒点は《一様な運動によって相互に平行線を描きながら通過していく普遍的運動を行っている》ことから、太陽は完全な球体で、また自転していると結論づけた。

　この太陽黒点論は、イエズス会に属する教授が黒点は黒い斑点ではなく太陽のごく近くを回転する小さな星なのだとして太陽の完全性を説き、天動説を何としても擁護しようとする見解を示していたが、このことについて、知人からの問い合わせがあり、これへの回答として書いた三つの手紙を書物としてまとめたものである。

11.4　科学と聖書のはざまで

　ガリレオは後に地動説に関わって戒告を受けることになるが、そのきっかけはトスカナ大公のピサで催された昼食会での出来事に始まる。この昼食会に招待されたガリレオの弟子カステリが、大公妃クリスティーナからガリレオの天文学的発見は聖書と矛盾を起こしはしないのかと問いただされたことにある。この昼食会の顛末を聞いたガリレオは、自分がきちんと答えなくてはならない事柄だと考え、自分の見解を「カステリ宛書簡」という形をとって表明した。こうした矢先に、公然とガリレオ

をコペルニクス体系とともに非難する神父が現れた。これに対して、ガリレオはもう一歩踏み込んで自分の見解を語ることが必要だと考え、「クリスティーナ大公妃宛の手紙」と題して論述した。

ガリレオは、《自然の諸問題を論ずる場合は聖書の章句の権威から出発すべきではなく、感覚による経験と必然的な証明をもとにすべきであると述べた。なぜなら聖書も自然も、ともに神の言葉から出たものであり、前者は聖霊の述べたものであり、後者は神の命令によって造られたものだからである。聖書においては、一般的な理解に資するために、章句のそのままの意味に関する限り、絶対的な真理とは異なる、字義どおりの意味に基づいて解釈すると間違いやすいことが述べられている。これに対して、自然は無情で不易なもので、自らに課せられた法則を超えることはない。神は、聖書の尊い言葉のなかだけでなく、自然のなかにその姿を現す》と記したのだった。

ガリレオは聖書の解釈の仕方という神学問題に踏み込んだ。これを知ったドミニコ会（清貧を重んじる13世紀初めに組織された。「托鉢修道会」ともよばれた）の神父たちのなかには、ガリレオに一杯食わせようと、書簡の写しを得て禁書目録聖省に告発した。

11.5 戒告

ガリレオは1616年、枢機卿ベラルミーノから戒告を受けた。この戒告後、ガリレオは懺悔の苦行が課されたのだと中傷する噂がささやかれた。ガリレオはベラルミーノを訪ね、そういうことはなく、どういう戒告だったのかを証明してもらった。それによれば、《ガリレオは自分が支持する学説を放棄してはおらず、懺悔の苦行も課されていない。ただ禁書目録聖省が公表した布告、すなわちコペルニクスの学説は聖書と対立しており、弁護したり支持したりすることはできないことが通告されただけである》と記されている。

しかも、戒告の前提となる禁書目録聖省の布告には、ガリレオのことには触れられておらず、コペルニクスの書物も字句修正の終わるまで刊行差し止めになっただけで発禁処分の裁定が下ったのではなかった。つまり、ローマ法王庁は地動説を全面的に否定していたのではなく、ベラルミーノ自身がガリレオの友人に宛てた手紙が示しているように、地動説を一つの仮説として道具的に理解することについては認容していた。ただその一方で、聖書の内容に立ち入って神学的解釈をすることについては厳に戒める立場をとっていた。

11.6 『天文対話』執筆

戒告を受けたガリレオはなりを潜め、若い弟子グィドゥッチの名で彗星について論じた。ガリレオとしては大っぴらに自分の考えを語る機会を待った。そして数年後、その機会はやってきた。それが『偽金鑑識官』というタイトルの書の刊行である。これは、グラッシ神父が彗星に関する論争相手のガリレオの考えを「天文学的哲学的天秤」の秤量にとるに足りないものだとしたのを、これに反論すべくその「天文学的哲学的天秤」の使い手、すなわちグラッシの真理を見極める鑑識官としての腕前は確かなものなのか、認定が必要だと揶揄しようと、ガリレオが風刺的につけたタイトル名である。こうした論争があったことからもわかるように、ガリレオをとり巻く環境は必ずしも安閑としていら

れる状況ではなかった。

そうした矢先に、ガリレオのよく知るバルベリーニ枢機卿がウルバヌス8世として法王の地位に就き、ガリレオは謁見の機会を得た。ウルバヌス八世はガリレオの近作『偽金鑑識官』を讃えた。また禁書令は、誤った哲学的結論が引き出されるのを阻止するために出されたとの意を示した。そのうえで神学には触れず、コペルニクスの地動説を厳密に仮説的なものとするならば、いいかえれば唯一の真理としないとの条件を付して出版を認容した。

1629年暮れ頃、ガリレオは対話形式による、すなわち天動説と地動説のそれぞれを支持する人と、その両者をとりもつ人の対話で展開する『天文対話』を書き上げた。そして翌年ローマに出向いたが、『天文対話』は十分な理解が得られなかった。書物の印刷許可の任を負う神学顧問のドミニコ会リッカルディ神父は、法王の意向に従っているか慎重を期して原稿を手元に留めた。しかし、それどころではなかった。ガリレオに対抗するイエズス会系の神父たちの不穏な動きがあった。こうした展開を危ぶんだのか、弟子のカステリはフィレンツェで出版許可を求めるよう進言した。こうして関係者の支援もあって出版許可が出るに到った。

11.7 有罪判決

しかし、出版するやいなやガリレオはローマ法王庁の検邪聖省に出頭するように命ぜられた。その理由は、1616年の戒告を破って『天文対話』を出版したというものだった。裁判では、1616年の戒告を受けた際のベラルミーノ枢機卿の確認書を提出して無罪を主張したが、ベラルミーノ枢機卿はすでに1621年に他界し弁明はできなかった。代わりに検邪聖省に残された裁判記録がもち出され、それには《どのような形でも教えてはいけない》とあり、それが決め手となって有罪となった。そして、地動説放棄の異端誓絶、禁固刑などの処罰を受けた。ただし、有罪の有力な証拠となったその裁判記録には裁判官の署名はなくねつ造されたものであるとの指摘もある。

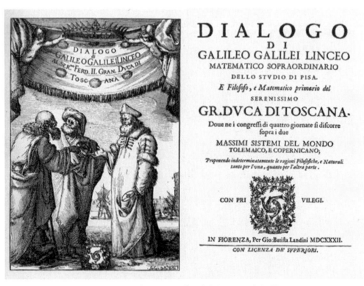

図11.5 ガリレオの『天文対話』の表紙絵

『天文対話』は禁書目録に載せられ（1822年解除）、ガリレオの著作はイタリアでは発行できなくなった。とはいえ、ガリレオが軟禁状態で執筆した『新科学対話』は国外に持ち出され、プロテスタント教国のオランダで印刷された。

このガリレオ裁判の余波はフランスにも及んだ。デカルトは自著『宇宙論』も地動説を前提にすると断罪の憂き目に遭うと思った。自著『方法序説』（1637年刊）の中で、《少し前にある人が公表した自然学上の意見が非難されたことを知った。この禁書処分以前には、私はそこに宗教にとっても国家にとっても有害と思われるようなものは何ひとつ気づかなかった。理性が私を納得させるならば、書くことにも何の支障もないと考えていた。だが、このことは私に自分の意見を公表しようという決心を変えさせるに十分であった。》との趣旨のことを記している。ある人とはガリレオのことにほかならないが、デカルトは『宇宙論』の出版を断念した。なお『宇宙論』はデカルトの死後1664年に公刊された。

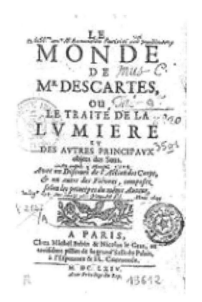

図11.6 デカルトと『宇宙論または光についての論考』（原書）

11.8 ガリレオ宗教裁判とその社会的背景

ガリレオが有罪判決となった経緯は、端的にいえばこのようにガリレオが戒告を受けるような書物を出版したことであるが、このガリレオが活躍した時代は異端審問宗教裁判制度が法王庁の下に整備されてきた時代でもあった。事の発端は、カトリックそのものの堕落を改革することに始まった異端審問制度にある。これは前世期のプロテスタント運動の隆盛も契機としているが、これに対抗したカトリック運動の展開、たとえばイエズス会の布教活動など、異端は容易ならぬ問題となってきたことにある。

もう一つの不思議なことは、あれほどガリレオを支持していた法王が、ここに到って救済措置をとらなかったのかということだ。ガリレオは敬虔なカトリック教徒であったが、科学を論じるときには

教会の権威とは別に科学の権威とその自立性を説く、そうした態度を公には支持できなくなってきた事情もあったとされる。

その点で考慮すべき事柄は、その頃ヨーロッパで展開されていた30年戦争（1618－1648）による法王の態度の変化にある。この30年戦争は、当初はボヘミアのプロテスタントの契機とした神聖ローマ帝国を舞台とした戦争であった。やがてヨーロッパ各国を巻き込む戦争へと展開し、フランスのブルボン家などとスペインなどのハプスブルク家とが覇権をかけて争うものであったが、同時にカトリックとプロテスタントとの新旧の宗教を旗印にしてもいた。

ウルバヌス八世は以前パリに駐在していたこともあってフランス側に組した。ところが、1632年の法王と枢機卿の会議の席上、スペインの枢機卿から法王がプロテスタント側を支持している、と公然と非難された。こうした喧騒からウルバヌス八世をして、異端嫌疑のかかったガリレオへの態度を変えさせたのではないかとの指摘がある。

ところで、ガリレオ有罪判決以来330年有余、法王庁はガリレオ裁判の見直しを開始し、誤審であったことを認め、1992年ガリレオの名誉回復を行っている。

第12章 力学を中心とする近代科学の誕生

　17世紀初頭の学問の状況は、スコラ哲学やアリストテレスの自然学の不整合が判明しかけている一方でそれに代わる学問はまだ完成せず、混沌としていた。そのような中で、今後の科学の方法を唱道したのが、ベイコンとデカルトである。また、ガリレオは、実験を重視して地上の運動を研究した。コペルニクス、ブラーエ、ケプラー、ガリレオ、デカルトの科学上の業績を集大成して力学を完成させたのがニュートンである。ニュートンによって、地上と天体の運動は統一的に説明できるようになった。

12.1 新しい科学的手法の探求

（1）フランシス・ベイコン ─ 有用な学問の追求

　ベイコン（1561-1626）は、ケンブリッジ大学トリニティ・カレッジに入学し、そこで学んだアリストテレス哲学に嫌気がさした。それは、論争と議論に優れるのみで、人類の生活の利益のための生産の仕事には不毛だと感じたのである。そこで、ベイコンは、人類にとって有用な学問とその達成手段を追求した。『大革新』という第6部から構成される大きな著作を計画し、新しい学問を構築しようと試みた。そのうち第2部が『ノウム・オルガヌム』（新機関）と知られる自然科学の方法について論じた著作である。

　『ノウム・オルガヌム』のアフォリズム（箴言）3には次のように述べられている。

　　「人間の知識と力とは合一する。原因を知らなくては結果を生ぜしめないから。というのは自然とは、これに従うことによらなくては征服されないからである。」

　この意味は、人間の知識の増大が、人間の力の増大につながるということだ。人間の力の増大とは、自然に対する支配力と同じだと読むこともできよう。ただし、それは人間が自分勝手に自然を使ってよいことを意味しない。自然の摂理、いわば自然法則に従うことによってのみ、自然を征服することが可能になるのである。

　さらに、自然認識を妨げる要因として、四つのイドラ、すなわち人間がそもそも持っている性質に起因する「種族のイドラ」、個人の偏見などに原因がある「洞窟のイドラ」、人間同士の交際から起こる「市場のイドラ」、既存の間違った学問に起因する「劇場のイドラ」をあげた。

　また、ベイコンは、経験や観察・実験を重視し、イギリス経験論の先駆けになるとともに、帰納法を唱道したが、単に経験を重視したわけではない。ギルバート（1544-1603）は磁石についてありとあらゆる実験をしたが、ベイコンはそのような手法としての実験を支持しない。「科学と技術の発見に

役立つ帰納法は、適当な排除と除外によって本性を分離し、ついで否定的な事例を十分に集めた後、肯定的事例について結論を下さなければならない」(アフォリズム105) と述べている。ベイコンの新しい科学の方法は、系統づけられた実験である。

人間生活を向上させたものとして、ベイコンは印刷術、火薬、羅針盤をあげた。もちろんこれは中国人の発明であるが、ヨーロッパ世界に入って、宗教改革、大航海時代に貢献したものである。

またベイコンは、科学研究は国家の経済的支援を得て組織的になされなければ達成できないと考えた。その理想は遺著『ニュー・アトランティス』に描かれた国による研究機関である「ソロモンの家」に表現されている。その「ソロモンの家」は、大規模な研究施設を持ち、各研究員が情報収集、実験、研究、それらの実用的応用などをそれぞれ分担している。ベイコンが亡くなってから36年後に、この研究機関の理想はロンドン王立協会の設立によって現実のものとなった。

(2) デカルト ― 機械論的自然観

デカルト (1596-1650) が達成した科学上の業績は、もっぱら科学の新しい方法と考え方を打ち立てたことにある。デカルトは、強制運動・自然運動を含めたすべての運動は、アリストテレス以来の目的因ではなく運動因から説明しようと試み、時計仕掛けの機械のような宇宙を考えた。

デカルトは、思惟する精神と延長としての物体という物心二元論を唱えた。この延長は無限に分割可能なので、分割不可能な物質の最小単位としての原子の存在は否定される。さらに空間もまた延長なので、延長がない、すなわち、物質がない空間は存在しないことになり、空虚の存在もまた否定される。われわれは宇宙の無限性を認識しうるので、宇宙は無際限であるとした。

彼は粒子論の立場を取り、空間の中を粒子がどのように運動するのかを研究した。結果、デカルトは、今日の「慣性の法則」を明言した。彼は『哲学原理』の中で次のように書いた。

「自然の第一法則、いかなるものもそれは自らに関してはつねに同じ状態を保つ。かようにして一度動かされたものはつねに運動しつづける。」

「自然の第二法則、すべての運動はそれ自らとしては直線的である。したがって、円運動をするものは、それが描く円の中心から遠ざかる傾向を有する。」

さらに、デカルトは物体の衝突についても考察を行い、

「自然の第三法則、ある物体が他のより強力な物体に出会うときには、何らかその運動を失わないが、より弱い物体に出会うときには、これに移されるだけの運動を失う。」

と言及している。これは運動量保存の法則を彷彿とさせる。ただ、デカルトが考えた運動の量の概念は、今日、質量と速度との積で表される運動量とは異なっていた。

デカルトが考えた粒子は単独では直線運動をするだけであって、円運動のような周期的な運動はしない。惑星が特定の中心を回転するには、他の仕掛けが必要であった。空間は物質であるので、ある物質が動くとその空間にはそれ以外の物質がその間隙を埋め、そのような運動はうずまきを生じる。これは渦動 (かどう) とよばれ、惑星は太陽の周りの閉じた軌道、すなわち渦動に乗って運動する。宇宙には、太陽系以外にも、恒星を中心とする数え切れないほどの渦動が存在し、その周りを惑星が

公転する（渦動説）。

デカルトは、月下界の物質の運動と天上界の惑星・衛星などの運動の区別を取り払い、天と地を含めたすべての世界であらゆる運動は同じ法則に支配されることを主張した。その点、ニュートンに先んずるところがあった。

ベイコンは数学を、デカルトは実験と観察を軽視したが、両者とも近代科学の基礎となるものである。これらの両方を取り入れていたのが、ケプラーとガリレオとニュートンであった。

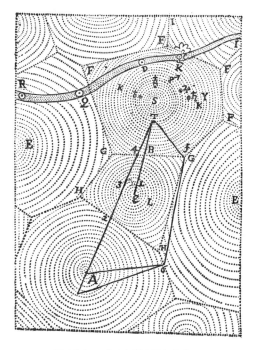

図12.1 デカルトが考えた宇宙

Sは太陽を示している。A,E εは恒星でそれぞれが小宇宙の中心である。

12.2 ガリレオの運動研究

（1）テコ・天秤から振り子・自由落下・投射体の軌跡へ

ガリレオは望遠鏡を用いた天体観測で大いに名をあげたが、それより前から月下界、すなわち、地上の運動について研究を行っている。それは、実験を基礎に行われた。

1593－1601年頃執筆した『レ・メカニケ』では、テコ、輪軸、滑車、ネジなどの器械を使えば、小さな力で重いものを持ち上げることができるが、今日の物理学でいう「仕事」は得もしなければ損もしないことを証明した。たとえば、図12.2の左図をみると、BCDはCを支点、BC：CD＝1：5となるテコである。Bにある重さ5の物体はDにある重さ1の力で持ち上げることができるが、DIはBGの5倍の距離を動くことになる。BCと同じ長さとなるように点Lをとり、Dと同じ力をLに働かせて重さ1のものをBからGまで持ち上げる。これを5回繰り返せば、LM：DI＝1：5なので、結局、

テコ BCL が 1 回で行ったのと同じ仕事をすることになる。

また、1599 年頃からガリレオは、振り子の周期などに関する研究を開始したものと見られる。そして、ガリレオは天秤と振り子の類似性から振り子の研究に目を向けたのであろう。図 12.2 右図で、円の直径 ABC を、点 B を支点とする天秤とすると、腕の長さ AB に対し、BF、BL を腕とする天秤もまた同様に考えることができる。このような天秤が左右に周期的な運動をするとすれば、AB＝BL＝BF を振り子の長さとなる振り子になる。

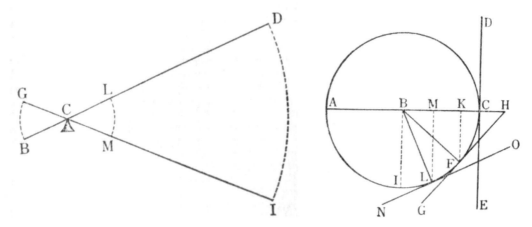

図 12.2 テコを用いたときの仕事を説明した図（左）、斜面を用いたときの仕事を説明した図（右）

ガリレオは、アリストテレスがいう自然運動、すなわち物体が力を加えられずに鉛直に落下する際の速度の変化の仕方を調べようとした。実際の落下速度を測る代わりにガリレオは斜面を用いたのだが、自由落下と斜面を滑り落ちる物体との関係にはどのような関係があるのだろうか。ガリレオが基礎としたのは「弦の法則」すなわち「鉛直円上の最高点あるいは最低点から円周と交わる斜面を作るとき、それらの弦に沿う落下時間は互いに相等しい」というもので、自由落下と斜面上の落下を関連づけることができる。

ガリレオは 1.7 度傾いた溝がある斜面に青銅製の球を転がして、落下時間を 8 等分し、等しい時間に通過する距離を調べた。その際、溝の下に糸を張り、球が通過するとまるでリュートのように糸が音を発するようにした。ガリレオは拍子をとりながら、0.55 秒に 1 回のリズムを刻むように糸を配置した。この斜面の落下実験における計測時間は都合 4.4 秒であり、その斜面上の移動距離は 2104 プント（1.978m、1 プント＝0.94mm）となる。そのときの研究ノートは次頁に示すようなものであった。なお、「時間の二乗」、「時間」、「距離」は手稿の左上に記されていたもので、「時間ごとの距離」「時間ごとの距離比の比」「理論値 32×時間×時間」は著者が追記したものである。ガリレオは、等時間における距離の比が約 1, 3, 5, 7, ･･･ という奇数列になることに気がついたが、これは落下距離が落下時間の二乗に比例することと同義である。

この実験は、時間を等間隔にした場合の距離の変化を測定するものであったが、さらにガリレオは、時間を直接測ることにした。彼の計時装置は、容器の下部の細管から流出する水の重量を天秤で量るものであった。その容器は、計時によって水量が減っても水位がほとんど変化しないほど大きなもの

であったことは確かだ。ガリレオは、4000 プント（3.76m）と 2000 プント（1.88m）の高さから物体を自由落下させ、それぞれ、0.907 秒と 0.614 秒を測定した。前者は理論値より 0.03 秒ほど大きく、後者は、0.005 秒ほど小さかった。

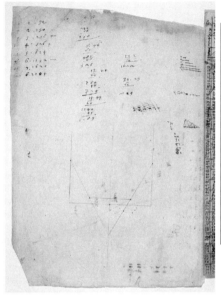

時間の二乗	時間	距離	時間ごとの距離	時間ごとの距離の比	理論値：32×時間×時間
1	1	32	32	1.000	32
4	2	130	98	3.063	128
9	3	298	168	5.250	288
16	4	526	228	7.125	512
25	5	824	298	9.313	800
36	6	1196	372	11.63	1152
49	7	1620	424	13.25	1568
64	8	2104	484	15.13	2048

図 12.3 ガリレオが最初に斜面の実験をしたときの研究ノート（Folio 107 v）

　ガリレオは、この計時装置を使って、振り子の長さによって周期がどのくらい変わるかを測った。長さを変えた振り子を 1/4 周期だけ移動する時間を計測した。結果、ガリレオは、振り子の周期が、その長さの平方根に比例することを確かめた。

　ガリレオは、物体がある距離を落下する時間と、その同じ長さの振り子が 1/4 周期する時間との比を計算と実験から求め、比較した。振り子の周期が振り子の長さの平方根に比例しかつ物体の落下時間が落下距離の平方根に比例するならば、その比は $\pi/2\sqrt{2} = 1.1107$ になるはずである。ガリレオの実験結果は 1.108 を示した。こうして落体の法則、すなわち「落下距離は落下時間の二乗に比例する」が確証された。

　一方で、ガリレオは彼の「慣性の法則」（次項(2)参照）を 1590 年頃執筆した『運動論』で言及している。これはまったくの思考実験によって導かれたものだ。1608－1609 年には、水平面を転がったのちに落下する物体の軌跡を実験によって確かめたようである。ガリレオは、水平面に対して物体は等速直線運動を行い、鉛直方向には、落体の法則、すなわち「落下距離は落下時間に比例する」に従うとして、この二つの運動の合成を考えたのである。結果、その軌跡は放物線になった。なお、落体の法則と投射体の軌跡が放物線になることは、ガリレオがカトリック教会によって異端とされ幽閉されていた 1638 年に出版され彼の遺作となった『新科学対話』で発表された。

(2) ガリレオの運動に関する研究の成果とその限界

　ガリレオは、地上における多くの運動を明らかにしたが、それは宇宙全体にまで適用できるものではなかった。とくに、ガリレオが考えた「慣性の法則」によると、等速運動は地球の中心からの距離が等しい面すなわち水平面に沿って継続するもので、等速直線運動を継続するわけではなかった。これは円慣性とよばれる。

　また、ガリレオはケプラーの惑星運動に関する諸法則に十分な注意を払わなかった。ケプラーが法則を発表したのは1609年であり、『天文対話』が出版される23年も前のことである。少なくともガリレオは、惑星の軌道が楕円だとするケプラーの研究は知っていた。しかし、その離心率は非常に小さかったので、もしかしたら、実用上は円軌道であると見なしてよいと思っていたのかもしれない。ともかく、ガリレオは、惑星の運動は円運動であると仮定し続けた。T.ブラーエの観測は天球の存在を否定していたので、惑星を動かす原因が何であるかは新たな課題であった。ケプラーは、惑星を動かす原動力に運動霊を考えたが、ガリレオの円慣性によれば、惑星は「力」なしに円運動を継続することになる。ガリレオの運動に関する研究では「力」が不在であった。

　また、ガリレオは、もちろんプラトンやアリストテレスの研究を知っていた。天上界における自然運動が円運動だというのはプラトンやアリストテレス以来のものであり、その点、ガリレオでさえもプラトン、アリストテレスの呪縛から完全に逃れることはできなかった。

　以上、見てきたように、ガリレオは卓越した実験家であった。科学の新しい方法を実験と観測に求め、数学を用いて得られたデーターを解析した。しかし、ブラーエの惑星の観測データーから導かれたケプラーの三つの法則と、ケプラーが信じた運動霊のようなオカルトの力、すなわち遠隔力（もしくは単に力）を受容することはできなかった。それらを承認するにはガリレオはあまりに近代的な知性であったのである。

12.3　ニュートンによる万有引力の発見

(1) 微分積分学の研究

　ニュートン（1642-1727）の数学・自然科学に関する業績は、微分積分学・光学・万有引力の発見の三つに大別される。そしてこの三分野の研究は、ニュートンがケンブリッジ大学の学生であったころ、ペストの流行のために実家のウールソープに疎開していたときにその基本的な部分を発見したのである。

　ニュートンによる微分積分学に関する研究は、古代以来続いていた無限に関する研究を基礎としている。公比が0と1の間にある無限級数の和は有限に収束することを発見したのはアルキメデスであり、スコラ哲学の研究者らによってこの研究は発展させられていた。ガリレオの弟子の一人であったカバリエリ（1598-1647）は、面は線の無限大の和であり、線は点の無限大の和であるという不可分法を主張した。しかしながら、無限の総和が有限になるといった不可分法は、エレア学派のゼノンのような人物に批判されるであろう。パスカル（1623-1662）は、この問題を極めて深刻に考えた。そして、線を有限の矩形として扱った。ニュートンは運動する物体の瞬間の速さを考えるうえで、微分

積分法を必要とした。ニュートンによれば、瞬間における物体は、ゼノンが指摘したように静止していない。その瞬間にも速度を持っている。ニュートンは、連続的に運動する物体を考えることによって、無限と有限の問題を乗り越えたのである。また、向心力がある場合にケプラーの第二法則、すなわち面積速度一定の法則が成立することを証明するためにも微分積分学を用いた。

（2）万有引力の発見

　デカルトが慣性の法則を明確に言及し、自然運動としての円運動が成立しないのは明らかになっていた。では、惑星などの軌道運動は、どのようにして生じるのであろうか。第10章で述べたように、ケプラーは、太陽からの「運動霊」によって惑星の運動が起こると考えたが、惑星を軌道内にとどめておく力を考えなかった。その力を検討するうえで大きなヒントになったのが、遠心力の計算であった。

　遠心力を最初に計算したのは、ホイヘンス（1629－1695）である。彼は、円運動する物体の遠心力の大きさが、速度の二乗に比例し、中心からの距離に反比例することを示した。

　フック（1635－1703）は、惑星など軌道を動く運動は、慣性の法則による等速直線運動と中心力との結果だということを着想した。1666年に円錐振り子を用いて引力によって直線運動が曲線運動に変わることを示した。糸の張力が中心力を発揮する。円錐振り子の軌道は円および楕円となった。これは地球の軌道を表現するものであった。さらにこの円錐振り子にもう一つの小さい円錐振り子をつけた。この小さい振り子はつなげられた円錐振り子を中心に運動をした。これは地球を公転する月をなぞらえたものである。しかしながら、フックは中心力がどのように変化するかまではわからなかった。

　ニュートンは、中心力の大きさを数学的に証明するとともに、実際の観測とも合致することを確認した。1666年にニュートンは、地球がたとえばリンゴをその中心へ引っ張る重力が、月にまで及んでいるのではないかと考えた。惑星・衛星の運動の場合、遠心力と向心力は釣り合っているはずである。ニュートンは、円運動をする物体の中心力の計算結果とケプラーの第三法則、すなわち「惑星の周期の二乗と惑星から太陽までの距離の三乗が比例関係にある」から、軌道上に惑星を運行させるための引力はその距離の二乗に反比例していることを見いだした。そして、「地球と月」との距離と、月の公転周期から計算した地球が月へ及ぼす引力は、地球表面の重力とおおよそ一致していることを確認した。しかしながら、ニュートンは、惑星の軌道運動は、遠心力と向心力が釣り合った結果であると考えていて、直線運動と中心力との合成だとは考えていなかった。これに対して、フックは、直線運動と中心力との作用として軌道運動を考えていたのであり、その点ではニュートンに先んじていた。

　ロンドン王立協会の書記として多くの科学者と文通をしていたオルデンバーグ（c.1617－1677）が亡くなるとフックがその後任になった。1679年11月24日にフックは、ニュートンに宛てて論文寄稿をして欲しい旨の手紙を書いている。それによると、惑星の運動は、その直線の運動と太陽への引力の合成であると述べている。この直線運動と中心力によって惑星が軌道を描くという着想は、フックからの手紙によってニュートンに喚起されたと考えられている。

　1674－1676年夏の間にフックもまた、引力が距離の二乗に反比例することを考えるようになった。1684年になると、フックだけではなく、レン（1632－1723）やハリー（1656－1742）も太陽の引力が距離の二乗に反比例すると考えるようになっていた。ただレンもハリーも、そして恐らくフックも惑

星の軌道をどうやって計算するかはわからなかった。

1684年8月、ハリーがケンブリッジのニュートンを訪ねた。ニュートンにハリーは、太陽の引力が距離の二乗に反比例するときの軌道の形を質問し、ニュートンは楕円になるだろうと返答した。ニュートンはその計算したノートを探したが見当たらず、後日、ハリーに証明を送ることにした。同年11月にその証明をニュートンから受け取ったハリーは、その重要性を認識し、さらなる研究を促した。1687年に『自然哲学の数学的諸原理』(通称『プリンキピア』)は、ロンドン王立協会の資金難のためハリーの自費によって出版されたのである。

(3) ニュートンの運動の三法則の意義

『プリンキピア』で証明されている距離の逆二乗則による万有引力の概要はすでに述べているので、これ以上は述べないが、力学上とくに重要な運動の三法則について説明しておく。ニュートンは以下のように今日、運動の三法則として知られているものを『プリンキピア』で述べた。

- 法則I　すべての物体は、その静止の状態をあるいは一直線上の一様運動の状態を，外力によってその状態を変えられないかぎり、そのまま続ける。(・は著者)
- 法則II　運動の変化は、及ぼされる起動力に比例し、その力が及ぼされる直線の方向に行われる。
- 法則III　作用に対し反作用はつねに相等しく逆向きであること。

法則Iは慣性の法則である。現実の世界では、外力が存在するので、厳密に慣性の法則が成立することはほとんどない。外力が働く場合は、法則II「運動の法則」が適用され、法則Iと法則IIの結果として、惑星・衛星などの軌道運動が生じる。法則IIIは作用・反作用法則で、デカルトが『哲学原理』にて物体の衝突を検討した際にその概念の萌芽、すなわち作用に対する反作用が反対方向に働くこと、をみることができるが、その大きさが同等であることは述べていない。ニュートンは、作用・反作用の法則が物体の衝突も含め、遠く離れた天体間に働く万有引力にも成立すると考える。運動の三法則は地球上ではもちろん宇宙の至る所で成立し、万有引力を基礎にした宇宙の運動について記述するための基礎となった。

(4) ニュートンによる総合と『プリンキピア』が意味するもの

以上、力学の成立過程を概観してきたが、ニュートンに至るまでに主として二つの学問伝統があったといえよう。一つは、ケプラーのような天体観測および占星術の伝統であり、主として遠隔作用(隠れた力)を信じた人たちによって行われてきたものだ。ギルバートも磁力という遠隔作用を信じた。彼らは多かれ少なかれ神秘主義に影響を受けていた。

一方の研究伝統は、近接作用を信じた機械論者たちで、ガリレオとデカルトが代表的な人物であった。彼らは、力を媒介する物質が必要であると考えた。彼らは、隠れた力や神秘主義を認めず、合理主義を貫徹した。またガリレオは、天上界について望遠鏡で観察をし、地上の運動について実験を行い数学的に記述した。デカルトは、全宇宙に同じ運動法則が成立すると考えた。そして、渦動によって惑星の運動が起こると考えたが、これは存在しなかった。

天体の運動と地上の物体の運動の両者の研究をデカルトより整合した形で統一したのがニュートン

であった。彼は、万有引力の発見によって、まさに天地を貫く力学大系を解明したのであった。

一方で、ニュートンは宇宙の創造における神の存在を承認した。すなわち、宇宙の中心が太陽である理由を神に帰したのである。また、万有引力だけでは物体は引き合うだけなので、軌道上の接線方向の運動を起こさせるには何者かが最初にその方向に力を働かせる必要がある。ニュートンはその力を神によるものだとした。

『プリンキピア』の出版は、名誉革命の前年の1687年であり、時流に乗ったものでもあった。革命は、国王への政治的・軍事的な戦いだけではなく、イギリス国教会とその首長であるイングランド国王に対する闘いにもなった。ニュートンは、イギリス国教会に属してはいたが、実際は三位一体説に反対したソチニ派（後のユニテリアン）であったと考えられている。名誉革命では、イギリスのトーリー党とホイッグ党はオランダのオレンジ公ウィリアムに軍事援助を要請し、国王ジェームズ二世を無血のうちに退け、ウィリアムを新国王に迎えた。万有引力と神の一撃が惑星の軌道運動の原因であるとすることが『プリンキピア』の主要な論点であるが、これは議会権力と王権との妥協であった名誉革命の特徴と一致する。また、ニュートンは、革命の指導的立場にあったブルジョアジーの出自である。ニュートン自身、ホイッグ党に属し、ケンブリッジ大学選出の代表になって、ウィリアムを国王とすることに同意している。

イタリアでガリレオが地動説を唱えたとき、彼は異端とされたが、その約50年後のニュートンが生きたイギリスでは、天と地に同じ自然法則が働くとする万有引力と神の一撃による宇宙の概念は、異端どころか、新しい時代を象徴する理論として、人びとから迎えられたのである。

第13章 近代化学の成立

　力学の次に近代化した科学の分野は化学であった。そのためにはギリシア以来続いていた火、空気、水に対する新たな理解の確立が必要であった。しかしながら、フロギストン説という燃焼に関する理論が力をもつようになっていた。火の元素を基礎とするこの考え方には、古代のアリストテレス以来の目的論の考えが色濃く反映されていた。

13.1　フロギストン説

　アリストテレスの四元素説は、中世になって錬金術の基礎的理論となるが、土の元素性に関する疑問は、比較的早くからあった。というのは、鉱物を製錬するなどの化学変化に対する知見が、鉱山や冶金などの産業の発展によって普及していったからである。もちろん地球が土の元素からなるという考えは直ちに放棄されはしなかったが、それでも地下から採掘される鉱物から金属をはじめとするさまざまな化学物質が取り出されるという事実は、土が単一の元素ではない証拠になった。

　16世紀には、医化学者（イアトロ・ケミスト）とよばれた、化学を医学に応用しようとする人たちが現れ、新しい化学研究の潮流を生み出した。スイス生まれのパラケルスス（1493–1541）は、四元素説に対し、イオウ、水銀、塩の三原質からなるとする三原質説を提唱した。

　ベルギーのファン・ヘルモント（1579–1644）は、物質は空気と水の二つの元素からなると考え、そのうち水が変成してさまざまな物質を生み出すと考えた。彼は、鉢植えの柳に水しか与えずに5年にわたって育て、その前後の重さを比較した。柳の重量は164ポンドも増えたにも関わらず、土の重量は極めてわずかしか減っていなかった。この事実を踏まえて、柳は与えた水でできていると結論した。このヘルモント実験は、定量的な測定を行った点において重要である。

　ドイツのベッヒャー（1635–1682）は、三原質説やヘルモントの説に反対して、元素を空気、水、土とした。さらに三種の土元素を考え、うち可燃性の物質は「油性の土」（tera pinguis）を多く含んでいると考えた。ベッヒャーの弟子でドイツ生まれのシュタール（1660–1734）は、1731年に「油性の土」を「フロギストン」（燃素）とよんだ。燃焼は、このフロギストンが物質から炎として放出され、物質はより純粋な物質へ還元されることとした。確かに、木材や植物など我々の身近にある多くの可燃性のものは、燃焼すると炎があがる。金属はフロギストンと金属灰の結合したもので、燃焼（煆焼）によってフロギストンが金属から出て行く。金属灰から金属を取り出すためには、木炭などで金属灰を蒸し焼きにする。これは木炭からフロギストンが金属灰に与えられたと考えれば合理的に説明できる（実際には、炭素の不完全燃焼で発生する一酸化炭素によって酸化した金属を還元する）。

今日の視点から見れば、燃焼は燃焼するものと酸素との結合であるので、フロギストン説は、事実とは全く逆のものであったけれども、以上のように、フロギストン説は実際の現象をよく説明することができた。とはいえフロギストン説では説明がつかないことがあった。それは金属の燃焼の際の重量の増加である。もし燃焼がフロギストンの放出なら、このような重量の増加が起こるわけがない。この重量増加の問題は、気体に対する認識が深まるまでそのままにされた。

13.2 ブラック ― 二酸化炭素の発見

ブラック（1728–1799）は、1746年にグラスゴー大学に入学し、医学・化学教授カレン（1710–1790）に師事した。1751年にエジンバラ大学に移り、同大学で医学博士号を取得した。その後、グラスゴー大学およびエジンバラ大学の教授を歴任した。

ブラックは、石灰石とよく似た性質を持つマグネシア・アルバ（塩基性炭酸マグネシウム, $MgCO_3$）を加熱し、マグネシア・ウスタ（酸化マグネシウム, MgO）を生成させ、そのときの重量の変化を天秤を用いて測定した。化学実験で天秤を使ったのは、ブラックが最初であった。この化学変化で重量は減少し、さらにその原因が何か固有の気体が出ていることを見いだした。また、この気体が石灰水を白濁させることも発見した。ブラックはこれを固体の中に閉じ込められていた空気という意味で固定空気（fixed air）とよんだ。これは空気以外の気体の初めての発見であり、今日、二酸化炭素（炭酸ガス）とよばれているものであるが、ギリシア時代以来信じられてきた空気の元素性は、ブラックの発見によって大きく揺らぐことになった。なお、この発見で彼は医学博士の学位を1754年に授与されることになる。

ブラックは熱に関する科学でも大きな功績を残した。ブラックは温度計を使用し、同じ熱量を加えても物質の種類によって温度が異なること、すなわち物質には熱容量の違いがあることを発見した（単位質量あたりの熱容量を比熱とよぶ）。さらにブラックは、物質が状態変化する際、温度計の目盛りが変わらなくても、物質は熱を出し入れすることを発見した。この確かにその物質中に存在し潜伏しているこの熱を、ブラックは潜熱（latent heat）とよんだ。

熱を測るという行為には、熱が計測可能ある物質であるという考えが背景にあった。これは、不可秤量流体といわれている。ブラックは、熱が物質であるとは明確には述べていないようだが、熱を物質だという考えを持っていたようである。

13.3 キャベンディッシュ ― 水素の発見

キャベンディッシュ（1731–1810）は、ケンブリッジ大学に入学したが学位は取らず、政治家・自然哲学者の第二代デボンシャー公の父の影響を受けながら、ロンドンで研究を行った。1760年にはロンドン王立協会会員になった。

キャベンディッシュの実験の精巧さと正確さは、当時としては無類のものであり、時代を大きく先取りしていた。1766年にロンドン王立協会の機関誌 *Philosophical Transactions* に彼は最初の論文「人工空気についての実験を含む三論文」を発表した。第1論文は「可燃性空気について」、第2論文は「酸

による溶解または焼成によって生じるアルカリ物から生じる固定空気、人工空気の種類についての実験」、第3論文は「発酵と腐敗によって作られる空気についての実験」である。当時、ブラックによって固定空気は発見されていたが、キャベンディッシュはさまざまな気体の比重、可燃性、水溶性などの性質を確かめたのである。

　キャベンディッシュは、亜鉛、鉄、スズを塩酸で溶かしたときに発生する気体を水上置換法で収集し、これが空気とは異なる可燃性の気体であることを突きとめた。また、この気体の比重は空気よりも最低でも9倍は軽いことも見いだした。彼はこれを「可燃性空気（inflammable air）」と名づけ、フロギストンを多く含んでいる気体と考えた。これは今日、水素とよばれる。ロンドン王立協会は、この研究に科学的成果に関する最高の賞、コプリー・メダルをキャベンディッシュに授与した。

　また、キャベンディッシュは、電極を取り付けたガラス管内で通常の空気と可燃性空気を電気火花で燃焼させて冷却すると、内側に水滴がついていることと、その際に重さの減少はないことを確認した。可燃性空気が完全に燃焼する際には、通常の空気のうち約5分の1が失われて水滴になることを発見した。この水滴を集めたところ、通常の水となんら変わりがないものだった。今日の視点でいえば、空気の約20％の体積を占める酸素が、水素と結合して水になったことを意味する。また酸素と水素が化合するときの体積比は1：2.02であることも見いだした。ただし、キャベンディッシュは、フロギストン説を支持していたので、この燃焼を、「脱フロギストン空気（後述する。酸素）」はフロギストンを失った水で、「可燃性空気（水素）」はフロギストンと結合した水と考えた。

　キャベンディッシュは、電気火花によって水素と酸素を何度も燃焼させて水を発生させると、硝酸もまた生じることも発見した。この反応は単なる不純物の混入によるものか、それとも他の要因があるのか調べた。正しい結論を得るまでに、数年かかったが、電気火花によって水だけではなく、「フロギストン空気（窒素）」と「脱フロギストン空気（酸素）」が結合することを見いだし、硝酸が何であるかを明らかにした。なお、電気によって空気中の窒素を窒素化合物として固定する工業的製造方法は、20世紀になってようやく実用化された。

　この研究を通じて、キャベンディッシュは、これまでフロギストン空気（窒素）としていたものに、実は他にも気体が混ざっているのかと考え、少量の窒素と酸素を電気火花で消費する実験を行った。結果、これまで窒素とされていたものの体積を1/120以下には減らせなかった。この残った気体が空気中にわずかに含まれるアルゴンであることは、1894年になって明らかになった。

　キャベンディッシュの実験技能の精確さを示したものに、今日、万有引力定数の測定とされているものがある。これは「地球の密度の決定実験」と題した論文で発表された。それはねじり秤を用いたものだった。細長い針金をつるし、先端に梁を通してその両端に鉛の玉を付け、そこに大きな質量を近づける。大きな質量がない場合に、水平面上を鉛の玉が自由振動する場合の時間と、大きな質量と鉛の玉で持つ万有引力によって生じるわずかな力で生じる振動の時間を測定した。この論文で、キャベンディッシュが与えた地球の密度は、地球は水よりも5.448倍重いというものであった。後に彼はその値を5.48倍とした。この値を万有引力定数に換算してみると、6.71×10^{-11} m^3 kg^{-1} s^{-2}になり、現在知られる万有引力定数 6.67×10^{-11} m^3 kg^{-1} s^{-2} と1％未満の差しかない。

　キャベンディッシュは、電気に関する研究を行ったが、その業績の多くを未発表のままにして1810

年に亡くなった。後にその草稿を編纂して出版したのが、電磁気学の権威マクスウェル（1831－1879）であった。1871年に、ケンブリッジ大学キャベンディッシュ研究所の最初の所長になったマクスウェルは、その短い生涯の最後の5年間をキャベンディッシュの電気学の究明に費やし、キャベンディッシュが電気ポテンシャルの概念、オームの法則、ファラデーの誘電率の発見において先行していたことなどを見いだした。

13.4　プリーストリー　－脱フロギストン空気の発見

　プリーストリー（1733－1804）は、非国教徒のカルバン派の家に生まれ、非国教徒のダベントリー学院で学んだ。ウォリントン学院で教師をしていたときに、有名な鉄工業者になるウィルキンソン（1728－1808）の妹メアリーと結婚した。1765年にプリーストリーがロンドンを訪問した際に、雷の正体が静電気であることをつきとめたフランクリン（1706－1790）らのロンドン王立協会会員と出会った。プリーストリーも後にロンドン王立協会会員になった。木炭・石炭など炭素が電気の伝導体であることを発見し、1767年に『電気学の歴史と現状』を著した。

　プリーストリーは、リーズに居住していたとき自宅の近くの醸造所を訪問したのがきっかけとなって、醸造樽の液面に生じる気体の性質を調べた。それは当時発見されたばかりの固定空気なのだが、その固定空気が水に吸収されることを発見し、その固定空気を効率よく水に溶解させる方法を開発し、ソーダ水を人工的につくった。

　プリーストリーの科学上の業績でもっとも際立っているのは酸素の発見である。彼は、赤色酸化水銀を加熱するとある気体が放出されること、その気体が水に容易には溶けないこと、ならびにこの気体の中では炎が非常に大きくなることを見いだした。さらにハツカネズミをこの気体の中に閉じ込めたとき、通常の空気の中に閉じ込めたときよりも、長生きすることを発見した。彼はこの新気体を脱フロギストン空気（dephlogisticated air）とよんだ。脱フロギストン空気はフロギストンを含まない気体なので、その気体の中ではフロギストンが放出されやすく、結果炎が大きくなる。やがてフロギストンがその気体に満ちて飽和状態になると、それ以上のフロギストンは放出できなくなって、炎は消える。

　プリーストリーは酸素の他に窒素（フロギストン空気、phlogisticated air）、一酸化窒素（硝石空気、nitrous air）、二酸化窒素（赤硝石蒸気、red nitrous vapour）、亜酸化窒素（可燃硝石空気、inflammable nitrous air、後に笑気ガス laughing gas）、酸化二窒素（脱フロギストン硝石空気、dephlogisticated nitrous air）、塩化水素（海酸空気、marine acid air）、四フッ化ケイ素（フッ酸空気、fluor acid air）、アンモニア（アルカリ空気、alkaline air）、亜硫酸ガス（vitriolic acid air）、一酸化炭素の10種類の気体を発見した。とくに塩化水素は、酸のなかでも酸素がないものであり、酸素が酸の源だとするラボアジェの説に反するものであった。

　プリーストリーの研究を支えたものは、機能を十分に満たす次のような実験器具であった。ガス捕集ビン、目盛りが付いた試験管、空気の良好度を測るためのU字管を逆さにしたユージオメーター、酸素を発生させる際に加熱のために用いた直径12インチ（30.5cm）の凸レンズなどがそれである（図

13.1 参照)。

1780 年にプリーストリーはバーミンガムに引っ越し、牧師に就くかたわら、ルナー・ソサイエティ（Lunar Society）の会員になった。会の主たるメンバーとしては、ワット、ワットの共同事業者ボールトン、進化論の C. ダーウィンの祖父 E. ダーウィン（1731－1801）、製陶業者ウェッジウッド（1730－1795）らがいた。

プリーストリーの非国教徒としての宗教的活動は国教徒の反感を招いた。アメリカ独立戦争およびフランス革命を支持し、奴隷制度にも反対したため、イギリス国内で敵意を持つ人が多くなり、1791年には、プリーストリーの邸宅が暴徒に襲撃された。フランス学士院からは見舞いを、義兄弟のウィルキンソンの経済的援助を受けたが、その後、ロンドンへ逃れ、さらにはアメリカへの移住を余儀なくされた。晩年、若き化学者デービー（1778－1829）の能力を評価し、激励した。プリーストリーは、フロギストン説を生涯支持し続けた。

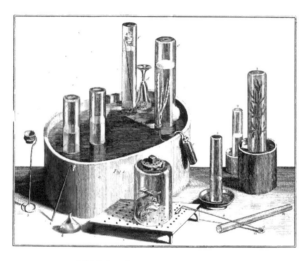

図 13.1　プリーストリーの実験器具
実験には植物やネズミが使われていた。

13.5　ラボアジェ ― 燃焼理論と質量保存の法則

ブラック、キャベンディッシュ、プリーストリー正確な実験によって事実を見つけ現象の本質をとらえかけていたが、フロギストン説にとらわれていたために解釈を誤った。これまでのいろいろな発見を正しく解明したのが、ラボアジェであった。

ラボアジェ（1743－1794）はフランスの裕福な家に生まれ、法律家になろうと勉強したが、科学研究に目覚めた。なお、彼は 24 歳のときに徴税請負人になったが、それがその後の彼の人生を決定づけることになった。1789 年に起こったフランス革命の後の恐怖政治によって、ラボアジェは徴税請負人であったことから王政の手先として断罪され、ギロチンの露と消えた。

さて、ラボアジェによる初期の研究に、水が土に変化しないことを確かめる実験がある。彼はペリカンとよばれる蒸留器を用いて水の蒸留を 101 日間続け、水の中に生成した土状の物質の重量が、ガ

ラスの実験装置の減量分に等しいことを天秤で秤量して確認した。これにより四元素説でいわれるような水から土への変化は否定された。同時に、これは化学変化の前後で、物質の質料の総量は変化しないという質量保存の法則の発見でもあった。

1772年秋以降、ラボアジェはリンに続いて硫黄を燃焼した際にその重量が増えることを確認し、フロギストン説に疑問を抱くようになった。そして1774年には、密閉容器内でスズを燃焼させた際に燃焼の前後で密閉容器を含む重量が変わらないことを確かめた。そのうえで、容器の一部を壊すと空気が勢いよく容器内に突入して、重量が増加することを確認した。この際の重量の増加は、スズを燃焼させた際の重量の増加と同じであった。つまり、金属は空気と結合すると金属灰になる。ただし、空気のうちの酸素か、二酸化炭素か、どの気体と結合するかについては分からなかった。

1774年10月、プリーストリーがラボアジェを訪問したときに、赤色水銀（酸化水銀）を加熱すると水銀になるが、その際に燃焼を助ける気体「脱フロギストン空気」が生じるとの情報を入手した。ラボアジェは、赤色水銀を単独でまたは木炭とともに加熱し、その際に生じる気体について研究を行った。1775年4月には、「煆焼中に金属と結合しその重量を増加させる元素の本質について」を発表し、脱フロギストン空気が呼吸と燃焼に関係する純粋空気であり、炭素と純粋空気の化合物が固定空気であることを明らかにした。ここに科学的な燃焼理論が打ち立てられ、フロギストンは無用の存在となった。そして1779年、ラボアジェは「脱フロギストン空気」の化合物が酸性を示したことから、これを酸の本質、すなわち酸素（oxygène）と名づけた。

ただし、気体の状態の酸素は、熱素すなわちカロリック（calorique）なる元素と酸素が結合したものであり、燃焼とは燃えるものと酸素との結合で、その際に熱素を発生するとラボアジェは考えた。この熱素説は、熱の本性をめぐる議論の中で熱運動説と対置されるものである。

ところで、1777年にラボアジェは、空気は燃焼を支持する気体である酸素と、燃焼を支持しない窒素から構成されていることを発表した。

キャベンディッシュが発見した水素と酸素の燃焼実験に正しい解釈を与えたのもラボアジェであった。1783年、可燃空気と酸素が結合した結果、水が生成すると発表した。その可燃空気すなわち水の中に含まれる可燃性の素を水素（hydrogène）と命名した。1784年にはムーニエ（1754－1793）とともに加熱した鉄に水を吹きかけて、水を分解することに成功した。

ラボアジェ、モルボー（1737－1816）、ベルトレ（1748－1822）、フルクロア（1755－1809）は化学の用語の整備を行い、1787年に『化学命名法』を出版した。それ以上分解できない55種類の究極物質を「元素」とする物質体系を示した。さらに1789年にラボアジェは『化学原論』を公刊している。

新しい化学を提示したラボアジェは、古い物質観を打倒して、近代化学の祖となったのである。すなわち、火はフロギストンではなく、燃えるものと酸素との結合であり、空気は窒素と酸素との混合物であり、水は水素と酸素との化合物であることを証明して、エンペドクレス、アリストテレス以来の四元素説を放逐し、新しい多数の「元素」から構成される物質観を提唱した。こうして近代化学の基礎が築かれ、化学変化の量的関係を分析する研究が進むことになる。

13.6 原子論への道

　原子論はギリシア時代のデモクリトスまでさかのぼることができる。確かにしばらく忘れ去られていたけれども、ルネサンス以降、原子論は再び話題になるようになった。物質がそれ以上分割不可能な単一の究極粒子からなるという原子論は、化学界の複雑な現象を示すのに不都合なこともあって、あまり支持されなかった。ラボアジェは、新しい概念「元素」を、実験等によって人工的に分離可能な最小単位であると考えていた。分解や分析の実験技術が進歩すれば、元素の数は増えるだろう。ラボアジェによれば、原子は単なる概念上のものに過ぎなかった。

　一方、ドルトン（1766-1844）は、元素の実体は原子であり、その違いは、重量によって区別されると考えた。物質を質量で量ることが一般化したことで、原子論を支持するいくつかの証拠が発見されたのである。

　たとえば、18世紀末、化合物をつくる元素の構成比は一定であると見なす考えもあったけれども、ベルトレは、化合物の組成は連続的に変化すると主張した。このベルトレに反対したのがプルースト（1754-1826）である。彼は、化合物が生成する際の化学変化に寄与する諸元素の重量比はつねに一定である「定比例の法則」を主張した。この「定比例の法則」は、ドルトンの原子論の展開と呼応して支持されるようになった。

　ドルトンは、イギリス産業革命期の科学者として特筆すべき人物である。クエーカー教徒であったドルトンは慎ましい生活を送りながら、輝かしい科学的業績を残した。1792年にマンチェスターへ移住し、94年以降マンチェスター文芸哲学協会会員となって、そこを科学研究の拠点として活動した。

　ドルトンはデモクリトスの影響を受け、原子論を支持するようになった。大気は窒素、酸素、水蒸気から構成されているのだから、これに対応して元素と同じ数の異なる複数の原子が存在するとした。また、それぞれの気体原子は単独で存在し、同じ気体同士は反発し、異なった気体同士は斥力を生じないということならば、混合物としての気体の圧力は、それぞれの気体の圧力の和に等しいと結論した（分圧の法則）。

　1802年、友人のヘンリー（1774-1836）は、ドルトンに導かれて、水に溶ける気体の溶解度は圧力に比例するという「ヘンリーの法則」を発見した。ドルトン自身は、水への気体の溶解度は、それぞれの気体の斥力（圧力）すなわちそれぞれの気体原子の重さと数に関係すると仮定して、原子の重さすなわち原子量の測定に挑戦した。歴史上初のこの挑戦の結果、1805年に印刷された論文には水素原子の重さを1とした原子量の表が掲載された。残念ながら、各気体の原子の結合比が不明であったため、この試みは成功しなかった。図13.2はドルトンによる原子量の表である。

　しかし、この研究の過程で、原子の存在を決定づける重要な発見をした。すなわち、一定量の水素と炭素が結合して炭化水素をつくるときには三つの場合があり、その際の酸素の量は 1：2 に、また、一定量の窒素と酸素が結合して窒素酸化物をつくるときには三つの場合があり、1：2：4 の簡単な整数比になる（もちろん現代はより多くの炭化水素と窒素酸化物があることが発見されている）。これを「倍数比例の法則」とよぶ。物質はある決まった質量単位でしか反応しないということは、物質を構成するそれ以上分割できない最小粒子の存在を暗示するものであった。今日からすれば、前者はメタ

ン CH_4 とエチレン C_2H_4 であり、後者は、酸化二窒素 N_2O、一酸化窒素 NO、二酸化窒素 NO_2 であるが、本来この比だけではこれら物質を構成する各原子の数を確定することはできない。しかし、この「倍数比例の法則」は、「定比例の法則」とともに原子の存在を示す重要な証拠になったのである。

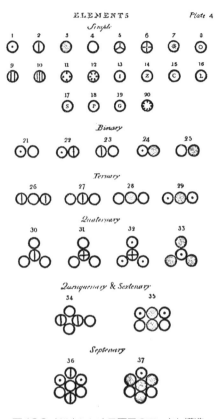

図 13.2 ドルトンによる原子のマークと構造

水素の相対的重量は 1 で最初に、酸素は 4 番目にある。水は Binary（2 元系化合物）21 番目にあり、今日の分子記号で書くと HO となる。

1808 年に、ゲイ=リュサック（1778−1850）は、気体が化学反応するとき、それらの体積比が整数比になるという「気体反応の法則」を発見した。ところが「倍数比例の法則」と「気体反応の法則」は相反する。1811 年にアヴォガドロ（1776−1856）は、等温等圧等体積の気体は、種類によらず、同数の粒子すなわち分子を含むという「アヴォガドロの仮説」を主張したが、その真価は化学者にすぐに受け容れられなかった。1815−1816 年にプラウト（1785−1850）は、基本物質が水素であり、その原子量を 1 とすれば、他の物質の原子量はその整数倍になることを発表した。しかし、測定では必ずしもそうならないものがあって、20 世紀になって同位体が発見されるまでは、一般には支持されなかった。カニッツアーロ（1826−1910）は、「アヴォガドロの仮説」に基づいて水素の原子量を基準とすることなどを提案し、1858 年に発表した論文および 1860 年にドイツのカールスルーエで開催された第 1 回国際化学会議を経て、彼の主張は化学者一般に認められるようになり、原子量・分子量を正確に特定することが可能になった。

第4部
産業革命と科学・技術

第14章 イギリス綿工業における技術革新

産業革命は18世紀にイギリスで最初に起こった。機械を使って工場で商品を生産するようになり、商業資本に代わって産業資本が確立するとともに、イギリス国内に社会的な変動も引き起こした。本章では、イギリス産業革命の黎明期のイギリス綿工業を中心とした技術革新について述べる。

14.1 イギリス産業革命の背景

本節では、イギリスが最初に産業革命を達成できたいくつかの要因について言及する。まず、工場で生産を行うためには、労働者が必要である。しかし、農業人口が多数であったイギリスで、労働者がどこから供給されたかだろうか。

イギリスでは、長い間、多くの独立自営農民、いわゆるヨーマンが大きな勢力を保っていた。彼らは、農業だけではなく、家内工業で生産された織物などからも収入を得ていた者もいた。

第二次囲い込み（第二次エンクロージャー、農地を生け垣・石垣・土手などで囲い込むこと）によって共同体的土地所有の代わりに土地の私的所有が進められたのだが、その理由の一つは、中世より続いていた三圃制という古い農法を打破するためであった。ノーフォーク農法（大麦 → アカクローバー → 小麦 → 飼料カブ（根菜））という輪栽式農法および牧畜の大規模化が進められ農業は近代化された。だが、そのために、不合理な土地収奪が、議会の承認によって合法的に、すなわち囲い込み法（Enclosure Acts）によって行われた。第二次囲い込みで利益を得たのは大地主であり、ヨーマンではなかった。土地を失ったヨーマンたち、およびそもそも土地の所有権を有せず共有地に勝手に住み着いていた最貧民たちは土地を追われ都市へ流入し、工場労働者の供給源となった。イギリス国内に散在していた家内工業は次第に消滅し、工場制度が取って代わることになる。

また、工場の建設や機械の製造のためには資金が必要である。当時、重商主義政策とよばれる一種の保護貿易政策によって、イギリスの国内産業は保護され、資本が蓄積していった。一方で、イギリス以外のヨーロッパ諸国も重商主義政策を進めていた。それでは、イギリスが他国に先んじて産業革命を成し遂げた理由は何なのか。それを解く鍵は、輸出産業の発展とそれを支えた国外市場にある。

17世紀、ヨーロッパの貿易を牛耳っていたのはオランダであったが、イギリスは1651年に航海条例（Navigation Act）を発して、オランダの海上支配に挑戦した。さらにイギリスは、三度にわたる英蘭戦争のすえ、オランダに代わって、ヨーロッパ貿易の支配権を得た。

18世紀に入っても、ヨーロッパ各国の覇権争いは続いた。スペイン継承戦争（1702-1713）、オーストリア継承戦争（1739-1748）、七年戦争（1756-1763）、アメリカ独立戦争（1776-1783）、フラン

ス革命干渉戦争・ナポレオン戦争（1792−1815）という一連の戦争で、イギリスが明らかに敗退したのは、アメリカ独立戦争の一度きりであった。この一連の戦争を通じてイギリスは世界各地に植民地を獲得し、綿花の生産地と自国の生産物の独占的な販路を得たのである。「日の沈まない帝国」「七つの海を支配した」とも形容された大英帝国の基礎はこうして築かれたのであった。

14.2 綿と三角貿易

　産業革命の口火を切ったのは綿工業であった。衣服に用いられる綿はインドとアメリカなどが原産地であり、イギリスのような冷涼な地域ではうまく育たない。しかし、イギリスでは 17 世紀初頭に原綿を輸入しての綿織物の製造が始まっていた。ただし、イギリス国内で製造される綿製品の量はわずかで、ほとんどはインドからの輸入に頼っていた。インドの植民地化の結果、インドからの綿製品の輸入貿易は大きく伸びていた。

　綿は吸水性に優れ、肌着に適している。17 世紀末、イギリス東インド会社によってもたらされたインド産綿製品であるキャラコ（正式には calico、薄手の綿織物でサラサを捺染したもの、サラサは白地）の人気とその輸入増加は、イギリスの伝統的な毛織物業を危機に陥れた。そこで、1700 年、国内の毛織物業の保護を目的として、捺染された織物（中国、インド、ペルシアで生産されたもの）の輸入禁止の法律が出された。こうして、綿織物の輸入は制限されたが、かえってそれはイギリス綿工業を保護することになる。こうして始まったのが悪名高き三角貿易である。西インド諸島から原綿、砂糖、たばこを輸入し、イギリス国内で綿織物を製造する。イギリスからはインド産織物、マンチェスター産の綿布、銅・真鍮製品、ビーズ、銃火器、火薬などがアフリカに輸出された。西インド諸島での労働力としてアフリカの黒人を人身売買・拉致するなどして奴隷として連行したのである。リバプールは綿花の輸入と綿製品の輸出および奴隷貿易で栄えた。

　イギリス綿工業の中心地はランカシャー地方であった。港町リバプールが近く、アジア、アメリカからの綿花の輸送費は低廉であった。綿の紡績には、夏冬の温度差が小さく、かつ高い湿度が適しており、イギリスにおいてこの特殊な気候条件を満たすのはランカシャー地方に他ならなかった。そのため、ランカシャー地方では、非常に細い番手の綿糸が製造可能であり、綿工業が集積することになる。その中心がマンチェスターであった。

14.3 ジョン・ケイによる飛び杼の発明

　織物の生産には多くの工程を経なくてならないが、紡績と織布の二工程に大別できる。

　紡績とは弱い繊維に縒りをかけて強い糸を作る工程である。綿工業の場合、紡績工程では、つぎのような工程を経なければならない。①混打綿工程：繊維の塊をたたくなどしてほぐし、ラップ（長い繊維の集合体）を作ること（開繊）→ ②製条工程：繊維を一定方向に揃えてスライバー（縒りがかかっていない繊維の束）を作ること（梳綿）→ ③前紡工程：粗糸を作ること。綿糸の場合は、練条工程ないし粗紡工程という → ④精紡工程：粗糸を引き伸ばし、縒りをかけて糸を作ること。

　織布とは織機を使って布を織る工程である。まず、経糸を真っ直ぐに張っておく。経糸の奇数糸と

偶数糸をかわるがわる入れ替える装置である綜絖（そうこう）を使う。①糸巻きに巻き取られた緯糸は舟形の杼に入れて通す。→ ②筬（おさ）で経糸の間に緯糸を打ち込む。→ ③綜絖を動かして、経糸どうしを上下に入れ替える。→ ④緯糸を通す。この工程を繰り返して布が織られる。

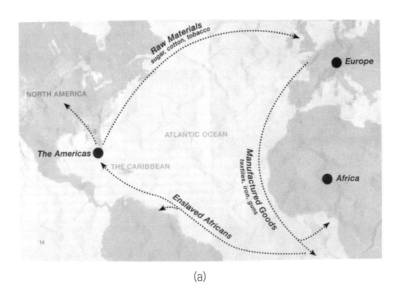

図 14.1 (a) 三角貿易の見取り図、(b) 奴隷船の様子
　　　　非人道的な方法で輸送されていた様子がうかがえる。

　織布工程の改良が、イギリスの綿工業の技術革新を促した。それはランカシャーの織布工ケイ（1704－1764）によって成されることになる。
　緯糸は人間が杼を手で通していたために、織物の幅は人間が両手を広げた幅程度に制限されていた。1733 年にケイは、飛び杼（とびひ、fly-shuttle）またはバッタンとよばれる装置の特許を取得し

た。今までより軽量化した杼に四つの車輪をつけて、筬に取り付けた溝のある杼道の上を転がせる。杼道の両側にある杼箱にはバネ仕掛けのピッカー（杼を弾くもの）などが納められている。両側のピッカーはひもによって中央の握り繋がれていてそれを左右交互にひくと、杼が左右に移動しながら、織布行程が進んでいく。当初、飛び杼は幅広のウールやリネンを織る際に使用された。

　それまで、幅広の織物を作る際には、手織工が二人必要であったが、飛び杼は一人で幅広の織物を可能にしたのみならず、その作業速度を約2倍に高めた。一方で、飛び杼の使用料の支払いを拒絶した織物業者とケイとの訴訟のためにケイは破綻した。1760年に、ケイの息子、R.ケイが織機の横に複数の杼を格納するドロップボックス（drop-box）を発明するなどの改良を織機に施した。1750年代から飛び杼は、綿織物の製造に使用されるようになり、1780年にはランカシャー地方一帯で広く利用されるようになった。

14.4　紡績工程の技術革新　―ジェニー紡績機の発明

　綿紡績の生産拡大を達成するのに多くの試みがなされた。糸を紡ぐ作業は、手先の繊細な感覚を必要とする。また綿糸の生産には絹糸にはない特殊な困難があった。絹を紡ぐ場合、蚕の吐糸口から出された絹糸は数百mにも達するが、綿の繊維はわずか数cmしかなく、そのため紡ぐ際に糸が切れやすい。また、紡績の生産性が高められない要因は、人間は一つの糸車（紡車）しか操ることができない点にあった。

図14.2　マンチェスター近郊のQuarry Bank Millで行われている
当時の手作業による綿糸製造の再現（筆者撮影）
スピンドルに対して粗糸を45度の角度にすることで撚りがかかる。

　紡績工程の機械化は、ワイアット（1700－1766）とポール（?－1759）が最初に挑戦したと考えられている。彼らは一対のローラーに荒糸を通らせてフライヤーによって撚りをかけてスピンドルに巻き取るもので、1738年にポールの名義で特許が取得された。機械製作の水準からだろうか、彼らの紡績機はすぐに故障してしまい、うまくいかなかった。

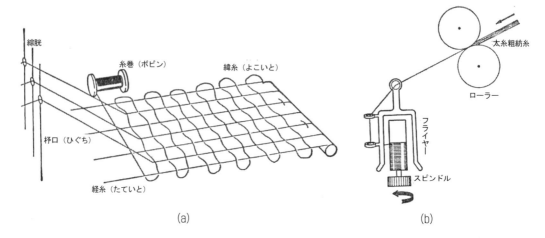

図 14.3 (a) 織布の方法、(b) ワイアットとポールの紡績機のメカニズム

　1765年、ついに機械が綿糸を紡ぐときがきた。ハーグリーブス（1721－1778）がジェニー紡績機（Spinning Jenny）を発明したのである（図 14.2）。その構造は非常に簡易なもので、機械とよぶにはお粗末かもしれない。その紡績メカニズムは、粗糸はスピンドルに対し斜め45度に位置するようにし、横木を後ろに移動させて糸巻きから粗糸を繰り出しつつ適度な張力を加えつつスピンドルを回転させることで縒（よ）りがかかる。縒りをかけ終わるとフォラー（faller）とよばれる針金でスピンドルと糸との角度を直角に変えて、紡錘に巻き取る。それはまさに手作業を機械が実行するように工夫されたものだった。ジェニー紡績機は、最初八錘の紡錘を持っていた。すなわち、たった一人で操作するこの機械は、8人の糸紡女の仕事を同時にこなしたのである。

　ジェニー紡績機で製造された綿糸は、一般にキャラコの緯糸として用いられた。経糸に必要な張力に耐えられなかったのである。そのため、当時のイギリス製の綿製品の緯糸は綿糸であったものの経糸には麻が使われていた（経糸に亜麻、緯糸に綿を使った織物をファスチアンとよぶ）。

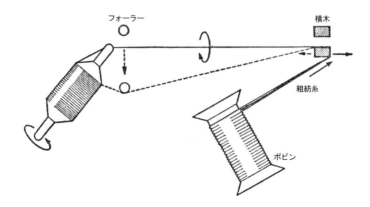

図 14.4 ジェニー紡績機のメカニズム

14.5 アークライトの水力紡績機

アークライト (1732–1792) は、最初、床屋を生業とし、再婚後、妻の財産で毛髪取引を行う事業を始めた。アークライトには、ケイ、ハーグリーブスのような技術者の経歴が一切ない。そうした事情から、ある歴史家たちからアークライトは山師的な人物として見られてきた節がある。実際、彼が製作した水力紡績機（water flame）は、ワイアットとポールの紡績機に極めて似ていた。回転数が異なる二対のローラーをほぼ繊維の長さに配置して、粗糸（roving）を通す。繊維は引き伸ばされて細くなり、フライヤーが回転しながら粗糸に縒りをかける。その後、フライヤーとは異なる回転数で回るスピンドルに糸は巻き取られる。

1768 年、アークライトは故郷の中学校で最初の紡績機を製作した。後にノッチンガムに移住し紡績工場を建てた。このときの彼の紡績機は水力ではなく馬によって駆動された。1769 年に、アークライトは紡績機についての特許を取得した。さらに 1771 年、ダーベント川があって水流の豊富なダービーシャーのクロムフォード（Cromford）に巨大な紡績工場を建設した。紡績機は水力で駆動され、水力紡績機（water flame）とよばれるようになった。ここで生産された綿糸は、熟練した紡糸工が作ったいかなる糸よりも強く、経糸としても使えた。結果、イギリスでも、100％綿のキャラコが可能になり、その綿布はインド産綿布に匹敵する品質であった。

アークライトは、水力紡績機以外にも、梳綿機（carding machine）、練条機、粗紡機（この三つの機械でも水力紡績機同様にローラーを使用する）を製作して使用した。これら三つの機械は自動化されていて、水力紡績機と結合して紡績の全ての工程は機械が行い、それらは水力という中央の動力源で駆動された。1790 年、彼のノッチンガム工場にワットの蒸気機関を設置した。アークライトは、産業革命時代の代表的企業家として知られるようになった。

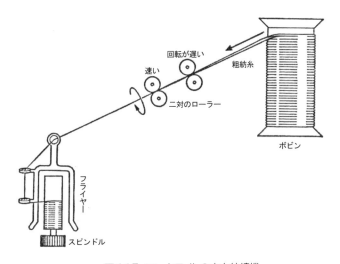

図 14.5 アークライトの水力紡績機

14.6 クロンプトンのミュール紡績機

イギリス国内でキャラコの生産が増大したが、キャラコよりもさらに薄いモスリンが流行するようになる。モスリンに使用される細い綿糸は、ジェニー紡績機や水力紡績機では生産できず、もっぱらインドの紡績工によって紡がれていて、モスリン自体もインド製に依存した。このモスリン用の綿糸は、クロンプトン（1753-1827）が発明したミュール紡績機によって作成できるようになった。ミュールとは牡ロバと牝ウマとの雑種を意味しており、事実この機構は、ハーグリーブスのジェニー紡績機とアークライトの水力紡績機の構造を合体させたものであった。

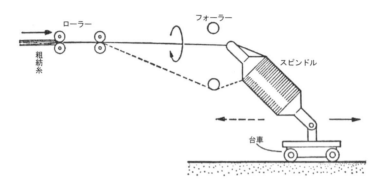

図14.6　ミュール紡績機のメカニズム

図14.7　ミュール紡績機

ジェニー紡績機では、横木とスピンドルとの間に張力が発生するために細い糸は切れやすい。水力紡績機でも、フライヤーが回転して撚りをかける際、それとボビンとの間に発生する張力が原因で細い糸は切れやすい。ミュール紡績機は、これら欠点を克服した。台車によって前後に移動するスピン

ドルを備えており、水力紡績機にあった二対のローラーからはき出された粗糸をそれに対し45°に傾いたスピンドルが後退しながら撚りをかける。あるところでローラーから粗糸のはき出しと台車を止めて、スピンドルだけを回転させて縒りをかけ、細い糸にする。紡ぎ終えるとフォーラーで糸の角度をスピンドルに対して直角にし、スピンドルが前に移動しながら巻き取るという仕組みである。ローラー、スピンドル、台車はそれぞれ任意の速度で動かすことができ、精紡の際、糸が切れないよう張力を弱くできるので、細い糸も含めてあらゆる種類の糸を紡ぐことができたのである。

ロバーツ（1789－1864）は、1825年に自動ミュール機に関する特許を取得し、1830年にようやく実用的な自動ミュール機が開発された。自動ミュール機はジェニー紡績機に取って代わって、紡績機械の主役に躍り出た。ミュール機は、ジェニー機より細い糸を紡ぐことも可能にし、インドの熟練工によってのみ製造されていた極薄の繊細な織物モスリンを製造することが可能になった。機械紡績による綿糸の大量生産はこうして達成された。

14.7 織布行程の改良 ―カートライトの力織機

紡績工場では工程の機械化とともに動力源として水力および蒸気機関の利用も進んで生産性が向上し、紡績工程と織布工程間との生産性の不均衡が再度問題になってきた。織布は依然手織工の手にゆだねられてきたが、糸余りは彼らの賃金を高騰させた。織布機械を発明し、織布工程の生産力増強を目指したのが、カートライト（1743－1823）である。

カートライトは、織布の際の緯入れや筬打ちといった不斉一な運動をカムとバネによって実現しようとしたもので、その後の力織機は基本的にはカートライトが考案したものを土台としている。1785年に彼が取得した特許で製作された力織機（power-loom）は、当初満足に動くものではなかったが、改良が加えられた。1787年、ヨークシャー・ドンカスターに20台の力織機を備えた最初の工場を建設した。1791年にさらに大きな工場を建設しようとしたが、手織工の焼き討ちにあい、工場は焼失した。1790年代、織布工の賃金が非常に上がったがそれに伴って織布工も増えた。その結果、1793年以降モスリンの価格は下落し、力織機の必要性は減った。また、カートライトの力織機で製造された織物は、手織工のものより劣っていた。

力織機が手織工の生み出す品質に匹敵するようになるには、約50年に渡る多くの人びと、とくにラドクリフ、ホロックスらの努力の賜であった。また、力織機の普及には、漂白と捺染といった後工程の改良も必要であった（詳しくは第18章参照）。1806年にはマンチェスター近郊で相当数の力織機が運転されているのを確認したカートライトは議会に補助金の申請をし、1809年に議会はミュール紡績機発明の功績を認め、10,000ポンドを与えた。1822年、R.ロバーツが改良した力織機がほぼ完成形となった。力織機の生産力は1820年代から30年代にかけて増大し、手織工の生産力との差は広がる一方であった。手織工は、力織機に対抗して、ますます安い賃金で仕事を請け負うようになり、1838年にイギリスの多くの綿手織工が餓死する事態になった。1830年代頃になってようやく綿工業は、紡績・織布の両方の部門で機械化を成し遂げることになる。

第15章 蒸気機関の発明・発展と紡績業への応用

　実用的な最初の熱機関は蒸気機関であり、用途は揚水であった。それをワットが工場用の原動機に改良し、産業革命を推し進めていくことになる。本章では、セーバリー、ニューコメン、スミートン、ワットらの業績を中心に18世紀の蒸気機関の発展と紡績業への応用の歴史を概観する。

15.1　セーバリー、ニューコメン、スミートンの蒸気機関

　実用的な蒸気機関を最初に製作したのは、二人のイギリスのセーバリー（1650?－1715）とニューコメン（1664－1729）である。両者はまったく異なる動作原理を採用した。セーバリーのポンプの概要はつぎのとおりである。まず、容器に水蒸気を満たし、それを冷却する。容器の中は大気圧より小さくなり、大気圧の作用で容器内に水が押し上げられる。さらに水蒸気の圧力で容器の中の水を上方に噴き上げるのである。

　一方、ニューコメンは、1712年にシリンダーとピストンを用いる蒸気機関を製造した。シリンダー内に導かれた水蒸気は、シリンダー内に吹き込まれる霧吹き状の冷却水によって凝縮する。結果、シリンダー内は大気圧より小さくなり、大気圧がピストンを押し下げる。この動作原理からニューコメン機関を大気圧機関（atmospheric engine）ともよばれた。下死点まできたピストンは、ビームの反対側にあるポンプロッドの重みで上方に引き上げられる。ピストンはビームの先端についたアーチにチェーンを介して取り付けられており、ピストンの上下運動に対し、つねに接線の位置を保つ。

　セーバリーとニューコメンは、ほぼ同時期に蒸気機関の開発を進めていて、その後、往復機関として使用され続けたのはニューコメンの機関であったが、特許を取得したのはセーバリーの方が早かった。セーバリーは、1698年7月25日付けでこの機関に関する特許を取得している（特許番号356）。当時のイギリスの特許制度では、その有効期間は最大14年間であったが、翌1699年4月25日には、議会が21年間の特許期間の延長を認可し、特許の有効期間は35年間ということになった。肝心なことは、セーバリーの特許は火を用いて仕事をする機関全部を含む特許であったということである。ニューコメンの蒸気機関とセーバリーの揚水機関の動作原理はまったく異なるものであったが、セーバリーの特許によって、ニューコメンが独自に蒸気機関事業を行うことはできなかった。一方で、セーバリーがニューコメン機関を作れるわけもなく、両者に残された方法は、共同して事業を営むことであった。

　金属鉱山であったコーンウォールでは、排水のためのポンプの需要は大変高く、1778年には約60台のニューコメン機関が建造されていた。ただ、ニューコメンの蒸気機関は、燃料を多く消費したので、それがもっとも使用されたのは、石炭が安価に多く入手できる炭鉱地帯であった。

近代的な技術者の最初の一人、スミートン（1724-1792）は、ニューコメン機関の改良を行った。スコットランドのキャロン鉄工所でシリンダーの中ぐり盤を製造した。また各部品のサイズなどの最適化を行い、一連の改良の結果、ニューコメン機関の熱効率を2倍に高めたが、それでも、その熱効率は約1％だと考えられている。その抜本的改良の有意な一歩はワットによって成されることになる。

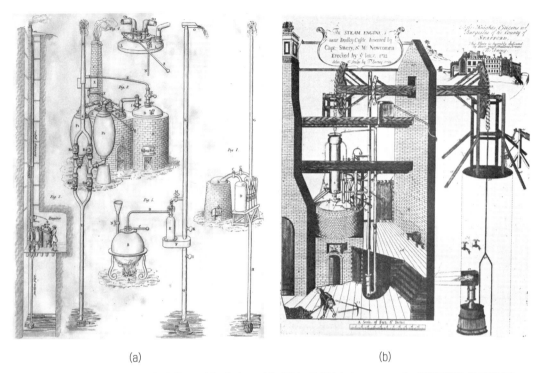

図15.1 (a) セーバリーの揚水機関、(b) ダッドリー城の近くに建設されたニューコメンの蒸気機関（1712年）

15.2 ジェームズ・ワットと分離凝縮器の発明

ワット（1736-1819）は、第一に科学的な洞察によって蒸気機関を改良するとともに熱に関する学問の礎を据え、第二に、それまでポンプであった蒸気機関を工場用原動機へと汎用性を持たせ、産業革命にさらなる推進力を与えた。

1763、1764年度にグラスゴー大学にあったニューコメン機関の模型の修理を依頼された。この模型の修理を通じて、ワットは水蒸気の不思議な性質と熱の法則性を見いだした。

ニューコメン機関は、実物では動くが、模型では、ボイラの水蒸気をすぐに使い果たしてしまいうまく動かない。検討した結果、ニューコメン機関では、シリンダーを行程ごとに冷却してしまうので、連続運転を行うにはシリンダーを再加熱するためにも多量の水蒸気が必要になること、しかも模型のシリンダーは実物より冷めやすく、シリンダーを加熱するための水蒸気を浪費していることがわかった。表面積は寸法の二乗に比例して大きくなるのに対し、体積は寸法の三乗に比例して大きくなるからである。

また、1立方インチの水は1立方フィートの水蒸気になること（1フィートは12インチなので、12^3＝1728倍である）を見いだした。100℃の飽和水蒸気の比体積は$1674\,\mathrm{cm^3/g}$であるが、気体の温度と体積との関係の研究が進むのはもう少し後のことである。シャルルの法則が発見されたのは1787年であったが公表はされず、また気体の膨張係数は測定されなかった。ゲイ＝リュサック（1778－1850）が気体の膨張係数を測定したのは1801年から1802年の冬であったので、ワットの値は当時としては正確であったとしなければならない。

さらにニューコメン機関は、多量の冷却水を使用することに気がついた。そのとき、常温の水に水蒸気を入れて沸騰させると、6分の1だけ水の体積が増えることも発見した。換言すれば、ある水蒸気はその量の5倍の質量の水を沸騰させることができる。この問題をブラックに持ち込んだとき、潜熱なる現象だと教えてもらったのである（水の蒸発潜熱は100℃で$539\,\mathrm{cal/g}$である）。

ニューコメン機関における水蒸気の浪費は、同時に熱の浪費であることは明白であった。ワットは水の蒸発潜熱から、シリンダーを熱い状態に維持し水蒸気だけを凝縮させる冷却水の最低量を求めた。ところが、この条件では確かに機関は効率的ではあったが、弱々しくしか動作しなかった。ワットは、100℃程度では、水蒸気の圧力が大気圧程度まで高くなってしまい、大気圧機関の動力がほとんどなくなってしまうことを知った。

動力を最大化するには、シリンダーを冷やす必要があり、一方、熱効率を高めるためにはシリンダーを冷やしてはならない。ワットは、二つの容器を用い、一方は高温に、もう一方は低温に保つことでこの問題を解決した。つまり、シリンダーとは別に水蒸気を凝縮させる装置である分離凝縮器を発明したのである。

15.3　ワットとボールトンとの共同事業

ワットは、分離凝縮器を含む蒸気機関の改良に関する特許を1769年に取得した（特許番号913）。その中には、シリンダーの外側を水蒸気で保温するための蒸気ジャケットも含まれていた。しかし、彼は蒸気機関を事業化するどころか、実機を完成させる十分な時間がなかった。当時、ワットに出資し、その特許権の3分の2を保有していたローバック（1718－1794）は、ワットの生活費までは支払わなかったので、ワットは生活の糧を運河建設の設計などから得なければならなかった。ローバックは次第に経済的に困るようになり、1773年に破産した。かねてよりワットの発明を有望視していたボールトン（1728－1809）は、ローバックが持つ蒸気機関の特許権を買収した。

ワットの蒸気機関の建造における困難は、シリンダーとピストンの隙間を塞ぐためのパッキンにあった。スコットランドのキャロン工場でスミートンが作った中ぐり盤では、円形に切削することはできたが、切削工具は駆動軸側だけが固定されていて他端は固定されておらず、削り進めていくと中心がずれてしまう。ウィルキンソンは、蒸気機関のシリンダーを正確に切削するための中ぐり盤を開発した。これは、しっかり据え付けて固定したシリンダーの中を、両端が固定された縦通する棒に取り付けた刃物を回転させながら切削するものであった。結果、パッキンの問題は相当程度改善されたのである。

ボールトンは、特許の有効期間が残り 8 年であり、利益を十分にあげることができないと憂慮した。ボールトンは、議会に特許権の 25 年間の延長を申請し、これは 1775 年 5 月 22 日に認可され、ボールトンとワットの共同事業が始まった。

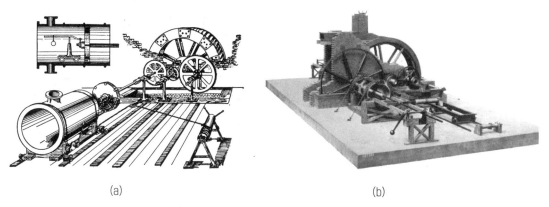

図 15.2 (a) スミートンの中ぐり盤、(b) ウィルキンソンの中ぐり盤

ボールトンは宣伝のためにワットに大型の機関の設計を要求し、ブルームフィールド炭鉱用の揚水機関（シリンダー直径 50 インチ）とウィルキンソンのニューウィリー工場にある高炉送風用のエンジン（シリンダー直径 38 インチ）を製造させた。ウィルキンソンはニューコメン機関で揚水し、それで水車を回転させ送風機を駆動していたのだが、シリンダー送風機をボールトン・ワット機関で直接駆動することにした。1776 年の 5 月頃に両機関は運転を開始し、どちらもうまくいった。燃料の消費量は既存の機関の約 4 分の 1 しかなかった。年末には、コーンウォール地方から多数の引き合いがきた。

15.4 工業用動力源への適用

ワットの分離凝縮器の発明は蒸気機関の熱効率を改善したが、生産の様式を変えるものではなかった。その多くは鉱山の排水用であった。1783 年に、アークライトのシュードビル工場の動力源として蒸気機関が導入されたが、それは既存の大気圧機関であった。それら機関でくみ上げた水で水車を駆動し、動力を得るのである。水車が有効に利用できない場所では、馬が使用されていた。

綿工業を中心とした産業界は、蒸気機関を工場用の原動機として使用することを熱烈に要求していたが、それを鋭敏に感じ取ったボールトンは、ワットに回転運動を引き起こす蒸気機関を開発するよう催促している。ワットは工場用の原動機として使えるよう蒸気機関を改良した。往復運動を回転運動に変換するにはクランクとコネクティングロッドを使うのが一番簡単である。しかし、ワットはこれを用いることはできなかった。というのも、ピカードとワズボロ（1753－1781）が、クランクとコネクティングロッドとはずみ車を用いて、蒸気機関から回転運動を引き出すよう工夫をし、1780 年 8 月 23 日にピカードはこのメカニズムの特許も取得していたからである。ワットは、ピカードの特許に抵触せずに往復運動を回転運動に変換するためのいくつかのメカニズムについて 1781 年に特許を取得し、そのうちの中から遊星歯車機構（sun-and-planet gear）とよばれる装置を実機に搭載した。遊星

歯車機構は図 15.3 に示すようなものであった。クランクを用いる代わりに回転軸を中心にもつ歯車 F とその周りを運動する歯車 A から構成されている。歯車 A は自転できず、中心軸は固定されている。ビームの往復運動は、歯車 F の周囲を歯車 A が回ることで回転運動に変換される。

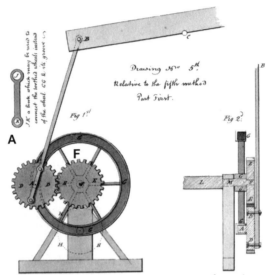

図 15.3 遊星歯車機構

　また、ワットは動力を効率よくかつ力強くしようと、また機関の回転を一様にさせるために水蒸気がピストンの両方から作用するようにした。これを複動機関（double acting engine）とよぶ。
　既存の機関では、ピストンはチェーンを介して下方向に動くときだけ仕事をし、また、ビームの先端のアーチヘッドによって、チェーンは必ずビームに対して接線になる。しかし、複動機関のように上方向にも仕事をする場合、チェーンでは押すことができないので堅い棒にする必要があった。そのうえ、ピストンとビームを棒で連結するとビームの先端は弧を描くので、それに引きずられて、直線運動をするべきピストンはシリンダーの内壁にあたって機械が壊れる原因になる。ワットは棒を上下に直線運動をさせるためのリンク装置も発明し、これは平行運動機構（parallel motion）とよばれた。図 15.4 右図の点 A と点 B 間で点 C は、ほぼ直線運動をし、結果的に点 C′ も垂直に直線運動をする。
　紡績機械がより安定的な回転を必要としていたために、1787 年にワットは円錐振子式遠心調速機（ガバナー）を蒸気機関に採り入れた。機関の回転によってガバナーは回転し、さらに回転する二つのおもりの開き具合と水蒸気弁の開閉が連動している。たとえば、機関の回転が減ると、回転する二つのおもりが回転中心に近づく。その結果、慣性モーメントが小さくなり、このガバナーは回転数を増し弁を開けて、水蒸気を多く通すようになり、機関は回転数を増すようになる。この機構は、水車や風車の回転を一定にするためにワットより前から用いられたもので、ワットはこの機構に関する特

許は取得していない。この機構は適切な目標値になるよう制御量を変更するフィードバック制御の先駆である。

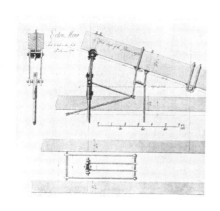
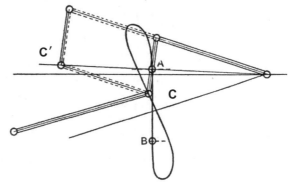

図15.4 平行運動機構

また、ワットは水蒸気を膨張して用いることを考案した。もし行程全部に水蒸気を入れれば、分離凝縮器への弁を開いたときに、水蒸気は勢いよく分離凝縮器へ突入して動力を無駄にする。ワットは、シリンダー内への水蒸気供給を行程の途中で止めることにした。水蒸気供給がなくとも水蒸気は自らの弾性力で膨張していく。これを膨張原理とよぶ。行程の最後まで膨張しきってしまえば、もはや圧力は十分に低くなっていて、動力を無駄にしない。ワットはこのアイディアを1769年の彼の最初の特許の中で述べていた。1782年の特許に図15.5右図を添付して、より明快にこの仕組みについて言及した。この図では、行程の1/4まで水蒸気を供給し、その後は、弁を閉めて、水蒸気は膨張しながら圧力を減らしていく。ただ、ワットが用いた低い水蒸気圧では、大して効率は改善しなかったが、この膨張原理は19世紀以降、高圧蒸気を使用するコーンウォール機関で活用されることになる。

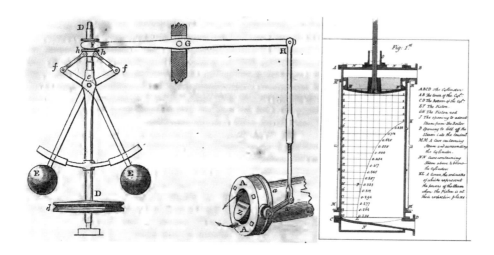

図15.5 円錐振子式遠心調速機、またはガバナー(左)、シリンダーの中で水蒸気が膨張する様子(右)

ワットは、動力の、すなわち仕事率の単位として「馬力」(horse power) を決めた。ワットは揚水用蒸気機関の料金を、機関そのものの料金ではなく、古い機関から新しい機関に取り換えたことで節約された石炭価格の3分の1を払うこととした。燃やした石炭の量、ポンプの行程と一回に汲み上げる水の量、エンジンの回転数を計測することができたので、一定量の石炭でどれだけの仕事をするかを計算することができた。

しかし、工場用の回転機関の場合、ワットの機関でどれだけの燃料を節約できたかはよくわからない。ワットは、当時、工場でよく使われていた馬と蒸気機関の動力とを比較することにした。1783年にワットは、一頭の馬が33,000ポンドの重量を1分間に1フィート持ち上げる動力を1馬力と正しく仕事率を定義した。

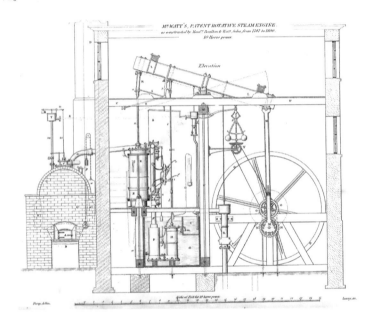

図15.6　ワットの回転式蒸気機関

15.5　紡績業への蒸気機関の導入とワットの功績

ボールトン=ワット商会の回転式蒸気機関は、1785年にノッチンガムのパプルウィックにあるロビンソンズ会社の綿工場で最初に導入された。1789年4月にドリンクウォーターがボールトン=ワット商会の蒸気機関を導入し、1790年にアークライトのシュードビル工場でもボールトン=ワット商会の蒸気機関が導入された。

一方で、ジェニー紡績機の操作と駆動は人間に依存していて、容易に機械的動力には変更できなかった。そしてミュール紡績機の場合、しだいに紡錘が増えていくと機械は大型化するとともに重量も増したので、力のある成年男子の雇用を一層増やした。またミュール紡績機は、フォーラーの押し下げと紡錘を回転させるスクリューの調節になお職人的熟練を必要とし、容易に機械化ができなかった。

蒸気機関がミュール紡績機に導入されるためには、ミュール紡績機の自動化が必要であった。1825－1830年にかけてロバーツが自動ミュール機を開発するまでは、完全な自動化は達成できなかったが、1790年にケリーがミュール機の自動化に先鞭を付けた。人間の力に代わって水力・蒸気機関など動力源への転換は、機械の自動化が不可欠であった。人間は、動力を発揮するとともに機械の制御も同時に行うが、水車・蒸気機関は一方的に動力を発揮するだけで機械の制御を行わないからである。1787年にミュール紡績機の紡錘の数は49,500だったのに対し、2年後には700,000、1811年には420万に増大した。1790年以降、このようなミュール紡績機を使う工場に水車駆動だけでなく蒸気機関もしだいに普及していった。

　しかし、18世紀にボールトン=ワット商会の機関だけが紡績業などの綿工業を含む工業の分野で使われたというのは正しくない。イギリスの各地方に有力な蒸気機関製造業者がいて、ボールトンとワットの強力な競争者となった。歴史上、ワットの名前が非常に知られるようになったのは、いくつかの理由がある。第一に、ボールトンが有能な企業家であったことがあげられる。ボールトン=ワット商会は、蒸気機関の販売とそれに関わる営業活動と宣伝をイギリス全土で行い、蒸気機関は工業のさまざまな用途で使われるようになった。

　第二は、ワットの技術上の発明である。工場用の回転式機関に円滑に使用するためのさまざまな改良、すなわち、遊星歯車機構、平行運動機構、複動機関、ガバナーなどはワットの発明の才能と努力の賜である。

　第三は、ワットの科学上の発見と技術への応用である。馬力という仕事率の単位を初めて正しく定義した。その業績にちなんで今日、SI単位系における仕事率の単位はW（ワット）が使用されている。また、ワットによる分離凝縮器の発明は、蒸気機関300年の歴史の中でも、最大の発明の一つであるといえよう。ワットは具体的な蒸気機関という技術の中に、熱機関が持つ普遍的性質、すなわち、熱から仕事を取り出すためには高温熱源だけでなく低温熱源が必要であるということを発見したのである。また、蒸気の供給を行程の途中でやめて、蒸気の膨張力によって仕事をさせる膨張原理は、カルノー（1796－1832）によるカルノーサイクルのアイディア、すなわち断熱変化の大きなヒントになったことはほとんど疑い得ない。このようにワットの蒸気機関の改良は、熱力学の一つの起源となったのである。

第16章　19世紀の物理諸科学と技術
― 電気・磁気・光・熱

　17世紀の後半に発見された万有引力の法則およびその力学大系は、発見者の名にちなんで「ニュートン力学」とよばれた。これは、これまでに存在したどの学問よりも、数学を用いた厳密性と将来の予測において優れていた。自然哲学だけでなく、当時の国家論や啓蒙思想など他の多くの学問にとってもニュートン力学の科学的方法や理性的態度は少なからず影響を与えた。

　次に近代化した自然科学分野は化学であったが、それはニュートンの『プリンキピア』出版から約1世紀も後のことであった（第13章参照）。

　電気と磁気は、古代から人類がその現象を目にしてきたが、それが科学的に明らかになるのには長い時間がかかった。11世紀に中国人はすでに航海用羅針盤を使っていたが、ヨーロッパ人は、静電気力と磁力の違いにほとんど気づいていなかった。

　ヨーロッパにおいて、磁気研究に大きな一歩を踏み出したのはギルバートである。彼は1600年に出版した『磁石について』にて、地球が巨大な磁石であることと静電気力と磁力が違うことを示した。

　ゲーリケ（1602－1686）は、摩擦によって電気が発生することを発見したのを皮切りに、グレイ（1666－1736）による導体と不導体の発見、シャルル・デュ・フェ（1698－1739）は静電気が二種類あることを発見した。さらに静電気をためるライデン瓶の発明は電気研究を加速させた。フランクリンは、雷雨中に凧をあげてそれに接続したライデン瓶が帯電することを突き止め雷が静電気であることを発見し、これをヒントに避雷針を発明した。さらに、ガルバーニ（1737－1798）は動物電気を発見するなど電気と磁力に関する研究は進んだ。

　しかし、このときまでに使われていた電気はすべて静電気であった。静電気は、電圧は高いが、一瞬で流れてしまう。これに対して、電圧はそれほど高くないが継続的に電流を流すことができる装置、すなわち電池をイタリアの科学者ボルタが発明し、電気研究は加速度的に進むことになる。

16.1　ボルタの電堆と化学の発展

　イタリアの科学者ボルタ（1745－1827）は、異なる2種の金属を舌の上と下に挟んだときに、場合によって酸味を感じたり、苦みを感じたりするという事実から、電気現象が金属に起因すると考えるようになった。彼は、高感度な検電器を使って、2種の金属の接触によって発生する電圧を測った。結果、以下のように金属が発生する電圧の大きさを次のように並べることができた。

> （＋）亜鉛－スズ－鉛－鉄－銅－銀－金－石墨（－）

　これら2種の金属を接触させると、左側の金属が＋に、右側の金属が－に帯電する。

　さらに、これら種々の金属を複数つないだときの電圧は、それらの間にある金属間の電圧の総和になり、かつその和は、末端同士の金属を接触させたときの電圧に等しいことを発見した。これは今日ボルタの法則とよばれている。さらにボルタは、導電体には、金属と液体との2種があることを突き止め、前者を第一類の導電体、後者を第二類の導電体とよんだ。1799年には、二つの第一類導電体で第二類導電体を挟むと連続で電流が発生することを発見し、同年9月には塩水に亜鉛と銅を入れたボルタの電堆（でんたい，Voltaic Pile）すなわち電池を発明した。ボルタは、どうして「一か所にたくさん積む」の意味をもつ堆（pile）で表現したかというと、亜鉛と銅とを電解質を含んだ布で交互に積み重ねたためである。

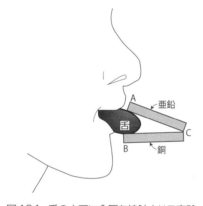

図 16.1　舌の上下に金属を接触させる実験。この場合、銅板に酸味を感じる。

図 16.2　ボルタの電堆

図 16.3　ナポレオンの前で電池の実験を披露するボルタ

　その後の科学に与えた影響を考慮すれば、ボルタの電堆は、科学史上の最大の発明の一つであったといえよう。ボルタの電堆は継続的な電流を初めて人類にもたらすとともに、さまざまな自然現象を

統一的に把握する契機をもたらした。

16.2 電池が促した諸科学の発展

(1) 化学の発展

　ボルタは、ロンドン王立協会会長バンクス (1743-1820) 宛てに手紙で電堆の発明について報告し、それはロンドン王立協会の機関誌 *Philosophical Transactions* に掲載された。電流の発見は、科学の諸分野の展開を促していく。

　イギリスのニコルソン (1753-1815) とカーライル (1753-1815) は、ボルタの報告を受けて再現実験に取りかかり、その際、電極の一方からは水素が発生し、他方の電極は酸化することを発見した。水が水素と酸素から構成されていることはすでに知られていたので、電流によって水が分解されたことが判明した。

　電池を使って大きな研究成果を挙げたのがデービー (1778-1829) である。彼は、ブリテン島の最西端に位置するコーンウォール地方のペンザンスに生まれ、若くして頭角を現した。デービーは、19歳のとき (1798年)、断熱されたと信じた装置内で氷同士を摩擦し、その際に発生する熱がその氷片を融解することから、熱運動説を主張した。この研究成果は、1799年に論文「熱、光および光の結合についての小論」として、ベドーズ (1760-1808、ブラックの弟子でオックスフォード大学の化学講師、1793年にブリストルに気体研究所を設立) が刊行する雑誌に掲載された。

図16.4　ハンフリー・デービー(左)、マイケル・ファラデー(右)

　デービーは、同時期に熱運動説を主張していたランフォード伯 (1753-1814) の目にとまった。デービーはランフォード伯が設立したイギリス王立研究所 (Royal Institution of Great Britain) の化学教授に任命された。豊富な資金に恵まれたこの研究所でデービーは 3,000 個もの電池をつなげて大きな電流を発生させ、融解電解によって 1807 年にアルカリ金属であるナトリウムとカリウムの単離に成功し、さらにアルカリ土類金属であるカルシウム、ストロンチウム、バリウムの単離にも成功した。また 1807 年にアーク灯を発明した。デービーは電池という新装置を使うことで、人工的に新元素を分

離・発見することに成功したのである。

(2) 電流の磁気作用の発見

電池によって定常的に電流が得られるようになったことで、静電気ではなかなか発見しえない電流と磁気との相関関係が明らかになった。

デンマークのエルステッド（1777－1851）は、電気の力と磁気の力との同一性から諸力の同一性の観念を信じるようになった。1820年、エルステッドは電流の周りにある方位磁針が動くことを発見した。フランスのアンペール（1775－1836）は、エルステッドより定量的に電流の磁気作用について研究し、電流の流れる方向の時計回りに磁界が生じることやその大きさについての「アンペールの法則」を発見した（1827年）。

16.3　諸力の相互転換　—エネルギー保存の法則への道

(1) 電磁誘導現象の発見　—マイケル・ファラデー

ファラデー（1791－1867）は、製本工房の奉公からそのキャリアを開始した。その関係で多くの書籍を読む機会に恵まれた。あるとき、彼はデービーの講演チケットを入手する幸運に恵まれた。そして、計4回に渡るデービーの講演の講義ノートを丁寧に作成した。実験の際の爆発でたまたま目を負傷したデービーの助手として一時採用された。ファラデーは、例のデービーの講義ノートをきれいに製本して献上したことから、デービーはファラデーのことを気に入り、そのことが縁でイギリス王立研究所の職員として採用した。ファラデーは、科学者としての階段を駆け上がることになる。

ファラデーは電動モーターを最初に製作したことでも知られている。それは図16.5に示すようなものであった。二つの容器に水銀を入れ導線と水銀を含む回路に電流を流す。左の容器内にある傾いた棒は永久磁石で、自由に動くことができる。右の容器の中央部にある永久磁石は固定されていて、上から垂らされた導線が自由に動くことができる。この装置に電流を流すと左の永久磁石と右の導線は、それぞれ逆向きに回転運動をする。ファラデーはこの発見を論文に発表し、また実際の装置を他の研究者に送っている。

ファラデーのもっとも大きな業績は、電磁誘導（electromagnetic induction）の発見である。エルステッドによって定常的な電流は定常的な磁界を発生させることが知られていた。そして、その逆の作用、すなわち磁力が電流を発生させるのではないかと多くの研究者が考えた。この考えはごく自然のことであったけれども、これを検証する試みはほとんど失敗に終わった。もし永久磁石が直流電流を永続的に発生するのであれば、何も仕事を与えずにエネルギーを取り出せることになる。これはおかしなことで、後述する「エネルギー保存の法則」に反する事柄である。

1831年、ファラデーは、鉄の環の両端に2本の銅線を巻いて2つのコイルを作った。片方のコイルに電流を流して電磁石にし、磁界を発生させる。もう片方のコイルに電流が流れるかを、コイルに導線をつなぎその近くに方位磁針をおいて針が振れるかを確認した。電流を流し始めた瞬間、方位磁針の針は少しだけ振れて元に戻った。だが、電流が流れている間は、方位磁針は反応しない。とはいえ、電流を切った瞬間、今度は先ほどとは反対側に針が振れた。この針の振れはわずかな動きであったが、

磁界（の変化）が電流を発生させたことは明らかであった（図 16.6）。

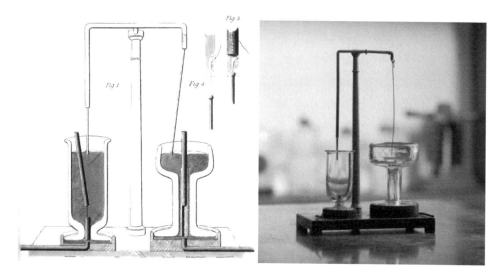

図 16.5 ファラデーが作成した電動モーター

ついで、ファラデーは、電流が発生する磁界ではなく、永久磁石が電流を発生させるかを確認した。棒磁石 2 本を V 字にし、その間にコイルと検流計を置いた。そのままでは全く検流計は反応しなかったが、棒磁石の間隔をくっつけたり、離したりした瞬間に針が振れた。さらにコイルに永久磁石をくっつけたり、離したりするだけでコイルに電流が流れることが判明した。これが電磁誘導である。

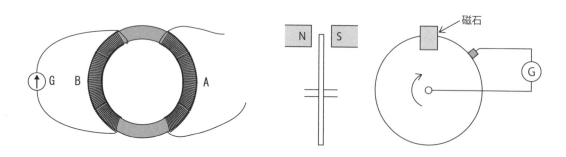

図 16.6 ファラデーが電磁誘導を発見した際に使用したコイルの模式図

図 16.7 ファラデーによる最初の発電機

摩擦によって起きる静電気やボルタの電池とは異なる方法で電流を発生させることのできる電磁誘導の発見は、人類の生活を大きく変える電気の時代の到来の基礎となった。コイルと磁石の相対的な位置関係を変えるだけで電流が発生する。ファラデーは、銅製の円盤の端に強力な磁石のN極とS極を挟むように置いた。そして、銅盤の中心軸とその端とに検流計をつないでおく。銅盤をその中心軸を中心に回転させ続けている間、検流計の針は、同じ方向を向き続けた（図 16.7）。銅盤を逆に回転

させると検流計の針は反対方向を向き続ける。ファラデーは史上初めて発電機を製作したのである。

(2) ジュールの法則、熱の仕事当量の測定

原子論を復活させたジョン・ドルトンの教え子、ジュール（1818–1889）は、電動モーターが蒸気機関より安価で便利な動力になると考えた。彼は電池駆動のモーターを自作し、蒸気機関との効率の違いを調べた。しかし、当時の最新の蒸気機関は、ボルタの電池が消費する亜鉛の1/5の量の石炭で同じ仕事をすることが判明した。亜鉛は、石炭よりはるかに高額なので、蒸気機関に代わる動力源として電池を使うジュールの計画は頓挫してしまった。

一方で、ジュールは、電流と熱との相関関係に着目するようになる。1841年にボルタの電池から発生する直流電流を用いて、導体に発生する熱量は電流の二乗と電気抵抗との積に比例することを発見した（ジュールの法則）。さらに交流電流においても、発電機を含む回路全体が発熱し、その熱量は、ジュールの法則に従うことを確認した。この場合、まず運動が電流に転換し、さらに電流が熱に転換される。

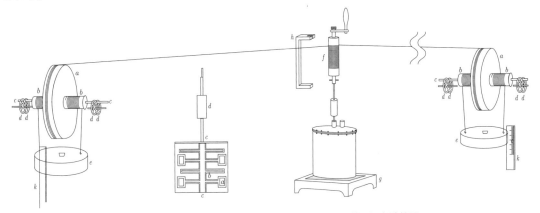

図16.8　ジュールが熱の仕事当量を測定するために使った実験装置

さらにジュールは、電流を介せずに直接仕事を熱に転換する実験を行った。断熱された水槽の中においた羽根車を錘の降下によって回転させ、その際の羽根車と液体との摩擦によって発生する微少な温度上昇を正確に測定したのである。1849年に発表した論文でジュールは、水1ポンドを華氏1度上昇するのに必要な仕事は、772フィート・ポンドの仕事と同じであると確定した。このようにして、熱の仕事当量（Mechanical Equivalent of Heat）をジュールは実験によって測定したのである。これは英国熱量単位（British Thermal Unit）とよばれた。この定数の値は、50年後にアメリカの科学者ローランド（1848–1901）によって778フィート・ポンドに改められるまで用いられた。

16.4 電磁気の発見

ニュートンは、近接作用による力の伝播を否定したが、さりとて万有引力の発生メカニズムを明らかにせず、どのようにして力が伝わるかについては不明なままであった。こうした状況の中で、エルステッドが発見した電流の磁気作用および電気と磁気との相関関係は、その作用が直線的でないこと

からその伝達・発生メカニズムを遠隔作用論では説明できなかった。

　この困難に対し、ファラデーによって偉大な一歩が踏み出された。鉄粉を載せた紙の下に置いた磁石が曲線の模様を描くことを『電気の実験的研究』で示した。このとき「磁力線 (the lines of magnetic forces)」という用語が初めて用いられたが、この「力線」は場の理論における中心的な概念となる。さらに、ファラデーに届いたウィリアム・トムソン（後のケルビン卿。1824−1907）からの一通の手紙が電磁気現象と光との関係についての理論のきっかけになる。その手紙は、誘電体に偏光を通したときに何らかの電気の作用があるのではないかという内容であった。それを受けてファラデーは鉛ガラスのある側面にNとSの磁極を両方置いて偏光を通す実験を行い、結果、偏光面は回転したのである。ファラデーは、光が磁界によって影響を受けることを初めて明らかにした (1845年)。こうして、電磁気現象に光が含まれることが判明した。

　さらに、ファラデーは巨大な電磁石を用意し、N極とS極の間にガラス棒を吊すと、それは回転し、磁力線と直角になった。そしてさまざまな多くの物質が磁力線に対し、直角になることを見いだした。ただし、鉄・コバルト・ニッケルだけは磁力線に対し平行になった。これまで磁力とは無関係だと思われていたすべての物体は磁力と関係があることがわかった。さらにこの実験を通じてファラデーは「磁場 (magnetic field)」という用語を初めて使った。

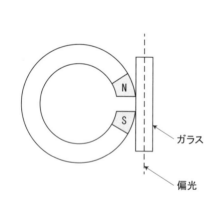
図16.9　ファラデーの磁気光学実験の磁石と重いレンズの配置

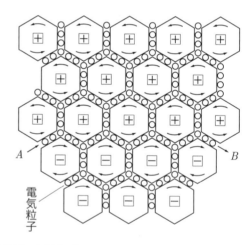
図16.10　六角形のセルとそれらが摩擦しないように囲む電気粒子を使ったマクスウェルによる電磁場の説明

　マクスウェル（1831−1979）は、ファラデーの実験の研究成果に数学的表現を加えた。彼は、電気と磁気との相互関係を機械的モデルの類推（アナロジー）を使って検討し、1854年に論文「ファラデーの力線について」を発表し、ファラデーの電気と磁気に関する力線を、質量がなく摩擦もない非圧縮の定常流を使って説明した。1861−1862年に4回に分けて「物理的力線について」を発表し、回転する6角形のセルとそれを取り囲み転がり軸受のような役割をする電気粒子を使った。電気と磁気とに関わる現象はすべて説明でき、さらに電気と磁気が横波であり、光も同様に横波であることを示した。これは今日電磁波とよばれている。1864年の論文では力学的モデルから脱却し、ベクトル数学を使っ

て一般化された。これらの式はのちに「マクスウェル方程式」といわれる4つの式にまとめられた。

マクスウェルは電磁波の存在を予言したが、その証拠はなかった。ドイツのヘルツ（1857－1894）が、1880年代後半の実験によって電磁波を発見した。これはのちにイタリアの技術者マルコーニ（1874－1937）によって無線通信として利用されることになる。

16.5 技術と科学の結節点 ― 熱の効率的利用と熱力学の成立

(1) コーンウォール機関

19世紀になって、蒸気機関は新しい展開を迎えることになる。イギリスでは、ワットは他者に改良型蒸気機関製造を許さなかったが、1800年に彼の特許の権利が満了すると、誰でもワットの改良型蒸気機関を自由に製造し使用することができるようになったからである。

19世紀以降の蒸気機関の展開としては、第一に蒸気船と鉄道といった運輸機械の動力源への適用である。第二に、高圧機関の開発である。高圧機関というのは、大気圧より大きい蒸気圧力を用いて、蒸気機関を駆動するものである。今日、火力発電所では蒸気圧力・温度の高度化は、熱効率の改善のために進んできている。しかしながら、19世紀初頭の高圧機関の開発は、熱力学成立（1850年）前に起こったのであり、正しい自然科学的理解の元に進んだわけではなかった。

もう一つは、既存の鉱山用ワット型揚水機関に高圧蒸気を適用したものであった。これは主として、ブリテン島の西にあるコーンウォール地方で発展し使用されていたため、通称コーンウォール機関（Cornish Engine）とよばれていた。コーンウォール地方では、金属鉱山地帯で石炭は採れない。そのため石炭は南ウェールズから運ばなければならなかったが、その輸送費用は高くついた。ワットとボールトンのエンジンの最初の主な市場がコーンウォールであった理由は、彼らの高性能蒸気機関の費用の元が取れるのは、このような燃料費が高額なところに限られていたからである。ところが、1800年にワットとボールトンがコーンウォールから去った後、適切な管理者を欠いたこともあって1810年頃には、蒸気機関の性能が落ちてきていた。ジョエル・リーンらは蒸気機関の運転条件および性能を集計して『月間報告』として出版し、お互いの優劣を競うよう仕向けたことであった。このような地理的・経済的条件を持つ地域で、より熱効率が高い蒸気機関の開発が積極的に試みられた。

高圧機関開発の先駆者は、トレビシック（1771－1833）である（トレビシックは蒸気機関車の発明者としても知られる(1801年)）。高圧蒸気を発生させるための円筒の外殻に内部に燃焼室と一本の煙突があるボイラー、いわゆるコーニッシュ・ボイラーを発明するとともに、これまで使われていたワットの蒸気機関のボイラーをコーニッシュ・ボイラーに交換して、高圧蒸気で動作することも行った。これが、いわゆるコーンウォール機関の原型となったのである。

コーンウォール機関は分離凝縮器を用いるなどワット機関とメカニズムは同じであったが、コーンウォール機関は高圧蒸気を用いて蒸気を断熱膨張して使うことで熱効率が高まっていた。当初、この機関の熱効率は、他の地域では疑わしく思われていた。

1824年、フランスのカルノー（1796－1832）は『火の動力についての省察』を著した（以後、カルノーと略す）。この書籍の最初にカルノーは火力機関の発明者・改良者として、イギリスのセーバリ

一、ニューコメン、スミートン、ワット、ウルフ、トレビシックの名をあげている。そして次のように述べた。

> 「熱の動力には限りがあるのかどうか。また火力機関を改良する可能性は、いかなる手段によっても超えることができない、事物の本性からくる限界によって限られているのか、それとも限りがないのか。人びとは長い間、火の動力を発生させるのに水蒸気より好ましい作業物質がないかと探求してきたし、今もなお探し求めている。」

以上のことから、カルノーは、コーンウォール機関の熱効率の高さに関心を持ち、熱機関の最大効率の研究に取り組んだことはほとんど疑い得ない。

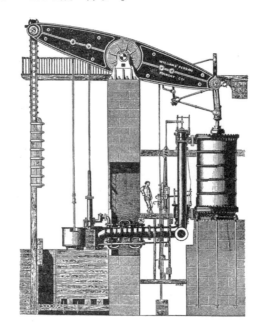

図16.11　コーンウォールのユナイテッド鉱山に設置されたコーンウォール機関（1840年）

（2）カルノーの定理

カルノーは理想的熱機関を検討する上で、父ラザール・カルノー（1753－1823）の水力機関の最大効率に関する研究からヒントを得たという見解がある。その研究とは、水力機関が最大効率を発揮するためには水は衝撃0で流入し、速度0で流れ出さなければならないというものである。息子のカルノーも熱機関の最大効率を研究するに当たって熱の落差、すなわち、高温熱源の温度と低温熱源の温度およびその温度差に着目した。当時、熱の本性は「熱素」なる重さの無い流体であると考える人たちが多かったこともあり、カルノーも熱素を使ってできる限り熱を無駄にせず、高温熱源から低温熱源へと流す方法を考えた。シリンダーとピストンの中に気体を閉じ込め、高温熱源と低温熱源に交互に接し、気体を膨張あるいは圧縮する。この場合、等温変化なのでボイルの法則に従う。ただし熱い気体を突然低温熱源に接触させる、あるいはその逆をした場合、熱の温度差ができ動力を損失する。実際、すべての蒸気機関で低温物質に接触したことで動力の損失が起きている。これを避けるために

カルノーは、高温熱源と低温熱源をシリンダーから外して気体の持つ力で膨張あるいは圧縮させ、温度を十分に低温にあるいは高温にすることにした。これは今日、断熱膨張・断熱圧縮とよばれているが、カルノーの理想的熱機関の肝はこれにあった。この方法はワットが考案し、コーンウォール機関で採用されていた膨張原理から着想されたものであることはほとんど疑い得ない。

そして、いわゆるカルノーの定理、すわなち「熱の動力は、それを取り出すために使われる作業物質にはよらない。その量は、熱素が最終的に移行しあう二つの温度だけで決まる」が発見された。この条件で動作する機関のサイクルをカルノー・サイクルとよぶ。

（3）ジュールとウィリアム・トムソン、熱力学の誕生

カルノーの研究を受けて 1834 年にクラペイロン（1799－1864）がカルノー・サイクルの pv 線図を描いたが、それを除いては科学者にはほとんど注目されなかった。技術者にも知られなかったし、たとえ知られたとしてもそれが実際の蒸気機関の設計や運転に関係があるとは思われなかったろう。このカルノーの仕事を評価したのは、ウィリアム・トムソンであった。1847 年にトムソンは、クラペイロンの論文から温度目盛をカルノー機関から定義することを思いついた。一方で同年、オックスフォードの科学技術振興協会でジュールの発表を聞き、カルノーとジュールの対立に悩むことになる。運動が熱に変換するというジュールの実験研究は、熱素の保存を前提としたカルノーの定理と相容れないように思えたからである。

この困難を 1850 年にクラウジウスは克服した。熱素の保存を捨てれば両者は同時に成り立つことを示し、熱力学を確立した。これは二つの法則にまとめられる。以下はクラウジウスの表現である。

- **熱力学第 1 法則**
「熱の作用によって仕事が生み出されるすべての場合に、その仕事に比例した量の熱が消費され、逆に同量の熱の仕事においては同量の熱が生成される。」
- **熱力学第 2 法則**
「熱はつねに温度差を無くする傾向を示し、したがって高温物体から低温物体へと移動する。」

以上のように 19 世紀の電気・磁気の研究は電磁波を予言し、無線通信技術につながっていく。イギリスにおける蒸気機関の改良は、理想的熱機関の研究の契機になり、熱力学を発見するに至る。熱力学の成果はまずスコットランドにて舶用蒸気機関の改良に活かされた。

第 17 章 近代生物学の展開と進化論
─ 生物の体制・機能の共通性と歴史性

　既知の生物種だけで 190 万種、未知の推定種を含めると一千万種を超えるという。本章では、生物がどのように発生・成長し、自らの生命体を変異させ、その世界を多様に拡げてきたのか、その謎がどう解明されてきたのかを語る。

　さて、生物分類は古来より行われてきた。なかでも医学のなかで発達してきた比較解剖学は、生物体を構成する器官の相同・相似を分析する比較形態学を発達させて、生物分類に貢献した。また、大航海時代ともいわれる地理的発見の時代以降、分類学は鉱物・地質も含めて自然界総体を対象とするようになった。確かに生物分類の起源は博物学にあるが、人間の生活に有意であるかで分ける人為分類に対して、自然の節理に即して分ける自然分類、その系統性が追求されるようになり、進化論を究明する手立てとなった。

17.1 分類学による自然界の体系的整理

　スウェーデンの博物学者リンネ（1707−1778）は、ルター派教会の牧師の長男として生まれ、自然は神の意思によって秩序正しく造られたものと考えた。1735 年出版された『自然の体系』には鉱物、植物、動物の綱・目・属・種の分類が記載されている。植物については、顕花植物の 23 綱（class）と隠花植物（シダ類、コケ類、藻類、菌類）との 24 綱に分類した。その分類は植物の本質を結実機能にあるとみて、果実を結ぶ花、すなわち植物の性に注目し、雄しべの数などによって分類した。動物については四足動物（哺乳類）、鳥類、両生類、魚類、昆虫、蠕虫（ぜんちゅう）の 6 綱に分け、鉱物界を岩石、鉱物、採掘物の 3 綱に分類した。

　また著作『植物哲学』(1751) や『植物の種』(1753) などで、生物の学名を、属（類縁関係が近い種をまとめたもの）と種（17 世紀のレイ『植物誌』の定義では同じ種から繁殖し永続的にくり返すもの）との二つのラテン語名で表す二名法を提起した。

　フランスの博物学者ビュフォン（1707−1788）は、1739 年パリ王立植物園の管理者となり、研究機能を備えた博物館付公園へと展開させた。代表作『博物誌』は、1749 年から 78 年にかけて 36 巻が刊行され、没後に同僚ラセペードによって 8 巻が追加された。ビュフォンは、『地球論』や『自然の諸相』など生物にとどまらない幅広い著書でも知られる。

　18 世紀のフランス啓蒙主義下において（後述参照）、ビュフォンは自然哲学を宗教と区別し、自然の説明を自然自体に求め、分類の枠組みにこだわるリンネを批判した。また、神は人類の堕落に怒って大洪水を引き起こしたが、神から啓示を受けたノアは「方舟」に家族と雌雄一対の動物たちを乗せて存続させたとする、旧約聖書の天地創造の神話を批判した。すなわち、アイルランドの司教が聖書

の記述から天地創造の起源を4004年前としたのに対して、ビュフォンは太陽に彗星が衝突してできた一つが地球だと考え、大きさの異なる白熱鉄球の冷え具合を実験して地球の年齢を7万4832年と推定した。そのうえで全自然の進化過程、いいかえれば地球の形成や動植物の種の生成は、過去も現在も同じような作用で形成されるという斉一説を主張した。

図17.1 ハルトゼーガーの「微小人間」

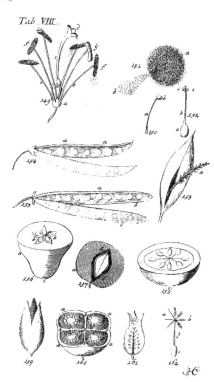

図17.2 リンネ『植物哲学』より、果実の図

17.2 発生をめぐって —前成説と後成説

生命は地球上にいかに発生してきたのか。こうした問いに親もなしに生物が現れる自然発生説も説かれたが、1765年のスパランツァーニ（1729-1799）の密封加熱殺菌実験や1861年のパスツール（1822-1895）の「白鳥の首フラスコ実験」は、自然発生はありえないことを確証した。

とはいえ18世紀頃までは、生物の成体の原型はもともとでき上がっているとの前成説がキリスト教の創造説と相まって優勢であった。マルピーギ（1628-1694）は顕微鏡でニワトリの卵のなかに胚発生を観察しているものの、小さなニワトリの原型を観察し、前成説を主張した。しかし、1759年にヴォルフ（1733-1794）が『発生論』を著し、植物の葉や花は未分化な状態から形成されること、また1768年の『腸の形成について』において、腸の管状構造は胚の葉状の構造から形成されることを書き記すなど、未分化な状態からさまざまな器官が形成される様子をつぶさに観察し、発生プロセスに発展を認める後成説を主張した。

その後、後成説は次のような系統発生の考え方へと展開した。ドイツ自然哲学者の博物学者オーケ

ン（1779–1851）は《動物は発生過程において自然史における動物界の全段階を経る》という、動物界を一つの有機体とみる並行法則を説いた。この並行法則は、もともと比較解剖学者キールマイヤー（1765–1844）の栄養、運動、感覚の生理学的段階を経るとの説に由来するが、1820年代に比較発生学的研究を行ったメッケルとセールによって、《高等動物はその発生過程で下等動物の主要な諸相を反映する》という反復説へと展開した。

17.3 フランス啓蒙哲学と進歩思想

パリ生まれの哲学者ヴォルテール（本名アルエ：1694–1778）は、貴族とのいざこざを逃れイギリスに渡った。そのイギリスでの見聞を書き記したものが『哲学書簡』（1734年）である。本書は、ニュートンの力学や光学研究をはじめ、「知は力なり」を語り技術的発明の有用性を説いたベーコンのこと、シェークスピアの劇作、宗教・議会政治など、イギリスの先進性を綴って、愚蒙なさまを脱しえない旧態依然のフランスに大きな影響を与えた。

哲学者ディドロ（1713–1784）は、科学者ダランベール（1717–1783）と共同して多数の執筆者を統合し、その総合力で『Encyclopedie（百科全書）』28巻（1751–1772年）を編纂した。このタイトルの語源は「諸科学の連環」を意味し、その序論には「「学問・技術・工芸の合理的［体系的］辞典」として、各学問および各技術—自由芸術であれ、機械技術であれ—について、それの土台たる一般的諸原理、およびそれの本体と実質をなすもっとも本質的な細目を含んでいなければならない。「百科全書」であり「合理的辞典」である」と、二つの目的が記されている。

『百科全書』は、その前代未聞ともいうべき規模ゆえに、発行停止問題や執筆陣の連携問題など編纂作業は容易なものではなかった。その刊行の意義は大きく、権威ではなく真理探究の科学的合理性を追求することで、絶対王政と教会の旧体制下の社会的矛盾を打開しようとしたところにある。イギリスの経験主義やフランス啓蒙主義は、自然界の理解の問題を信仰上の神学上の問題と区別し、科学的理解は人間と社会の進歩に貢献するものだとの認識を一般化させた。分類学や形態学などで培われた進化思想が受け入れられるようになったのには、こうした社会思想が普及したことにある。

17.4 産業革命と地質学・古生物学の発展 ―激変説・斉一説

この点で地質学の新たな展開も無視できない。産業革命の中心は機械制大工場の出現にあるが、物資を輸送するための運河や道路・鉄道の土木・建設工事、また石炭や鉄鉱石などの地下資源採掘の鉱山開発も欠かせない。それらは露頭する地質をはじめ、地下の鉱物資源層の位置や埋蔵量の予測を要請し、科学的研究を促した。

確かに地質学の研究は、岩石や地層の質・成因の究明も重要な課題であるが、その変成プロセスを歴史的に分析することも欠かせない。今日の放射性同位元素崩壊の半減期を用いる方法がない時代、デンマークのステノ（1638–1686）は「地層累重の法則」（1669年）を用いた。彼は各地の地層から出土する舌石が、サメの頭部の解剖的知見からサメの歯であると見抜き、つまり舌石を含む地層は堆積作用によることに気づき、地層の前後関係はその積み重ねからわかるとした。

しかしながら、地点の離れた地層の新旧を識別するのは難しい。確かに化石のことは古代ギリシア・アリストテレスや 16 世紀の鉱山技師アグリコラらも記しているが、これを地層との関係でどう見るかが重要である。なかには化石が生物遺骸であることがわかってくると、その知見を聖書の記述と整合させようと例の旧約聖書に記された「大洪水」による遺物なのだとした。その一例が、スイスのショイヒツアーの植物化石をまとめた『洪水植物誌』（1709 年）なる本である。

やがて古生物学研究が自然史博物館を中心に活発に行われ、化石と地質との対応関係が系統的に整理されるようになった。イギリスの土木技師スミス（1769－1839）は、鉱脈調査や石炭輸送用の運河建設、農地改良などの土木測量をしながら、イングランド、ウェールズなどの地層分布を付した地質図を作成した。スミスはこれらの成果を踏まえ、化石が岩石や地層の新旧を計る「示準化石」であるとし、層位学における「地層同定の法則」として整理した（1815 年）。

また、イギリスの地質学者ハットン（1726－1797）は『地球の理論』（1788 年、95 年改訂）を著し、過去は現在を観察することで知りうるという斉一説を説いた。さらに彼は、陸上の岩石は風化・侵食を受け、それらの土砂は海底に堆積し、後に地下の熱によって再び岩石となり、地下の圧力によって隆起し、再び風化・侵食を受ける（火成説）、つまり「始まりの痕跡も終わりの兆しも見つけることができない」という、動的な定常地球観を記した。

これとは反対の立場に立ったのがフランスの博物学者キュヴィエ（1769－1832）である。彼は国立自然誌博物館やコレージュ・ド・フランスなどの教授を務めた。1796 年、発掘されたゾウの骨格を現生のゾウと比較し、現生種とは異なるゾウであると判じて「マンモス」と命名し、『現存および化石のゾウ種についての覚書』を 1800 年刊行した。さらに比較解剖学の研究を進め、1817 年『動物界』を著し、動物の形態を脊椎、軟体、関節、放射のそれぞれ独立した体制をもつ四つのタイプに分けた。そしてキュヴィエはパリ盆地のそれぞれの地層から発掘される化石から絶滅古代動物を復元する一方、地層の不連続性の見地から「地表変化という激変ごとに生物は絶滅し、その後再び創造される」（『地表革命論』1826 年）とする激変説を唱え、種の不変性の見地から進化論に反対した。

17.5 ラマルクの『動物哲学』

ラマルク（1744－1829）は、王立植物園の標品管理師となり、また自然誌博物館の無脊椎動物担当の教授となり生物界全体へと関心を拡げた。1778 年の『フランス植物誌』は、藻類・菌類から顕花植物まで植物界を分類し体系づけたものである。また 1802 年の地質を対象とした著書『水理地質学』で、従来の博物学における自然の産物の動物・植物・鉱物の 3 区分を踏まえて、学としての「生物学」を提唱した。ラマルクは博物的な動植物の目録的なものではなく、地球を取りまく大気を対象とした気象学も含め、生物界の成り立ちを説明しようとした。『無脊椎動物の体系』（1801 年）はその第一歩といえる著作で、『動物哲学』（1809 年）はその意図をより一般的に展開したものだった。

ラマルクは、キリンの首が長いのは丈の高い木の葉を食べようとするからだとか、ヘビの体が細長いのは狭いところを通り抜けて草むらに隠れるといったような目的論的な理由付けを行った。これは器官の使用の頻度に基底される用不用説、獲得形質遺伝（世代継承）説にかかるものである。上述の

ラマルクの見解は実証性に欠ける面もある。だが、その根底には生物は「前進的」に「発達」するのだという、共和制支持者ラマルクらしい、フランス革命の理念「進歩」の啓蒙思想が見てとれる。

さて、ラマルクは当初は物質と生命とを対立させる二元論的な考え方に立っていたが、こうした考え方から脱却し、自然界に内在する「自然的秩序」は化学親和力や熱・電気などの物理的な力、力学的なもの、生物固有の生命力などの作用を受けて形成されるとした。

① 地球上のすべての有機体は、長い時間をかけて無機物から形成された自然の産物である。
② 自然が直接に形成するのは、自然発生といわれる最初の粗描形の単純な有機体である。
③ 生命が適当な場所と環境のなかで誕生し有機的運動が始まると、内在する能力によって器官と諸部位を多様に発達させる。
④ 有機体には発育能力が備わっていて、繁殖と生殖を機に異なった方式を生み出し、生物体はその体制の構成および諸部位の形態と多様性を進歩させてきた。
⑤ 生物自身の諸器官はそれ自体を変化させうる作用力と習性によって、環境と地球表面の様態変化に適応させた。
⑥ 生物はこのような過程を経て、種と命名されるものを形成し、種の様態は相対的に恒常性を保持するが、自然と同じ古さをもちえず、複雑で高度な今日の様態に進化した。

ラマルクの『動物哲学』はダーウィンの『種の起源』に先立つ50年前に出版されたが、あまり評価されなかった。当時の進化論者のなかには、魚形のヒトが陸に上がったものだとか、トビウオから鳥が生まれたといった、稚拙なことを語る者もいた。これらはラマルクとは関係ないが、進化論の価値をおとしめた。

17.6 ダーウィンのビーグル号航海と『種の起源』

チャールズ・ダーウィン（1809-1882）は少年時代から多方面に興味を持ち、収集好きであった。1825年エジンバラ大学に入ったが医学になじめず中退し、父に勧められて1827年ケンブリッジ大学で神学を学ぶかたわら博物学にいそしんだ。

卒業後のダーウィンの人生を決定づけたのは、イギリス海軍の帆船ビーグル号の5年に及ぶ世界各地の調査と測量の航海であった。きっかけは植物学教授の師ヘンズロー（1796-1861）からの手紙だった。この航海の旅立ちにあたって、ヘンズローは斉一説で貫かれたライエルの『地質学原理』（1830-1833年刊）の第一巻をダーウィンに手渡した。

ビーグル号は、イングランド南西部の港町プリマスを1831年12月27日出航した。途中、アフリカ大陸の沖合数百km西に位置するカーボヴェルデに寄港し、ダーウィンは海産動物や火山などを観察した。その後ビーグル号は南米東岸のリオデジャネイロやフォークランド諸島、南米大陸の南端フエゴ島などに立ち寄り、海岸を調査測量した。その間、ダーウィンは内陸へ調査に出かけ、アルゼンチンのラプラタ周辺やパタゴニア地域などで化石獣などを発見する一方、フエゴ島での文明と隔絶された原住民との出会いについて航海記に書き残している。

第 17 章　近代生物学の展開と進化論　139

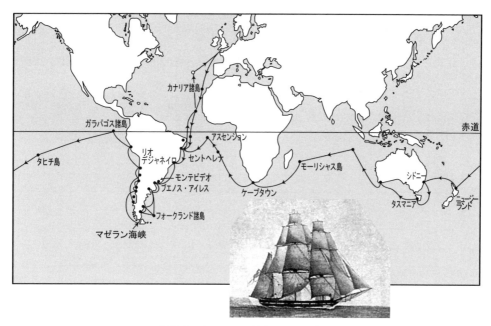

図 17.3　ダーウィンの航海図とビーグル号

　ビーグル号は 1834 年 7 月には南米西岸にまわり、ダーウィンはアンデス山麓を踏査した。1835 年 9 月に囚人流刑地であったガラパゴス諸島のチャタム島（サン・クリストバル島）に到着した。当初ゾウガメは海賊が食料用に持ち込んだものと思われたが、ガラパゴス総督から変種がいることを気づかされた。さらに、陸棲・水棲のトカゲ、ヒワ類の小鳥など、博物学的な面から興味を持った。その年の暮れにニュージーランド、年明けオーストラリア・シドニーに寄港、その後インド洋を横切り、喜望峰をまわって、1836 年 10 月 2 日にイングランド南西端のコーンウォール・ファルマスに帰還した。

　帰国の翌年から研究ノートを書きはじめ、1839 年には『ビーグル号航海記』を刊行した。そして 1842 年ロンドン郊外のダウンに居を転じた。サンゴ礁や火山島、南米の地質に関する研究（1842－1844 年）、また蔓脚類（つるあしるい：殻から蔓状の脚を出す節足動物）の研究（1846－1854 年）を行った。後者は分類学的なものであったが、その形態が習性や環境にいかに適合しているか、変異や発生の部面から考察したものでもあった。なお、先に触れたガラパゴスの小鳥ヒワ類がくちばしの形が異なる近縁種であると認定したのは、標本の整理をした鳥類学者ジョン・グールドだった。

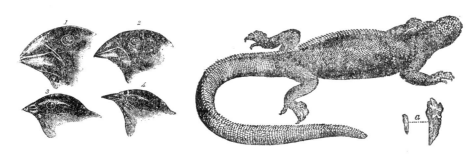

図 17.4　ガラパゴスの鳥類（ヒワ類）（左）、トカゲ（右）

さて、ダーウィンは種の起源の問題に取りかかっていなかったのではない。すでに1842〜44年に覚書を書いていた。ラマルクの「一つの系統がより高次な形態へと前進する」という考えを捨て、生命を一つの進化樹から分岐する系統だと見なした。そして1854年頃から資料の整理や観察・実験を進め、執筆作業に入った。

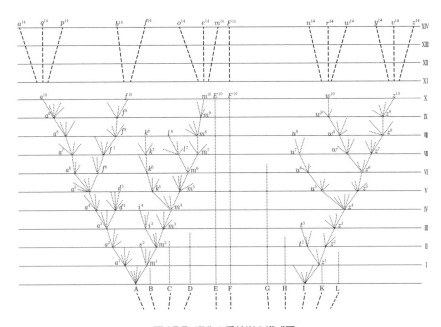

図17.5　進化の系統樹の模式図

　上記の『種の起源』には進化の系統樹の模式図が示され、解説されている。A〜L はより多数の変種を生ずる生物の属のいくつかの諸種を示し、それらの間隔の不等は種同士の類似の程度の差を表している。縦軸の I 〜 XIV の横線は世代間隔のことで一間隔が一千世代（場合によっては百万世代、一億世代とみなしてもよい）を表している。a〜z は発生する変種を示し、扇状の小枝の破線はその変種が新たに変種を生み出し世代を継承するものと、途中で消滅する変種を示している。A、I 以外の種は変種を生じないもので、世代継承するものと途中で消滅するものとを表している。a^{14}〜z^{14} は、一万四千世代後に生成された A〜L にとってかわった種を表している（詳しくは岩波文庫『種の起源』p.156−168を参照のこと）。

　ところが、1858年知己の博物学者ウォレス（1823−1913）から手紙が付された論文が送られてきた。タイトルは『変種がもとのタイプから無限に遠ざかる傾向について』であった。ダーウィンは自分のアイデアによく似ている論文に驚き、友人の地質学者ライエルに、ウォレスの論文を学術雑誌に載せてやるべきだと書き送った。これに対してダーウィンの研究を理解していたライエルたちは、自然史関連のリンネ学会の例会にダーウィンの未公表の覚書や最近の手紙、およびウォレスの論文をあわせて示した。これは同時発見ともいうべきものであったが、この事情をウォレスに知らせたところ、了解しダーウィンのプライオリティを認めた。というのもウォレスの論文は具体的な検証が弱かった。

　こうして1859年、ダーウィンの『自然選択の方途による種の起源』が世に出された。おもな内容は、(1) 人為選択による品種改良、(2) 環境や種間、同じ種における変種や個体同士の競争という自然選択、(3) 変異は自然界より飼育栽培の方が多く起こること、(4) 習性や環境の作用に基づく変化の遺

伝的継承、(5) 変化が進むと独立の種となり、もとの種ないしは他の変種と明らかな差を生じること、(6) 変異が集積して環境に一層適応していくこと、などである。

　ダーウィンはこれまでの分類学や遺伝学などのさまざまな学説上の指摘や育種家たちの飼育栽培変種の知見、自ら行った観察・実験を踏まえ、生物進化、ことにその変異の法則－用不用の作用や気候順化、成長の相関における変異の出現の仕方、近縁種を含む異なった種間ないしは世代間における相似[*]の変異などについて、広範かつ深い考察を示した。しかも取り上げられた生物種は多彩であった。

17.7 『人間の由来』の執筆と進化論の受容

　すでに 1856 年にはネアンデルタール峡谷で原始的人類と思われる頭骨化石が発見されていたが、ダーウィンの進化論は宗教界から激しい反論を浴びせかけられた。これに対してハックスリー（1825－1895）は 1863 年『自然界における人間の位置』を著し、人間のサルとの近縁性を説き、ダーウィン説を支持した。また、ドイツの生物学者ヘッケル（1834－1919）は 1866 年『一般形態学』を出版し「個体発生は系統発生を繰り返す」として反復説を定式化し、形態学を進化論から体系づけ、1868 年には『自然創造史』を著して進化論を支持した。そして 1871 年、ダーウィンは満を持して『人間の由来』を刊行した。なお、しばらくしてオランダの人類学者デュボアは、ジャワでピテカントロプス・エレクトス（原人の一種）の化石頭骨を発見するに到る。それはサルとヒトをつなぐ「中間種（ミッシングリンク）」ともいうべきその後に続く発見で、ダーウィンやヘッケルらに触発されたものである。

　自然選択説を主たる内容とするダーウィン進化論は、その後のメンデルの遺伝実験（1866 年）、ド・フリースの突然変異説（1901 年）と結びつき、今日の進化論へと到った。

---

[*] 「相似」の意味合いは生物学上と数学上で異なる。英語では、生物学上の相似は"analogy"、数学上のそれは"similar"として表現される。だが、日本語の翻訳は同一表現で区別して理解する必要がある。すなわち、生物の種間等における相似は、たとえば昆虫の翅と鳥の翼のように、それぞれの器官の由来は異なるが機能的・形態的に同じ役割を果たす形質があること、これに対して数学上の相似は、平面図形や空間図形において大きさは異なるが、辺の比やそれぞれの角が同一であることを指している。

第18章 近代装置工業の登場
― 酸・アルカリ工業の成立と有機合成の始まり

　化学技術は、反応物質や温度・圧力などの反応条件を管理し、目的の化学物質を得る手段である。19世紀の産業革命期には、近代的装置の登場という飛躍的な技術発達を遂げた。本章では、無機化学製品である酸・アルカリ、有機化学製品である合成染料を取り上げ、近代的装置がどのような背景の中で登場し、発展していったのかをみていこう。

18.1　酸・アルカリ工業

　産業革命は繊維工業における機械化を軸に展開されたが、硫酸とソーダという化学製品の装置工業的生産も促した。硫酸の製造方法は硫化鉄鉱の乾留、硫黄と硝石の燃焼という二つの方法に大別される。前者は8世紀のアラビアで発明され、後者は15世紀にはその方法が発見された。しかし、いずれも医師や錬金術師などがわずかに利用する程度であった。また、ソーダは繊維工業の漂白作業やガラス・石鹸の製造用原料であるが、18世紀に入るまでは炭酸ナトリウムないしは炭酸カルシウムを含む草木灰、海草類を用いることで十分に対応できた。

　しかし18世紀に入り、繊維工程の機械化により生産性が向上し、伝統的な漂白工程の弊害や、石鹸・ガラス製造業、製鉄業、建築業などの各種産業の発展とともに天然のソーダ原料の供給不足が顕在化し、硫酸・ソーダの工業的生産が求められるようになった。

(1) 伝統的な漂白工程とその課題

　伝統的な漂白工程は次のような伝統的な手法で行われていた。草木灰などを煮込んだ灰汁に2日程度浸すアルカリ処理と、2日程度さらす天日さらしとを10数回繰り返した後、さらに布を乳酸に浸し踏みつける酸処理と石鹸によるアルカリ洗浄の5日程度の一連の作業を数回繰り返すというものであった（図18.1）。その結果、漂白作業は綿で1.5ヶ月から3ヶ月程度、亜麻で6ヶ月程度の月日を要した。以上の漂白工程は繊維工程の機械化に伴い、①処理期間があまりに長く、②天日さらしに欠かせない用地を不足させ、③酸・アルカリ処理に用いる原材料の不足と供給不安定性をもたらした。

(2) 硫酸の漂白作用とその製造

　漂白工程の近代化において最初に重要な役割を果たしたのは、エジンバラ大学のホーム（1719－1813）であった。スコットランド製造業者理事会は、織物工業の発展に伴い酸処理剤の原料である乳酸の確保問題に直面していた。そこで同理事会はホームに乳酸処理の代替化の研究を依頼した。これを受けて、彼は希硫酸による漂白作用の研究を試み、1750年代半ばにその方法を確立した。

ところでホームが考案した希硫酸による漂白方法の背景には、その原料である硫酸製造における近代的装置の登場が挙げられる。硫酸は17世紀頃には「釣鐘法」とよばれる方法により生産され、金属加工業の原料に用いられた。この方法は、丸底のガラス容器を用いて硫黄と硝石を燃焼し、混合された亜硫酸ガスを細いガラス管の中で冷却し、無水硫酸にするというものであった。ただし、ガラスは酸による劣化がないという利点があったものの、高価でかつ破損しやすいという問題があり、150リットル程度の小規模生産が限界であった。しかし、1746年にバーミンガムの化学コンサルタントであったローバック（1718-1794）が、発明した鉛室法ならびにその後の改良により硫酸の大量生産が実現された（図18.3）。同法は、容器素材としてガラスの代わりに酸に耐性のある鉛を用いたもので、底はガラスに比べ安価で耐久性があったことから大型化が容易であった（図18.4）。化学技術において装置の大型化は製品コストの低下に直接結びつくものであり、鉛室法はイギリスをはじめヨーロッパに広まっていった。その結果、硫酸は乳酸よりも安価で安定的に供給でき、さらに短時間で酸処理ができるという強みからイギリスの漂白業者に広まっていった。

図18.1 石鹸マニュファクチュアの様子

図18.2 天日さらし

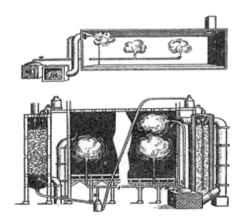

図18.3 硫酸製造の鉛室法

図18.4 1840年頃の鉛室法プラント

(3) 塩素の漂白作用と、さらし粉の製造

　伝統的な漂白工程のアルカリ処理に対する解決法は、1774年にスウェーデンの化学者であるシェーレ（1742−1786）による塩素ガスの発見を契機に進展した。彼は二酸化マンガンを触媒にして、食塩と硫酸を反応させて塩素ガスを抽出した。1784年にベルトレ（1749−1822）により塩素の植物性色素の破壊作用が解明され、漂白作用の原理が明らかになった。

　だが、塩素ガスを利用した漂白作業は作業者に大きな負担をかけ、また強アルカリのため布を痛めるという問題もあった。ベルトレはその解決策として、塩素ガスを水に溶かし、石灰と草木灰の灰汁を混ぜた「ジャベル水」を開発し、1796年頃から販売を開始した。しかし、ジャベル水は、①保存ができない、②輸送中に効果が薄まる、③原料として当時価格が高騰していた草木灰を使わざるを得ない、といった問題を抱えていた。

図18.5　テナントのさらし粉工場

　これらの問題を解決し、塩素系漂白剤の工業的生産を実現したのは、グラスゴーの亜麻漂白業者のテナント（1768−1838）であった。1794年に彼は石灰石などの石灰質のものに塩素を吸収させ、持ち運びが簡便で運搬中に効果の薄まりにくい漂白剤の開発に成功した。1799年には漂白剤の効力の持続性向上を目的に、消石灰に塩素を飽和させた次亜塩素酸カルシウムである「塩化石灰」を開発し、特許権を取得した。1804年頃にはこの製品は「さらし粉」という名称で販売され、硫酸とともに天日さらしの工程を事実上不要にし、漂白に要する処理時間を大幅に短縮させた（図18.5）。

(4) ルブラン法の発見

　パリ・アカデミー会員のデュアメル・デュ・モンソー（1700−1782）は、1736年に食塩とバリラ（海藻灰からとれる炭酸ナトリウム）の基体が同一であること、すなわち両者ともナトリウム（ソーダ）で構成されていることを分析した。これは食塩という豊富な天然資源から漂白原料が生産できることを示すものとして画期的な発見であった。さらに、繊維工業の発達に伴う石鹸需要の増加は、アイルランド産のケルプ（コンブ科の海藻）やバリラなどの価格高騰という形で資源問題を顕在化させ、炭酸ソーダの工業的生産を促した。

第 18 章　近代装置工業の登場　145

(1) 硫酸ソーダ工程（上）

食塩を硫酸と反応させて硫酸ナトリウムを得る。

$$2NaCl + H_2SO_4 \rightarrow Na_2SO_4 + 2HCl$$
（食塩）＋（硫酸）　→　（硫酸ナトリウム）＋（塩酸）

(2) 黒灰工程（中）

硫酸ナトリウムを石灰(炭酸カルシウム)と木灰と混合して坩堝で加熱し、水に溶けない硫化カルシウムと水に溶ける炭酸ソーダで構成される黒灰を得る。

$$Na_2SO_4 + 2C \rightarrow Na_2S + 2CO_2$$
（硫酸ナトリウム）＋（木灰）　→　（硫化ナトリウム）＋（二酸化炭素）

$$Na_2S + CaCO_3 \rightarrow Na_2CO_3 + CaS$$
（硫化ナトリウム）＋（炭酸カルシウム）
→（炭酸ソーダ）＋（硫化カルシウム）

(3) 浸出工程（下）

黒灰を水で浸出し、結晶化をすることで炭酸ソーダを得る。

図18.6　ルブラン法のプロセス

1775 年にフランス科学アカデミーはソーダの工業的生産を実現するため、食塩からのソーダ生産の製法に対して多額の懸賞金をかけた。その結果、マルベレ、ドゥ・ラ・メトリらにより食塩を硫酸で処理しソーダを抽出する製法が提案された。彼らの提案した製法は、ルブラン（1742−1806）による炭酸ソーダ製造法であるルブラン法の確立に大きな役割を果たした。

ルブラン法は三つの工程を通じて行われた（図18.6）。まず食塩を硫酸と反応させて硫酸ナトリウムを得る（硫酸ソーダ工程）。次に硫酸ナトリウムを石灰と木炭と混合して坩堝で加熱し、水に溶けない硫化カルシウムと水に溶ける炭酸ソーダで構成される黒灰を得る（黒灰工程）。最後に黒灰を水で浸出し、結晶化をすることで炭酸ソーダを得る（浸出工程）。

ルブラン法はソーダ工業という近代化学工業の成立をもたらしたが、ルブラン自身の人生には必ずしも恩恵をもたらさなかった。1789 年に彼は自らの製法に関する特許を取得したが、フランス科学アカデミーはルブラン法に対して懸賞金を支払わなかった。また彼は侍医を務めていたオルレアン公からの資金援助の下、サン・ドニに年産 3,200 トンのソーダ工場を建設した。しかし、1793 年にフランス革命政府はオルレアン公を処刑し、翌年にはルブランの工場を接収した。

1802 年になると、ルブラン法の特許公開と引き換えに工場が返還されるが、彼には工場を再開するための資金も資材もなかった。こうした一連の不幸に失望し、彼は 1806 年に自殺した。

ルブランの死後、ルブラン法はフランス、イギリスにて普及した。1818年にテナントが小規模ながらルブラン法による工場を開始し、1823年にはマスプラット（1793-1886）がリバプールに大規模な工場を建設した。さらに、1825年に塩税の撤廃を受けて、ソーダ生産は各地に広まった。

(5) ルブラン法の技術発達

ルブラン法は1820年代から1880年代にかけてソーダ生産の支配的な地位を占めたが、その技術発達は二つの方向で展開された。

第一に、工程の機械化である。初期のルブラン法プロセスの場合、黒灰工程では反射炉内での黒灰への変化を見極めて黒灰をシャベルで移動させる作業、浸出工程では黒灰からのソーダの浸出に最適な状態を見極め黒灰の取出しや投入を行う作業が不可欠で、いずれも熟練工が担っていた。1860年代に入り、黒灰工程では回転炉（図18.7）、浸出工程ではシャンクス式浸出槽（図18.8）が導入され、熟練作業が機械作業に置き換えられた。

図18.7　回転炉

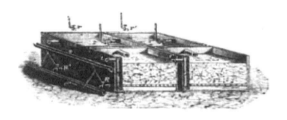

図18.8　シャンクス式浸出槽

図18.9　硫黄回収タンク

第二に、副産物の回収・利用手段の確立である塩酸ガスの吸収については、1836年にゴッセージ（1799-1877）の発明した塩素吸収塔が解決の道筋をもたらした。1860年代には、ウェルドン（1832-1885）は二酸化マンガンにより塩酸を酸化して塩素を取り出す方法を、ディーコン（1822-1876）は塩化第二銅を触媒として塩酸を接触酸化する方法を、それぞれ独立に発明した。その後ウェルドンの方法が広く採用され、工場ではソーダ製造とさらし粉製造が併存するようになった。また黒灰残滓に含まれる硫黄の回収では、1888年にチャンス（1844-1917）が効率的な回収方法を確立した（図18.9）。この方法は、1882年にクラウスが発明したクラウス・キルンとあわせてチャンス-クラウス法とよばれ、65％から80％の硫黄の回収が可能となった。

以上のルブラン法の技術発達はおもに1860年代以降に行われたが、その背景には第一に、ルブラン

法による公害被害への対策、第二に、ソーダの新たな生産プロセスであるソルヴェー法との競争があった。

イギリスでは1820年代後半以降ルブラン法ソーダ工場が各地で建設されたが、同時に副産物である塩酸は悪臭といった地域住民の生活環境への悪影響に加えて、塩素による農業被害をもたらした。そのため農業主を中心に経済的損害の賠償や工場の差し止め・移転を求める訴訟がたびたび起こされた。こうした動きに対していち早く動いたのがマスプラットやゴッセージといった比較的大手の企業家であった。彼らは1830年代後半になると高煙突の導入や塩素吸収塔の開発・導入を行い、農業者との対立を解消しようとした。しかし、こうした公害対策投資は大手では可能であったものの、中小のソーダ企業には負担が大きく自主的に進めることは困難であった。そのため、マスプラットらは政府と調整し、1863年に社会的規制であるアルカリ条例を制定した。同条例は当初はルブラン法企業の意向を強く反映したため、5%濃度以下であれば大気への排出が許容されるなどの限定的な内容であった。しかし、一度規制が導入されると塩素回収設備のコスト効率的な技術の開発が進められ、また回収した副産物を廃棄物としてではなく原料として利用する技術開発をも触発した。先にみたウェルドン法やディーコン法といった公害対策技術はこうした中で登場した技術であった。

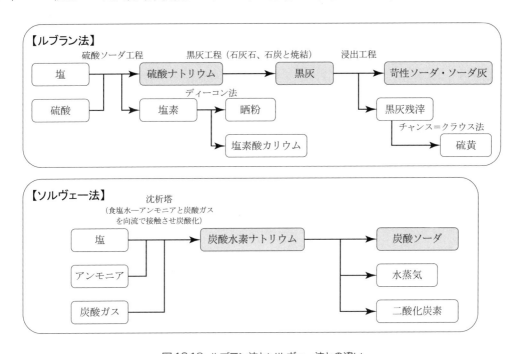

図18.10 ルブラン法とソルヴェー法との違い

次にソルヴェー法との競争についてみていく。1811年にフレネル（1788-1827）はアンモニア・ソーダ生成の原理を発見した。その原理はルブラン法に比べて簡便であったことから多くの化学者や技術者が開発を試みた。しかし、製造に不可欠な材料であるアンモニアの効率的な回収方法と炭酸ソーダの低い回収率の二つの問題を克服できず、工業化には到らなかった。これらの課題を克服し、アンモニア・ソーダ生産の工業化に成功したのはベルギー人のソルヴェー（1838-1922）であった。1861

年に彼は自らが考案した沈析塔とアンモニア回収塔によるプラント実験を行い、1863年にソルヴェー社を設立し、1865年にはクイエにて工場生産を開始した。彼の確立したソルヴェー法は、1870年代にはもっとも優れたソーダ製造法として認識され、ヨーロッパ各地で広まった。

1870年頃にはソルヴェー法のルブラン法に対する競争優位は明らかで、ソーダ灰1トン当たりの生産コストは、前者の約8ポンドに対して、後者は約10ポンドであった。そこでルブラン法ソーダ製造業者は、作業の機械化や副産物の回収・利用や、ソルヴェー法では生成されない塩素を利用しさらし粉を生産することでソーダ製造コストの削減を試みたのである（図18.10）。しかし、こうした技術革新は設備費用を増加させ、ルブラン法の利潤率を圧迫した。他方でソルヴェー法の技術革新を触発し、結果的にルブラン法の存続を一層困難にした。さらに1880年代以降、電気技術の発達を背景に電解ソーダ法という新たなソーダ生産プロセスが登場すると、ルブラン法の優位性は完全に崩れ去り、1920年代を最後にルブラン法ソーダ工場は完全に消滅した。

18.2 合成染料の製造

アルタミラ洞窟壁画の赤色に赤鉄鉱が使用されるなど、古代から染色原料は天然の鉱物または動植物の色素から抽出されてきた。こうした事態を変革したのが19世紀半ばに登場した合成染料であった。合成染料は、有機合成の経験的認識を法則的認識（科学）へと発展させ、その工業化を通じて科学と技術との結びつきを強め、さらに19世紀前半には支配的であった植民地による天然染料の生産体系を駆逐するなど、19世紀後半の科学・技術・社会に多大な影響を及ぼした。しかし、その端緒は人工的な染料の開発という明確な目的から始まったのではなく、製鉄技術の発達に伴う「タール余り」への対処にあった。

（1）「タール余り」の顕在化

合成染料の原料となったタールは、製鉄業で用いるコークスの生産過程で生じる副産物であった。コークス製造法は18世紀半ばには確立され（第19章参照）、製鉄業の発展に大きく寄与したが、コークス製造時に発生する気体（石炭ガス）と液体（タール）は長らくその用途が見つけられず、大気ないし河川に垂れ流されていた。

1792年に蒸気機関の発明で知られるボールトン=ワット商会の機械工であったマードックが石炭を乾留したガスをパイプで導いて、自宅用の照明として利用した（図18.11）。1803年には同商会のソーホー工場にて大規模なガス照明装置が設けられ、工場用照明や街路燈の照明燃料として急速に広まった。その結果、タールの用途開拓はますます不可欠のものとなった。1820年代には、タールの一成分である軽油成分がワニスの原料となるテレピン油の代用品に、重油成分が防腐剤として船舶・屋根・鉄道の枕木に用いられた。さらに1832年にフランスのデュマと弟子のローランがタールから染料原料となるアントラセンを発見すると、化学者の間でタールの組成に関する研究が盛んに行われるようになった。

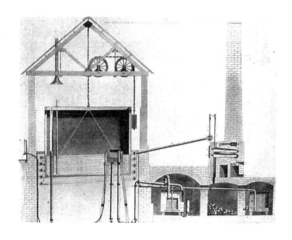
図18.11 ガス照明装置

図18.12 ホフマン

(2) タールの組成研究とアニリン・パープルの発見

　タールの組成研究はロシアのフリッチェやジニンらも進めていたが、合成染料の発見において重要な役割を果たしたのは、ドイツのリービッヒの助手で1845年にイギリスの王立化学学校に招かれたホフマン（1818－1892）であった（図18.12）。

　彼はタールの組成分析を行い、低沸騰成分がベンゼンであることを発見した。ホフマンの助手のマンスフィールドはベンゼンの工業的分離法を開発した。しかし、マンスフィールドは不幸にも実験の事故が原因で1855年に死去したため、その代わりにパーキン（1838－1907）が新たに助手として採用された。1856年に当時18歳だったパーキンは、マラリアの特効薬として注目されていた植物由来のキニーネを化学的に合成する実験を行い、その過程で偶然にもアニリン染料の一種アニリン・パープルを発見した。パーキンはアニリン・パープルを「モーブ」と命名し、ホフマンの反対を押し切って経営に乗り出した（図18.13）。モーブの発見以降、各国の化学者はアニリンを基礎材とした染料の工業的生産の開発が行われるようになった。彼の発見以前にも、ルンゲが1834年にアニリン・ブラックの製造に成功していたが、工場経営者からは時期尚早として実用化されなかった。

図18.13 パーキンの染料工場

パーキンの功績は、それ以前のタールの組成研究および分離・合成技術の成果を結びつけ、合成染料の工業化を実現したことである。タールからアニリンを生産するには、①タールから軽油を熱分解し、②軽油から取り出した粗製ベンゼンを精製し、③精製されたベンゼンをニトロ化し、④ニトロ化したニトロベンゼンを還元し、アニリンにする、という四つのプロセスを経る必要があった。それぞれのプロセスには、マンスフィールドのベンゼン分離装置や、ベシャンの鉄のヤスリ屑や希酢酸による還元法が確立されていた。パーキンはこれら個別の手立てを順序立て、また実験室規模のプロセスを工業的規模へと置き換えたのである。その結果、コークスの乾留プロセスや都市ガスの生成プロセスの副産物として「やっかいもの」であったタールは、合成染料用のベンゼンを抽出する貴重な原料となった。

（3）有機合成化学の進展と計画的な合成染料の開発

タール研究と合成染料の発見は既存の化学理論に基づいたものであったが、これらの研究・開発は新たな化学理論の発展に貢献するものでもあった。19世紀に入ると、ドルトンの「分圧の法則」と原子量の決定（1803年）、ゲイ=リュサックの「気体反応の法則」（1808年）、アヴォガドロによる分子の発見（1811年）などを通じて、自然界は原子・分子と階層構造からなることが徐々に化学者の間で共通の認識となっていった。しかし、当時の原子・分子の量的構成比は「数合わせ」として理解されており、原子・分子間には特定の結合法則があるとは認識されていなかった。先にみたパーキンの実験的研究は、結合法則の理解はなく、やはり偶然の発見だったのである。

こうした偶然と経験則に依存する合成染料の研究・開発に転機となったのが、有機合成ならびに分子構造に関するケクレ（1829-1896）の一連の理論的成果であった。ケクレは1854年から1865年にかけて炭素四価説、ベンゼン構造に関するアイデアを発表し、分子構造に関する理論を打ち立てた。またホフマンの弟子であるグリースはジアゾ反応に関する理論を発表した。さらに1876年にウィットが発色団と助色団に関する理論を発表する頃には、合成染料開発は計画的に行われるようになった。

（4）合成染料の工業化とドイツ化学工業の躍進

初期の合成染料に関する研究・開発はおもにイギリスにおいて展開されたが、それらの成果が工業化や技術革新に結びついた国はドイツであった。

当時のイギリスは、海外の各地の植民地からさまざまな植物を採取し、しかも植物園において植生の研究を行い、豊富な天然素材を確保することができた。

他方のドイツは、工業化に遅れをとったばかりか、工業化の原料の大半をイギリスやフランスから輸入せざるを得ない状況にあった。そこで帝国として統一される1871年以前から、ドイツでは工業化の支援策として関税政策や製法特許への配慮、大学への研究支援や産学連携支援が積極的に行われた。

同時期には合成染料に関する科学的理解は、ケクレ、グリースらの化学理論により一定の段階に達していた。しかし、科学領域の化学研究と技術領域の工業的生産手段の体系化の間には、これを繋ぐ独自の領域としての技術学がある。とりわけ合成染料の量産製造に伴う装置技術のスケールアップ上の課題、ならびに反応原料の供給安定性と価格という経済上の課題の解決に際して、ドイツの国家的支援は時機にかなったものであった。

藍の代替染料であるインジゴの研究は、ケクレの弟子であるバイヤー（1835-1917）が1865年に開始し、1880年にインジゴの化学合成に成功した。まず彼はインジゴの構造研究を行い、イチサン、インドールの構造を解明した。1870年にはイチサンを塩化燐で還元し、インジゴを作り、さらに1878年にはオルト・ニトロフェニル酢酸を還元してイチサンを得る方法を発見し、1880年にはオルト・ニトロ桂皮酸からインジゴの合成に成功した。彼はインジゴ合成法の権利をBASF社とヘキスト社に譲渡した。

当時インジゴはインドの藍が市場の90％以上を独占しており、インジゴの合成法の発見はドイツ化学企業の関心を集めた。BASF社、ヘキスト社などドイツの主要な化学企業はインジゴの工業的生産を巡って研究開発競争を展開した。総額で100万ポンドともいわれる研究費の多くは、高価なトルエンに代替する基礎原料の発見と大規模生産技術の確立に費やされた。1897年、BASF社はタールの成分の一つであるナフタリンから無水フタル酸を経由してインジゴを生産する方法を発見し、工業的生産を開始した（図18.14）。

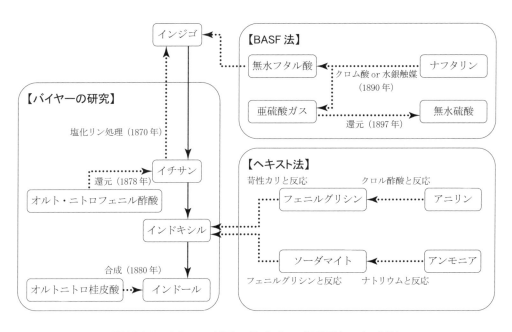

図18.14 バイヤーの実験と工業プロセス（BASF法、ヘキスト法）

また天然染料のアカネの代替染料であるアリザリンの場合、1868年にバイヤーの弟子であるグレーベとリーベルマンが発見したが、その過程は以下のように行われた。アカネの色素成分であるアリザリンを還元しアントラキノン、アントラセンにし、さらにアントラセンの構造が三つの亀の甲（ベンゼン環）の組み合わせであることを発見する。次に、アントラセンからアリザリンを生成するための結合条件を発見するというものであった。これらの過程を通じて、彼らはアリザリンがアントラセンから生産可能であることを発見した。しかし、彼らの合成法は、アントラセンからアントラキノンにする際に苛性カリという高価な材料を用いるという経済上の課題があった。BASF社のカロとの協力に

よりこの課題を克服し、同社はアリザリンの工業的生産を開始した。

　以上の合成染料の工業化は、南フランスの茜栽培やインドの藍栽培を駆逐した。また合成染料の工業化に成功したBASF社、バイエル社、ヘキスト社、カロ社といったドイツの化学企業は世界の合成染料市場を独占した。さらに合成染料の開発過程で培った化学的知見や人材、資金を合成染料とは異なる製品領域である医薬品、肥料、火薬の研究・開発に費やし、20世紀のドイツ化学工業の技術競争力を構築していった。

第19章 イギリス製鉄業の展開

　高炉は、ヨーロッパにおいてはドイツ・ライン川流域で最初に使用された（中国では、BC512年に鋳鉄を製造した記録がある）。イギリスに高炉技術が伝わったのは、1494年のことである。この年、ベルギー系のワロン人によってロンドンの南東に位置するサセックス地方に高炉が建設された。イギリスでは、このサセックスとケントで高炉がまず普及した。こうして銑鉄が造られ、鋳造されたものには大砲や砲弾もあった。エリザベス1世（1533－1603）は1588年にはスペインの無敵艦隊を破り、さらに翌年にハンザ同盟のロンドン商館を廃止したが、イギリスが鋳鉄砲によって軍事力を充実することができたのが、その要因の一つであった。本章では、イギリス製鉄業の展開を通じて、鋳鉄、錬鉄、鋼にいたる鉄の大量生産技術の変遷を述べる。

19.1　コークスによる高炉操業

　長い間、鉄は、木炭と鉄鉱石を封入した炉で製造されていた。すなわち、木炭の燃焼で発生した一酸化炭素で鉄鉱石中の酸化鉄を還元するのである。この製法の場合、鉄は完全に溶けた状態にはならない。海綿鉄とよばれる固形の鉄が製造される。これを鍛造し浸炭することで望みの鉄に整えたのである。このように固体のままの鉄を製造する方法を直接製鉄法とよぶ。それに対して、高炉によって溶融した銑鉄（または鋳鉄という）を製造し、それを精錬して鍛鉄（または錬鉄ともいう）を造る方法を間接製鉄法とよぶ。

　炭素を2.0%－6.7%の範囲で含有するものが上述の銑鉄で、高炉から出銑した銑鉄は、たいてい炭素を3%以上含有している。銑鉄は硬いが脆く切削などの加工が困難であり、鋳造が基本的な加工法で、鍛造はできない。融点はおおよそ1200℃である。この銑鉄を精錬炉で炭素その他の不純物を除去したものが鍛鉄であり、文字どおり鍛造できる。鍛鉄は通常、棒鉄として市場に流通していた。鍛造できる鉄のなかでも硬くかつ靱性（じんせい）に富んだものは鋼とよばれ、珍重されていた。この違いは炭素の含有量に依存し、炭素の含有量が少ないものを鍛鉄、多いものが鋼である。今日では鍛鉄も鋼も同じものと解されていて、炭素の含有量は0.02%－2.0%である。鋼の融点は1400℃程度、炭素含有量が減ると融点はさらに高くなり、純鉄では1535℃となる。

　間接製鉄法は、直接製鉄法よりも歩留まりが良いうえに生産量が大きく、今日の製鉄法の主流となっている。

　高炉による間接製鉄法は、やがてイギリスではとくにミッドランズ（Midlands）に普及し、ブリストル周辺のディーンの森、セバーン川流域に製鉄業が集中することになる。

順調に発展するかにみえたイギリスの製鉄業に、大きな障壁が立ちはだかった。それは、木炭の不足とその価格の高騰である。高炉を操業するために森林が切り倒され、多くの木炭が製造された。木炭不足の深刻さは、当時何度も出された木炭製造を規制する法律が出されたことからもみてとれる。しかし、法律は有効に機能しなかった。その結果、16-17世紀にはサセックスにあった高炉数は漸減していった。そして木炭不足を解消するために、アイルランドに製鉄所が建設されたが、アイルランドの森林も一部が無くなるほどで、需要に応えることができなくなった。結果、スウェーデンやロシアからの鉄の輸入に依存するようになった。

イギリスにおける製鉄業の復活は、木炭の代替物を見いだすことであった。その第一候補が石炭であった。しかし、石炭には硫黄が多く含まれており、これが鉄に入ると鉄は脆くなって使い物にならない。これを解決するには、石炭を乾留して、硫黄を含む揮発成分を除けば、鉄への硫黄の混入は緩和できる。だが、揮発成分を失ったコークスは石炭より燃えにくい。それにはより強い送風が必要で、高熱に耐える炉も求められた。また形成されるスラグ(鉄の中の不純物とそれらの分離を促進するための媒溶剤とからなり、製鉄の場合、酸化カルシウムと二酸化ケイ素が主たる成分である)も木炭の場合と異なった。当時は、近代の化学が誕生する前で、科学理論の助けをほとんど得ることができないなか、こういったさまざまな条件を一つひとつ解決するには、多くの困難があったと思われる。

石炭による高炉操業に挑戦した人物としてダッドレー(1600?-1684)が知られている。ダッドレーが石炭を使った高炉操業に成功したかどうかについては、歴史家の間で評価が分かれている。ただ、ダッドレーにしても石炭を製鉄に用いようとすれば、前述したような困難に遭遇したであろう。

コークスを用いた高炉操業で大いに名をあげたのが、ダービー一世(1678-1717)である。ダービー一世は、セバーン川上流のコールブルックデールで半ば放棄されて誰にも使われていなかった高炉を借り、実験を開始した。その詳細は明らかではないが、残されている当時の記録では1709-1710年にコークスを使ったことがわかっている。

ダービー一世は38歳で亡くなったが、跡を継ぐべき息子のダービー二世(1711-1763)は幼かったので、親戚のフォードが工場の経営を引き継いだ。やがてダービー二世も成長し、経営を担当するようになった。

コークスを用いた高炉操業の成功の時期については定かではない。ただ、コールブルックデールでコークスを用いた高炉操業に成功したことは確かである。さらに事業はダービー三世(1750-1789)へと引き継がれ、コールブルックデール製鉄所を世界最大の製鉄所へ成長させた。セバーン川に世界最初の鉄橋、アイアン・ブリッジを建造するのに際し、ダービー三世は鋳鉄製の部材をこの橋のために供給した。

19.2 ハンツマンのるつぼ鋳鋼法

高炉が発明された後、間接製鉄法すなわち銑鉄を製造し、それから鋼を製造する方法が採用されたが、良質な銑鉄を産するドイツ・ジーゲルランドやスウェーデンのような地域だけに間接製鉄法による鋼製造は限定されていた。当時の鋼は高価な材料で、もっぱら刃物やゼンマイなどに使われた。と

くに、ドイツの鋼は優秀だとして高値で取引されていた。イギリスは後にスウェーデンの棒鉄（鍛鉄）を大々的に輸入し、それを浸炭して、鋼を製造するようになった。

　ハンツマン（1704−1776）は、もともと時計職人で時計部品の材料としてドイツの鋼を用いていたが、最優秀だといわれて購入したドイツ鋼に、しばしばスラグなどの不純物が混在していて困っていた。というのも、銑鉄から鍛鉄もしくは鋼への精錬は、精錬炉内にて木炭で銑鉄を加熱しながら行われるが、炭素を失うにつれて、鉄は次第に固まって半溶状態になる。そのため、完成した鋼の内部にはどうしても不純物が混入する。るつぼは、鉄以外のたとえば真鍮を溶かすために使用されていたものであるが、ハンツマンは、高熱を発するコークスを使えば、るつぼでも鋼を溶かして内部の不純物を浮き上がらせて一掃し、均一な鋼ができるのではないかと着想したのである。そして、1735年に鋼を溶かすことに成功した。この方法をるつぼ鋳鋼法とよぶ。

19.3　ヘンリー・コートのパドル法

　ハンツマンによって、鋼を溶かして鋳造することは可能になったが、鋼は依然として高価な鉄であり、橋や建物といった建造物に大量に鉄を用いることはできなかった。銑鉄から鍛鉄の生産は木炭を用いる精錬炉で行われているため、コークスは使えず木炭を大量に消費することになる。森林資源の枯渇と木炭価格の高騰に悩むイギリスは、鍛鉄の製造においても木炭から石炭に移行した。

　これを成し遂げたのが、イギリス海軍相手の代理商を営んでいたコート（1740−1800）であった。当時、イギリス製の棒鉄は品質が悪く、政府が調達する際には外国産の鉄だけを認めていた。コートは、これを国産の棒鉄で置き換えるならば、さらなる巨万の富を得ることができると考えたのであろう。だが、石炭を用いた鍛鉄製造は簡単ではなかった。石炭に含まれる硫黄が鉄に接触するとたちまち鉄は硫黄を吸収して、鉄の品質を損ねる。またコークスにすれば、硫黄成分は少なくなるが、完全には除去できない。この問題を解決するためにコートは、反射炉を用いて石炭と鉄とを直接接触させないようにしたのである。

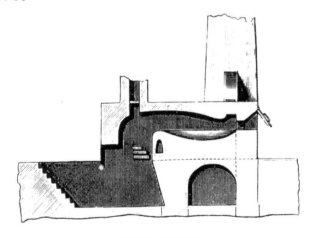

図19.1　パドル炉

ところで、コートが開発したこの方法をパドル法というが、それは次のような精錬工程の作業に由来している。すなわち精錬が進んで銑鉄の炭素含有量が下がってくると、融点が上がり、次第に固体化して反応が進まなくなる。そこで、反応が進むように作業者が鉄の棒でかき混ぜたのである。このかき混ぜをパドリングとよび、この製法をパドル法、製品はパドル鉄ないしは錬鉄（wrought iron）とよばれた。パドル炉は図19.1に示したようなものであった。

コートはさらに精錬後の鉄を高温で圧延した。コートより前から圧延機は存在したが、それはハンマーで鍛造した後に仕上げとして使用されていた。これに対して、パドル法では、ハンマーでの処理は副次的なもので、圧延機での加工がメインであった。また、高温で圧延機にかけることでスラグを容易に除去することができた。しかも、パドル法では、加工後の鉄を切って束ね鉄（fagot）にし、鉄が溶着する温度まで加熱した後に、ハンマーによる鍛造や圧延を行った。この一連の作業を繰り返した鉄は、無数の繊維状の組織をもつようになり、鉄の引張強度を増す。

イギリスの製鉄業は、石炭を使うパドル法によって木炭不足から脱却し、産業革命をさらに推し進める根幹を築くことになった。

19.4 近代溶鋼法の成立
― ベッセマーの転炉法、シーメンズ=マルタン法、トーマスの塩基性炉

19世紀を通じて、建物の建材、橋梁の部材、鉄道用のレール、機関車その他機械類の構造材、蒸気機関のボイラー、船の部材など、技術のありとあらゆる分野にパドル鉄は用いられた。パドル鉄の需要は増し、その生産を拡大させた。こうして製鉄業は大型化の時代を迎えた。

送風機の能力が大きくなって高炉はますます大型化し、さらにニールソン（1792−1865）は、1828年に空気を加熱して高炉に送り込む熱風炉を開発した。これによって燃料の消費量を削減でき、さらに高炉の直径や高さもスケールアップすることができた。

ナスミス（1808−1890）は、1839年に蒸気ハンマーを発明して、鍛造工程に大きな変革をもたらした。この仕組みは蒸気機関で鉄の大きな錘を持ち上げ、重力の作用でその錘を落とすだけの簡単な仕組みであったが、蒸気の量を調整することによりその衝撃力を自在にコントロールできた。

一方、パドル法は大型化できなかった。石炭を反射炉で燃やすことに代わって、ガス化した燃料を燃やすような改良があったが、パドリングとよばれた人間によるかき回しは続いていた。かき混ぜることができる鉄の量は、人間の力に依存しているため大型化は困難であった。そして、1基の高炉に対して多くのパドル炉が必要とされ、明らかにパドル法の生産性の低さは問題となっていた。製鉄業においてパドル炉を用いた精錬工程は技術発達の障害となり、新たな技術発明の契機になったのである。

この生産性の不均衡を破るきっかけとなったのは、ベッセマー（1813−1898）による転炉法の発明である。この方法は、まず転炉内に溶けた銑鉄を入れ、炉の底から空気を吹き込む。それにより銑鉄に含まれる炭素が、吹き込んだ空気の酸素と燃焼反応を起こし、銑鉄は炭素を失って鋼へ、さらに純鉄へと脱炭される。転炉法では銑鉄に含まれる炭素を燃料としているために、燃料は全く必要でない。

反応温度は、パドル法より 300℃も高く、反応速度はその 100 倍にもなるという。

　この大発明は、1856 年にチェルトナムで開催された英国科学振興協会で発表された。ベッセマーの発表は、英国科学振興協会の報告書にはタイトルのみ掲載されているが、タイムズ紙は同年 8 月 14 日にその全文を掲載した。しかし、順調にいくかとみえたベッセマーの発明は、一転して批判にさらされた。というのは、ベッセマーの方法を採用した製鉄会社が、その方法ではうまく鋼を作れなかったのである。その原因は硫黄とリンであった。パドル法ではその除去にほとんど問題にならなかったこの二つの物質が、転炉法では除くことができない。そこで、リンと硫黄の少ないスウェーデンで作られた木炭銑鉄を使用することで、ベッセマー法はようやく実用化の見込みが立った（図 19.2）。

　ベッセマーは、自身の鋼をイギリス海軍に販売しようとしたが、アームストロング（1810－1900）の抵抗にあった。というのも、1859 年 2 月に王立砲兵工廠の技術者に任命されていたアームストロングは、自分の会社で製造したアームストロング砲をイギリス政府に優先的に購入させていた。アームストロングが反対した理由は、アームストロング砲の製造にベッセマーの鋼を使用させないことにあったことは疑い得ない。

図 19.2　ベッセマーの転炉

　一方で、ベッセマーの鋼を採用したのは、フェアベーン（1789－1874）やアダムソン（1820－1890）らのボイラー製造業者たちであった。19 世紀半ばの土木・機械技術において、ボイラー用にはもっとも強度に優れた鉄が採用されており、彼らはつねにボイラーの耐圧性能や安全性に敏感であった。ベッセマーの鋼の優秀さを誰よりも早く認め、これを採用したのだった。19 世紀のこの時代の技術開発は、確かに軍需主導によるものが多かったが、このようなボイラー製造業者らの民需による技術開発があったことも記録されるべきであろう。

鋼の製造法で、ベッセマーの転炉法に少し遅れて登場したのが平炉法である。これは反射炉を用いて銑鉄から鋼を製造するもので、ドイツのヴィルヘルム・ジーメンス、後にイギリスに帰化してシーメンズ（1823-1883）と名乗った技術者によるものである。彼は、弟フリードリヒが開発した蓄熱法を用いて、鋼を溶解しようと試みた。またこの方法のもう一つの鍵となったのは、石炭に代わってガス化した燃料を抽出・使用することであった。

その方法とは、おおむね次のようなものである。図19.3はマルタン（後述）の平炉で、左は正面図、右は側面図である。燃焼ガスと空気とを交互に予熱するために、図の下部に蓄熱室が四つあり、その中に熱交換用のレンガが格子のように積み重ねてある。図の中央上部にある平炉からの排ガスは、蓄熱室を通じて煙突へと抜ける。その際、蓄熱室内のレンガを加熱する。蓄熱室に燃料ガスと空気とをそれぞれ蓄熱室を通して予熱し、溶解室の手前で合流して燃焼させ、鋼製造に必要な1600℃以上の高温になって溶解室内の材料を溶かす。排ガスはもう二つの蓄熱炉を加熱して排気される。燃焼ガスと空気の流れをあるタイミングで変え、蓄熱室を交互に使うのである。

シーメンズは、るつぼのような閉じた炉で鋼を溶かす方法に対し、これを開かれた炉（Open Hearth）とよんだ。日本では平炉とよばれている。平炉法を成功に導いたのは、フランスの製鋼業者マルタン（1824-1915）である。1864年マルタンは、銑鉄とくず鉄（炭素分が少ない鉄）とを混合して溶解することに限定し、銑鉄中の炭素でパドル鉄を浸炭することで、製鋼することに成功した。一方、シーメンズは炭素の多い銑鉄に鉄鉱石（酸化鉄）を混ぜて、銑鉄中の炭素は酸化され、一方で、鉄鉱石は還元されて鋼とする方法を目指した。さらにシーメンズは、平炉が発生する高温であれば間接製鉄ではなく、鉄鉱石を還元して鋼を造る直接製鉄ができると考えたのだが、これはかなわなかった。

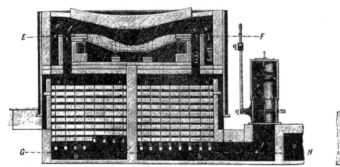

図19.3　1864年のマルタンの平炉

こうしたベッセマーによる転炉法やシーメンズ＝マルタンの平炉法が発明によっても、製鉄業はパドル法から完全に脱することはできなかった。というのも、これらの溶鋼法ではリンを除去できず、ヨーロッパで産出する鉄鉱石の9割を占める高リン鉄鉱石には無力であったからである。パドル法での反応温度は1300℃程度で、その場合にはリンは五酸化リンの形で多くがスラグの方に保持される。しかし、溶鋼法のような1600℃程度の温度では、五酸化リンの多くは還元されてスラグから鋼に入ってしまう。このリンをスラグの中にとどめておくためには、塩基性のスラグを用いればよい。そして塩

基性にするには石灰を入れればよいのだが、この場合、炉の内張に用いるケイ酸質の耐火レンガは腐食してボロボロになり、役に立たなくなる。この問題を解決するには、塩基性の耐火レンガが発明されればよい。

　塩基性の耐火レンガの発明に成功したのが、トーマス（1850−1885）である。トーマスは裁判所の書記として働いていたが、塩基性耐火レンガの開発のために自宅で実験と研究を続けた。トーマスは、ドロマイト $CaCO_3・MgCO_3$ を1500℃以上の高温で焼結させ、それを粉々にして無水タールに混ぜたものを炉の内張に使用した。

　このようにして塩基性の耐火材により、転炉法においても脱リンが可能になった。この塩基性転炉法をトーマス法とよぶ。塩基性の耐火レンガは平炉法にも導入された。

　ところで、平炉法はその後、世界の製鋼法の主流となったが、第二次世界大戦後、転炉法に一大変革が起きた。転炉の底から空気を入れる方法に代わって、純粋な酸素を水冷ランスを通じて転炉の上から吹き込む「純酸素上吹き法」が、デューラー（1890−1978）によって開発された。1952年オーストリアのフェースト社リンツ製鉄所および1953年アルピネ社のドナヴィッツ製鉄所で操業に成功したこの純酸素上吹き法は、それら二つの製鉄所の頭文字を取ってLD転炉とよばれるようになった。LD転炉は、既存の製鋼法より生産性が高く、今日、ほとんどの鋼はLD転炉によって生産されている。

第5部
20世紀の科学・技術

第20章 物質・宇宙・生命の世界を探る20世紀科学

　なぜ20世紀に、原子・分子さらには素粒子の世界の謎を明らかにしえたのか。それだけではない、太陽系はもちろん銀河や星雲などの宇宙の世界の謎も明らかにしえたのか。さらにはまた細胞より小さなDNA、あるいはiPS細胞のような生命の発生の謎が明らかになったのか。端的にいえば、人類の自然界における活動が広く、深くなしえるようになったからに他ならないが、ことに生産活動の拡大に伴う技術の多様な発達が可能ならしめたといえよう。

　自然は階層構造をなしているといわれ、主系列としての素粒子 ─ 原子核 ─ 原子 ─ 分子 ─ マクロ物体 ─ 恒星（太陽・地球）系 ─ 星団 ─ 星雲（銀河）─ 銀河団 ─ 超銀河系、また枝系列としての生体高分子 ─ 細胞内器官 ─ 細胞 ─ 組織 ─ 器官 ─ 個体 ─ 個体群 ─ 種 ─ 生物圏、ないしは岩石／鉱物 ─ 地質 ─ 地球圏（大気圏や海洋圏も含む）などの系列が連綿と階層構造をつくっている。本章ではこれらに関する20世紀的展開を大きく物質、宇宙、生命に分けて、それらの認識の発展について述べる。

20.1 ミクロな世界の発見と科学実験・観測装置の登場

　イギリスの物理学者ケルビン卿（トムソン，1824－1907）は、世紀交代期の1900年に「19世紀物理学の二つの暗雲」として、光を伝える媒質エーテルが宇宙には満ちているが地球は運動しても「エーテル風」を観測できないこと、また熱放射のスペクトルがなぜか不連続になっているということを指摘した。この二つの暗雲は前者は相対論、後者は量子論によって説かれることになるが、両者は新しい物理学理論の二本の支柱ともいうべきもので、ケルビンの指摘はその予言といえるものであった。

　すでに新しい物理学の幕開けは、1895年のレントゲン（1845－1923）によるX線、1896年のベクレル（1852－1908）によるウランの放射能、1897年のトムソン（1856－1940）による電子の実験的諸発見によって始まっていた。これらの諸発見はこれ以上分けられないものと思われていた原子より小さく、しかもそれらの源泉、仕組みは不可思議であった。そうしたことを根拠に、科学者のなかには原子論やエネルギー保存則は成り立たないとか、「物質は消滅した」などと語り、客観的自然の物質不滅則さえ否定する者が現れた。

　しかし、これらの諸発見に続いてラザフォード（1871－1937）によるα線、β線の発見、さらにはキュリー夫妻らによるトリウムやポロニウム、ラジウムなどの放射性元素の発見が相次ぎ、1903年にはラザフォードとF.ソディによって、トリウムが放射能を放出しながら別の放射性元素へと壊変していく様子を化学的に分析し、放射性変換説を説いた。こうして原子がどのような構造になっているの

かが次第に判明し、原子の陽電荷球（プラムプディング）模型や土星型模型などが提起され、1911年にはラザフォードによって正電荷を中心に集めた有核原子模型が提案された。ボーア（1885-1962）は1913年、このラザフォード模型において中心核のまわりに電子がどのように配置されているのかを説明する原子構造論を提起した。またトムソンは、偏向放物線の分析からネオンに同位体があることを発見し、弟子アストンらはこれを質量分析法として発展させた。こうして「消滅した」と思われたその深部にはミクロスコピック（微視的）な物質界がひそんでいたのだった。

図20.1　電子の発見者トムソンと放電管

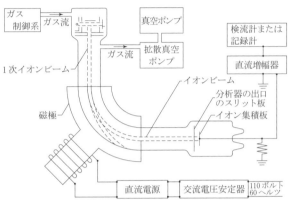

図20.2　質量分析器

　それにしてもこのような物理的諸発見がなぜ可能になったのか。基本的には電球工業や電力産業など、電気の時代の到来に伴い高電力・高真空の技術が、またガラス製造業や製鉄・金属精錬業の近代化は、科学実験用の各種の機器を生み出し、新しい科学誕生の素地をつくった。たとえば、電子の発見では高真空の放電管が、検出には電位計が使用された。また、地下資源を採掘する鉱山業はさまざまな鉱物資源のみならず、各種の放射線源となる物質をあつらえた。ベクレルの金属ウランは電気炉で精製され、放射能測定は水晶圧電気計や写真乾板で、量子仮説の根拠となった熱放射源は電気炉が提供した。ボーアの原子構造論を確証したフランク＝ヘルツの実験には、熱電子放電管と検流計が、また有核原子模型の決め手となったα粒子の散乱実験には蛍光板顕微鏡の光学的手段も使われた。このように電気を媒介とした実験装置・測定手段が用いられた。なお前述の写真乾板技術の誕生も19世紀半ば以降のことである。

20.2　量子力学の建設

　先に触れた「暗雲」の一方の熱放射の問題は、製鉄・製鋼の冶金工業における高温測定に発するものであるが、この問題の解決はドイツの物理学者プランク（1858-1947）によって端緒が切られた。プランクは1900年に熱放射の理論的解析を行い、量子仮説の発見に到る。プランクが古典論の世界で理解しようとしたのに対して、アインシュタイン（1879-1955）は量子仮説を解釈し直し、1905年電磁波に粒子的性質があるとの光量子仮説を提起した。この仮説は1923年のX線の粒子性（コンプト

ン効果）によって裏づけられた。ちなみに、この検証実験には特別にあつらえられたX線管が供された。

こうしてミクロスコピックな世界では、エネルギーはつぶつぶとした非連続的なものになっているという、量子仮説の物理学的意味が示されていった。前述のボーアの原子構造論は、原子から放出される輝線スペクトルの特性や分子の化学結合などを説明するものであるが、それは原子内部の電子の軌道運動に量子仮説を適用したものであった。

1921年ボーアは理論物理学研究所をコペンハーゲンに開設した。世界各地から集まってきた新進気鋭の若い研究者たちは、原子スペクトルの膨大な実験データをもとに原子の世界を記述する理論的解析を行った。そのうちのドイツからやってきたハイゼンベルク（1901-1976）は、観測できない原子内部の電子の軌道を記述するのをやめて、放出されるスペクトルの振動数と強さを説明する計算方法をあみ出した。しかしその方法は複雑であった。これを行列力学として定式化したのがハイゼンベルグの先生ボルン（1882-1970）であった。これとは別にオーストリアのシュレディンガー（1887-1961）はフランスのド・ブロイが唱えた物質波の概念に触発され、波動力学を建設した。

20.3 原子核研究と素粒子論の幕開け

1930年代になるとチャドウィック（1891-1974）が、原子核が陽子の他に中性子からなること、また原子核は陽電荷の陽子と電気的に中性の中性子からなっているが、なぜ安定しているのかを説いた。そして日本の湯川秀樹（1907-1981）は1934年、中間子という粒子を仮定し、原子核には強い相互作用の力が働いているという中間子理論を発表した。1938年には、ウラン原子が核分裂することをドイツのオットー・ハーン（1879-1968）によって発見され、これを受けて翌年核連鎖反応が生起し、核エネルギーが爆発的に解放される可能性が示された。これにより原子核物理学や原子核を化学的に分析する核化学の研究が盛んに行われるようになった。

また、原子核内には負の電荷をもった粒子が存在しないことから、β崩壊の生起メカニズムが問題となり、1934年フェルミ（1901-1954）は中性子が陽子に転ずるときに、電子と未知の粒子ニュートリノ（イタリア語で小さな中性子のこと）が弱い相互作用の力によって発生するのだと考えた。このニュートリノの存在は1956年原子炉から放出されていることで検証された。

20.4 宇宙線観測と高エネルギー加速器の出現

当初は陽子と電子、光子しか確認されていなかったが、1930年代から20世紀半ばにかけて、宇宙線中の陽電子が霧箱によって、またπ中間子とミューオンが高感度の写真乾板によって発見された。宇宙線は科学観測の線源として捨てがたいものとなった。ちなみに、岐阜・飛騨の富山県境にある神岡宇宙素粒子研究施設のカミオカンデは、大統一理論を検証する陽子崩壊を観測しようと、超純水3,000tを入れたタンクの壁に1000本の光電子倍増管を備えたものである。小柴昌俊（1926-）はこの装置で超新星爆発のニュートリノを観測し、この功績で2002年ノーベル賞を受賞した。

これとは対称的な実験観測装置は、1930年前後からイギリスやアメリカで設置されるようになった。

当初は原初的な加速器でしかなかったが、今日の加速器の規模は周囲数kmにおよぶ。それにしてもなぜこのような大規模の加速器をつくるのか。たとえば、π中間子を生み出すためには200MeVを超える運動エネルギーが必要といわれている。これを静電圧で実現しようとすると2億Vが必要となるが、この実現は不可能である。そこで線形加速器ならば、たとえば10万Vの加速管を数千本つなげば可能となる。実際、アメリカのスタンフォードの線形加速器は82,650本（3km）の加速管で電子を22－33GeVの加速を実現した。また粒子ビームを円軌道にする偏向磁石や、収束するための収束磁石が考案され、大型のサイクロトロンもつくられた。

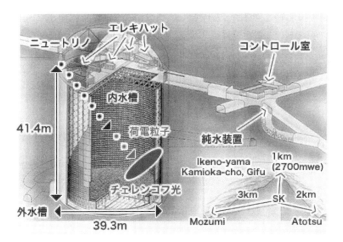

図20.3　カミオカンデの観測装置（左）と光電子倍増管（右）

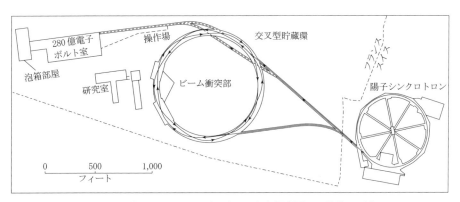

図20.4　CERNの陽子シンクロトロンと直径305mの貯蔵リング

　ところで、粒子を超高エネルギーに加速するシンクロトロンでは、磁場も徐々に強めて同期化する必要がある。日本の高エネルギー加速器研究機構（KEK）のそれは3km、数GeV、欧州原子核研究機構（CERN）のそれは28GeVに始まったが、今日では周囲27kmの3.5TeVの地下トンネル方式の陽子シンクロトロンも建設されている。このような施設になると数千億円の建設費、約2,000人のスタッフが必要となり、国際協力なしには実現できない。なお宇宙創成の謎に迫る電子と陽電子の衝突実験が可能となる国際リニアコライダー計画という巨大プロジェクトも話題となっている。

このような宇宙線観測や加速器実験は、さまざまな素粒子の発見を現実のものとし、素粒子の世界に関する物理学的理解を進めた。先頃の小林・益川の標準理論は、この自然世界は粒子と反粒子とが同じだけあるのではなく、その対称性が破れることで世界はできあがっているというものであるが、2008年その理論の正当性が認められノーベル賞を受賞した。

図20.5　建設中の27.5インチサイクロトンの磁石のわく組（1932年）とE.O.ローレンス、M.S.リヴィングストン

図20.6　フェルミ国立加速器研究所：半径1km

20.5　現代天文学の発展と観測・探査手段の発達

　天文学は古代より展開してきた。しかしながら、近代まではその多くは天体の位置や運動に関するものだった。これに対して20世紀の天文学はその対象領域を広げ、飛躍的に発展した。というのも、20世紀は単に光学望遠鏡ならず、宇宙から到来するさまざまな宇宙線を観測しうる機器が登場したのみならず、ロケットや探査機、人工衛星などの運搬輸送技術とそれと連携する情報通信技術を駆使す

ることで、より近接的ないしは高精度の観測が可能になったからである。

　たとえば「すばる望遠鏡」は、地上とはいってもハワイ・マウネケア山頂4,200mにあり、口径8.2mのレンズは超低熱膨張ガラスを用いた研磨精度0.012μmで、2000年の観測開始まで建設に9年の歳月を要した。同望遠鏡は、複数の焦点に取りつけられた観測装置によって撮像と赤外線分光などの観測が可能である。一方「ハッブル宇宙望遠鏡」は口径2.4mの反射望遠鏡を鏡筒内部におさめたもので、1990年にスペースシャトルで地球周回軌道に打ち上げられたものである。この望遠鏡の特性は何といっても大気や天候の影響をほとんど受けずに、撮像や近赤外線分光、また惑星や微光天体の鮮明な観測ができるところにある。なおハッブル宇宙望遠鏡のジャイロスコープを利用した姿勢制御や観測データのやりとりは人工衛星を介して行われる。

図20.7　すばる望遠鏡

図20.8　野辺山宇宙電波望遠鏡

　これらの可視光とは異なった宇宙起源の電波も地球に届く。だが電波は可視光と違ってレンズで収束できない。そこで一般に回転放物面状のパラボラ・アンテナで収束させて、これを受信機で検出・増幅させてコンピュータなどで記録・解析する。問題は、こうした機材の分解能は口径に比例し、波長の長さに反比例する。概して電波の波長は比較的長くかつ微弱なために、口径は巨大となる。場合によっては小型の電波望遠鏡を多数配置して、これらを干渉計として開口合成する方法もとられる。電波望遠鏡で、単一で世界最大のものはカルスト地形の窪地を利用したプエルトリコのアレシボ天文台（1963年設立）で、直径は305mもある。日本最大のものは、宇宙航空研究開発機構臼田宇宙空間観測所の直径64m、天文観測専用のものは国立天文台野辺山宇宙電波観測所の直径45mである。開口合成のものとしては、最近運用を開始したチリ・アタカマ砂漠の標高5,000mにある国際共同利用のミリ波・サブミリ波干渉計（ALMA）で、パラボラ66台が最大18.5kmの間隔で編成したものがある。星の生成や星間ガスの究明に威力を発揮すると期待されている。

　さて、探査ロケットというとアメリカやロシアがすぐ思い浮かぶが、日本の小惑星探査機「はやぶ

さ」は世界的に注目を浴びた。2003年5月9日に宮崎県の内之浦宇宙空間観測所から、惑星探査用に開発された固体燃料M-Vロケットで飛び立ち、2005年に数ヶ月間小惑星付近を航行し、小惑星25143「いとかわ」に接近して、太陽系の起源を探るべく表面岩石のサンプル採取を試みた。当初の計画では2007年に帰還する予定であったが、重大なトラブルに遭遇し一時は行方不明ともなった。とはいえ2010年6月13日に地球に舞い戻った。その際の大気圏突入時に探査機本体は燃え尽きたが、サンプルを入れたカプセルはオーストラリア・ウーメラ砂漠に落下し回収しえた。宇宙空間の航行距離は60億kmにもおよび、その点ではアメリカのNASAの月探査機をはるかにしのぐ。

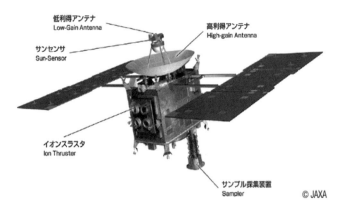

図20.9 探査機「はやぶさ」

こうして広大な宇宙のさまざまな天体の謎はもちろんのこと、密に集まった銀河団の観測データは銀河同士の衝突プロセス、あるいは遥かかなたの銀河の観測データは、およそ138億年ともいわれる宇宙生成の謎を解き明かしつつある。

20.6 分子や遺伝子、生態から生物の謎を解き明かす20世紀生物学

19世紀に発展したおもな生物学分野は、ダーウィンの進化論、メンデルの遺伝理論、パストゥールらの微生物学であった。20世紀の生物学がこれらを基礎に生化学や分子遺伝学、医学を発展させた。

生体は多種多様な有機物質からなり、これらは一般的にこれらの物質代謝は、タンパク質を主成分とする生体触媒としての酵素の関与によって展開する。生化学はこうした生命現象を研究する分野であるが、これらの有機物質は互いに連携した再生システムをなしている。有機物質の遺伝子情報、また合成プロセスも生体物質でつくれられているが、その反応の自己増殖メカニズムは緻密なシステムをなしている。

20世紀の前半期に酵母の発酵や筋肉の解糖などの研究から炭水化物の分解プロセスや、呼吸・筋収縮においてリン酸化合物ATPがエネルギーの放出・貯蔵や物質代謝に重要な役目を果たしていることが明らかになった。また核酸が細胞核の化学成分で、それに二種類あることは20世紀初めまでに判明していた。20世紀後半に、これらの生化学的研究が分子遺伝学と結びつくことで、分子生物学的研究が飛躍的に進み、核酸の構造と生体における機能を明らかにしたのだった。

突然変異形質の生化学的代謝過程を調べることで、一つの遺伝子が一つの酵素の生成を支配することが明らかとなった。そして核酸の加水分解で得られたヌクレオチドをペーパークロマトグラフィで分析し、DNAにはアデニンとチミン、グアニンとシトシンとがそれぞれ同じ量含有されていること、DNA（デオキシリボ核酸）が遺伝子本体で、それがX線回析の分析によって二重らせん構造をなしていること、またその遺伝情報を転写したメッセンジャーがRNA（リボ核酸）であること、さらにはDNAの複製機構や遺伝情報伝達機構など、次々に究明された。

この分子生物学によるDNAの発見は、進化と遺伝を一体として理解する段階へと高めた。こうして突然変異はDNAの塩基配列の変化であり、種・属の生物の普遍性・共通性をもDNAの配列を解き明かした。後者の種・属の問題はホメオボックスとよばれ、発生において相同性の高いDNAの塩基配列を形成する。ゲノムプロジェクトはその子細を明らかにしつつある。

生態学は、生物の群集とその生物が生息する環境における状況を研究する、すなわち生物種内の個体間の関係や集団の活動、生態系や生物圏を対象とするものである。生態学的研究は古来より行われてきたが、その転機は18－19世紀以降の地球規模での産業活動の発達に伴い、生物地理学などとよばれる分野を成立せしめたことにある。いうならば、非生物的要素としての気候や地理・地質などの環境が生物に与える影響も研究するものである。産業の負の展開としての公害や地球環境問題は、生態学の発展をいっそう掻き立て、その解決のためにも生態学は欠かせないものとなった。今日では生態生理学、群集生態学、進化生態学などとよばれる分野も展開している。

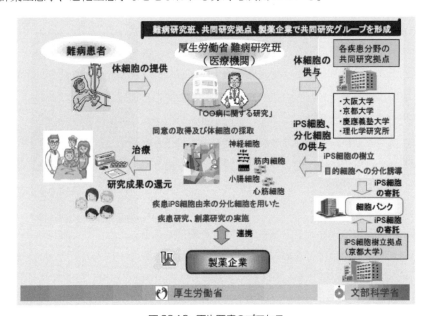

図20.10　再生医療のプロセス

最近話題となっている再生医療にはクローン作製、臓器培養などもあるが、多能性幹細胞の培養もある。これには、受精卵を用いる胚性幹細胞（ES細胞：embryonic stem cells）によるものもあるが、日本の山中伸弥（1962－）が2006年発見した方法は人工多能性幹細胞（iPS細胞：induced pluripotent stem cells）によるものである。ES細胞によるものは受精卵を用いることから倫理的問題と無縁とはい

えないが、iPS細胞は体細胞に数種類の遺伝子を導入するもので、こうした問題を回避できた。再生医療は、機能不全の器官の部位にこれをあてがうことで元の機能を再生するもので、臓器移植とは異なって不適合反応のリスクを解消できることから、その応用が期待されている。

20.7 科学研究の現代的展開とその諸問題について

　なぜ、このように現代の科学は専門分化し多様に発展していくのか。それは本章の冒頭で触れたように技術の多様な展開によるのだが、それだけでなく理論部門と実験部門の確かな組織制度を研究所のみならず大学が附置するようになり、それらを政府機関、企業、財団法人等が資金を含む政策的支援を行うようになったからである。また科学研究を担う科学者たちは学会や研究会を組織し、継続的に研究促進に努め、その研究交流は国際的組織をつくり、グローバルに展開しているからである。

　もちろんこのような現代の科学の組織制度、また科学的成果の応用は、軍事的利用にとどまらず産業的利用の場面において、さまざまな問題を引き起こしてもいる。科学は社会においてどうあるべきかというこの問題は、科学者をしてその社会的責任のあり方をどうとるべきか、より具体的にいえば、産業や政治とどのように向き合い、広く人びとに科学者としてどういう態度をとるべきか、自らの科学研究のあり方、倫理問題を提起している。

　近頃引き起こされた万能細胞（STAP細胞）発見は、それ自体が「ねつ造」だとか「虚構」だとかとの嫌疑がかけられている。確かに、これは研究者の研究に対する個人の姿勢の問題ともいえようが、「科学技術立国」によって経済振興を目指す産業界と連携した政府、そして研究資金を得てこれに共同する学術界のあり方に問題があるともいえよう。すなわち、これに応えようとあまりにも研究成果を急ぎ、しかも世界を驚愕させるような成果を出すことが求められることで、危うい世界に踏み込んでしまいかけない事態が進行し、その結果、科学の対象である自然は嘘をつかないのに、研究者が焦燥感の中で「研究不正」をも覚悟しかけない状況が進んでもいる。

　また科学・技術への期待からかなりの額の研究資金が投下されるようになってきてはいる。だが、若手の研究者の身分、雇用条件は厳しく、非正規雇用が学術界にも広がっていることも事態を難しいものとさせている。すなわち、若手研究者は際立った研究成果を上げなくては未来が望めなくなっている。

　人間の殺傷、自然破壊につながる軍事科学・技術の研究もさることながら、経済のグローバル化の進行のなかで国家競争力の強化を求められ、産官学連携による科学・技術の研究開発が進められており、そのあり方・行く末を改めて考える必要があろう。今日、学術界が担う研究開発マネジメントは、産・官と共同体を形成することで企業活動のような組織的活動となり、学術研究は本来非営利性を基本とするものではあるが、そうした性格を貫くことが難しい時代となってきているともいえる。

第 21 章　アメリカの大量生産技術

　イギリスは、最初に産業革命を実現し機械制大工業を実現した国であった。だが、その立場は 19 世紀後半になると揺らぐことになる。ドイツが隆盛し、さらにそれを凌駕したのはアメリカ合衆国であった。粗鋼生産量で比較すると、1871 年にイギリスは 33.4 万トンを生産したのに対し、ドイツは 14.3 万トンで、アメリカはわずか 7.4 万トンであった。ところが、1890 年にアメリカがイギリスの生産量を上回り、ドイツがイギリスを上回るのが 1893 年である。そしてアメリカは 1899 年に初めてイギリスとドイツを合わせた総生産量を超えた。

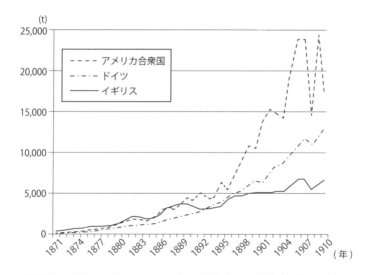

図 21.1　イギリス、ドイツ、アメリカの粗鋼生産量の推移（1871-1910）

　こうしてアメリカは鉄鋼や綿製品の製造といったイギリスの得意分野を追い抜くが、アメリカの産業技術はこれだけでなかった。アメリカはイギリスがなしえなかった、いわゆるアメリカ的製造方式を開発した。これは最初、小銃の製造で実現された。アメリカ的製造方式は、後に、大量に生産すると単価が安くなるという現代の常識を打ち立てることになる。

　一方、アメリカでは耐久消費財——ミシン、タイプライター、自転車が生産された。19 世紀後半に、いわゆるアメリカ的製造方式が耐久消費財の生産に導入された。その一つの頂点がフォードによる T 型フォードの大量生産である。本節では、この現代産業社会を特徴づけるアメリカの大量生産技術を概括する。

21.1 小銃製造における工廠方式
――部品の標準化による互換性部品の生産

　互換性部品による小銃生産は18世紀のフランスで試みられていた。とくに、工廠の検査長のオレ・ブランがよく知られている。彼の互換性部品を使用した小銃の製造には工作機械も使われたが、多くの作業は職人の手作業によるやすりがけに頼っていた。その際、治具（jig, ジグ、工作物を固定し工具を正確に案内するもの）やゲージ（部品の形状や長さなどを規定する標準となるもので、金属片に穴や切り込みなどがあり、一見定規のようなもの。しかし目盛りはついていない。目盛りの読む際に生じる不正確さを排除するために、部品にゲージを合わせることで、必要な精度を出す）が利用された。ブランのフランスでの互換性部品の製造の原初的形態は、1789年のフランス革命後、管理者と労働者間の対立から挫折している。

　ところが、フランス革命前の1775年にフランス駐在アメリカ大使ジェファーソン（1743－1826、後の第三代大統領）は、この工廠を見学し、その技術に魅了され、互換性の考えをアメリカに持ち込んだ。独立して間もないアメリカ政府は多量の小銃を必要とし、互換性部品はその製造に有効であると考えられたからである。初代大統領ワシントンは、自前の軍事工場の立地として、マサチューセッツ州スプリングフィールドとバージニア州ハーパーズ・フェリーの二つを選び決めた。そして、この二つの軍事工場（工廠）にて小銃部品の互換性がやがて追求されることになる。

　さて、この互換性部品による製造方式に最初に取り組もうとしたのは、綿繰機（Cotton Jin）の発明者としても知られていたホイットニー（1765－1825）である。1798年にホイットニーは、2年間で10,000挺ものマスケット銃を製造・納入する契約をアメリカ政府と結んだ。スプリングフィールド工廠での年間最大生産量が5,000挺を超えなかったことを考えれば、既存のやり方ではなく画期的な新方式によって製造されるべきもので、それが互換性部品による生産であるとホイットニーは吹聴した。だが、ホイットニーは綿繰機に関する訴訟に追われ、かつ互換性部品を製造するノウハウや設備を十分に持っていなかった。彼は納期を守れず、製造された小銃の部品も互換性を保持していなかった。

　1812年の英米戦争のころ、スプリングフィールド工廠ではゲージを採用することで、互換性部品製造の試みが行われた。各労働者用のゲージ、監督が使うゲージ、ゲージの精度の基礎となるマスターゲージの三タイプが製作され、労働者が持つ各ゲージが許容できる誤差範囲にあるかどうか、一定期間ごとに検査された。

　しかしながら、ゲージの導入によっても互換性部品の製造はなかなか実現できなかった。とはいえ、スプリングフィールドでの機械による部品生産は、トーマス・ブランチャード（1788－1864）が発明した倣い旋盤（Copying lathe）によって大きく発展することになる。それは複雑な形状をもつ銃床を削る専用工作機械であり、この発明の鍵は元型をカムとして使うことであった。ブランチャードの倣い旋盤は図21.2(左)に示すようなものであった。

　ブランチャードの倣い旋盤と当時の機械工作技術の一つの到達点であった。イギリスのモーズレーの旋盤とは大きな違いがある。ブランチャードの旋盤は木製で剛性が高くない。モーズレーの旋盤は全金属製で極めて剛性が高く、金属を正確に切削することができる。またブランチャードの旋盤は、

木材を同じ形状にしか削らない専用機であるのに対して、モーズレーの旋盤は金属をさまざまな形状に切削できる汎用機である。モーズレーの旋盤は汎用性や精度などブランチャードの旋盤を上回っていたが、ブランチャードはある特定のものだけを削るという生産性の高さにおいて抜きんでていた。実際、手作業で1時間かかった銃床生産は、ブランチャードの倣い旋盤ではわずか1分しかかからなかった。

図21.2 銃床製造用のブランチャードの旋盤(左)、ブランチャードによる靴の製作機(右)

ただし、ゲージの使用や倣い旋盤といった専用機による部品の生産によって、安価な部品が大量生産されたと考えるのは早計である。当時は互換性部品を作ることは、コストが高くついた。互換性部品の利点は、戦場における修理のしやすさという軍事上の理由からであった。

一方、ハーパーズ・フェリー工廠では、ホールが元込式ライフル銃の生産を進めていた。ホールは3タイプのフライス盤を開発した。落とし鍛造で作った部品を、フライス盤を用いて仕上げ、そしてゲージをさまざまな工程に使用した。1819年にホールと陸軍省は契約を結び、1824年12月までに元込式ライフル銃1,000挺を製造した。この銃の部品には互換性が備わっていた。この方法は、スプリングフィールド工廠にも導入された。ホールは互換性部品を用いて銃を大量に生産することによって製造コストを大幅に削減できると見込んでいた。部品の互換性と、機械でも人間と同等かそれより巧みにかつスピーディーに製造するという二つの理想をホールは統合した。落とし鍛造、フライス加工、ゲージの使用などによって作られた互換性部品の製造は、工廠方式ともいわれ、製造の「アメリカン・システム」の元になり、後の大量生産技術の基礎を準備した。図21.3は当時使用されたゲージである。

コルト(1814-1862)は回転式連発拳銃の特許を1835年に取得し、その製造に取り組んだが、失敗に終わった。あまりにも部品の精度が悪かったからであるが、コルトが望むような高精度の部品製造は、手作業では到底作ることはできなかった。コルトは、精密部品の製造は機械でしかできないと確

信し、工廠方式を導入した。コルトは1847年に回転式連発拳銃1,000挺の契約をアメリカ陸軍と結んだ。イギリス・ロンドンにも銃工場を建設している。今日、コルトの回転式連発拳銃の部品に完全な互換性がなかったことが明らかになっているが、工廠方式を採用して製造された代表的製品であったことは間違いない。コルトの拳銃は図21.4に示すようなものであった。

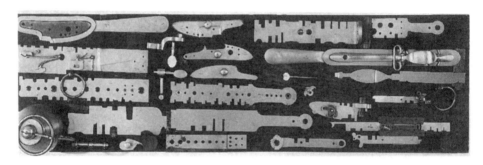

図21.3 1841年アメリカ合衆国制式ライフル銃用の検査ゲージ

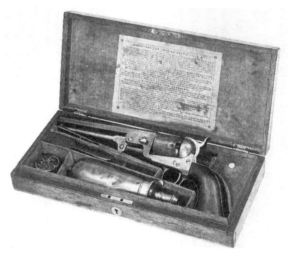

図21.4 ロンドンで製造されたコルトの回転式連発拳銃

21.2 ロンドン万国博覧会とアメリカン・システムの発見

この工廠方式について、アメリカは特段秘密にしたことはなかったが、積極的にアメリカの技術を知ろうとする外国もまたなかった。

こうした状況の中で、1851年にロンドンで第1回国際万国博覧会が開かれた。この万博は、もともとイギリスが自国の圧倒的工業力を誇示するために各国に呼びかけて企画されたもので、見事成功をおさめたが、アメリカの刈り取り機（後述）やコルトの回転式連発拳銃にも注目が集まった。

1853年には2回目の万博がアメリカ・ニューヨークで開催された。この万博のためにイギリス政府

は委員会を設置して準備にあたったが、その中には著名な工作機械製造業者であったホイットワース（1803-1887）とウォーリスが含まれており、彼らはその視察の報告書をそれぞれ1854年に提出した。ホイットワースは、人間に代わって専用機械の使用が普及していること、とくに、元々はブランチャードのものであったスプリングフィールド工廠の工作機械類に言及し、さらにマスケット銃の部品に互換性が備わっていることを指摘した。ウォーリスは生産の機械化に注目した。

一方で、イギリス兵器局による銃生産計画の遅れがきっかけとなって、アメリカで銃生産の視察を行うことになり、また下院では「女王陛下の軍隊のためにもっとも安価にして迅速、効率的な小火器提供の方式を考察する」小委員会が設置され、『アメリカ合衆国の機械に関する委員会報告書』を1855年に提出した。

この委員会の報告書では、小銃生産における部品の互換性に議論が集中した。「専用の工作機械のきわめて限定された用途への適用」「広々とした作業空間」「製造における体系的な段取り」「製造工場内部の資材の移動」「従業員の規律とまじめさ」を結論とした。これらイギリスの一連の報告書に述べられた生産方法が、「アメリカ的製造方式（American system of manufactures）」またはたんに「アメリカン・システム」とよばれることになる。この生産方式は、今日、同一の形の部品を専用の工作機械で製造されていることと、こうして作られた部品に互換性が備わっていることだと考えられている。つまり、専用機の分業による機械化された連鎖体系の実現と、部品の標準化による互換性生産にある。これは前述の工廠方式にその起源がある。

21.3 民間への工廠方式の普及 ―ミシン、刈り取り機

ハウ（1819-1867）は、ミシンの機構の基本的なアイディアを考えた。布を縫う針は、糸を通す穴が針の後端についている。だから縫うときには、針を布全部に通す動作を繰り返さなくてはならない。ハウは、針の先端に穴をあけ糸を通すことを考えついた。そうすれば、針を布にすべて通すことなく、針の先端を布に出し入れするだけで同じ動作ができる。そして針を通す際に、布の下にも糸を通してそれにひっかけていけば布を縫うことができる。単純ではあるが、これまで誰も考えなかったこのアイディアを特許としてハウは取得した（1846年）。

その後、多くのミシン製造業者が誕生するが、とくに知られているのはシンガー（1811-1875）である。シンガーは、布を縫うと自動で布が移動するよう改良した。またハウと同じような機構も考案したが、この事実をハウが知り訴訟になった。ミシン産業全体が互いに会社を訴えるような状況になったので、ミシンの製造は大規模に展開できなかった。やがてこれらの訴訟の和解が成立して各発明者に利益を配分することになり、ハウも一定の利益を得ることができるようになった。

当初、シンガーのミシンは、多くのやすりがけの作業を行っており、部品の互換性はなかった。むしろ職人仕上げの上質な製品であることを宣伝にしていたのである。1870年代、シンガー社は工廠方式に着目したが、アメリカ的製造方式と旧来の方法が併存していた。図21.5はシンガーミシンと工場での生産の様子である。

図 21.5 シンガーのニュー・ファミリー型ミシン(1865 年)(左)、シンガー社ミシンの組み立てライン(右)。工作機械とやすりがけ工が同じフロアにいる。

サイラス・ホール・マコーミック（1809－1884）は、1830 年代初頭に、刃物を震わせて植物の茎を切ることを着想し、馬を動力源とする小麦の刈り取り機（Reaper，リーパー）を発明し、特許を取得した。1840 年、バージニア州のプランテーションにあったマコーミック家の工場で父と弟のレンダーと奴隷の助けを得て、刈り取り機の製造を開始した。

マコーミックは、広告を非常に重要視した。製品の改良のために刈り取り機を毎年モデルチェンジしたが、結果としてそれは消費者の購買意欲を高めることになった。販売にあたっては、自社のみならず各地の代理店を通じて、全国的な販売網を整備した。毎年のモデルチェンジのために、マコーミックの工場では専用工作機械はほとんどなく、専ら汎用工作機械が使用されていた。異なるモデルの修理のために、修理部品のコピーとそれら部品の鋳型を相当数保持していた。すなわち、ゲージ、治具、専用工作機械といった同じものを大量に作る工廠方式は採用されなかった。マコーミックがモデルとよんだものは、決して同一の機械ではなく、互換性が乏しい部品から構成されたカタログ上の見かけであり、商品販売上の戦略であったのである。マコーミックのリーパーは図 21.6 に示すようなものであった。

刈り取り機の製造の中心を担ったのは弟のレンダーであった。毎年の改良と大量生産を目論む兄サイラスに対し、レンダーは屈強に抵抗した。職人の手仕事に依存する製造方式であったため、刈り取り機を毎年秋の収穫期に間に合うように生産・納品することは簡単ではなかった。また在庫を抱えることと事業拡大に対する不安もあった。兄弟の確執からレンダーが製造責任者を外され、製造のアメリカン・システムが導入されたのは 1880 年になってからである。それまでマコーミック社は年々生産数を上げたが、2 万台を超えることはなかった。しかし、1882 年には 4 万 6 千台余りを生産した。

なお、ミシンや刈り取り機は多数の部品を加工し、組み立てて製造する。そうした事情から製造コストがかさみ、高額な商品となった。しかし、これらの商品を購入するのは庶民で、壊れたらすぐに捨てるわけにはいかなかった。そのために、使用法や技術指導も含めアフターサービスを各代理店で行った。また、十分な現金を持っているとは限らない彼らのために考え出されたのが月賦販売であった。

図21.6 マコーミックの自動レーキ式リーパー(1862年)(左)、ハーベスター・麻ひもバインダー機(1881年頃)(右)

21.4 テーラーによる労働の科学的解明

　テーラー（1856-1915）は、機械工作のみならず、新しい工場の管理方法に尽力した人物として知られている。1874年にハーバード大学に入学したが目を悪くして勉学の道をあきらめ、フィラデルフィアの機械工場に見習い工となったのがその出発点である。その後、ミッドバル製鋼会社の技師長になった。

　さて、テーラーはどのような問題関心から労働者の生産の科学的解明へと向かったかというと、それは、仲間がわざと仕事をさぼっていること、すなわち意識的怠業を知ったことに始まる。なぜ意識的怠業が起きたのかというと、当時は日給制が普通であったので、労働者は働いても働かなくても同じ給料であった。本気で働いてノルマを早く達成したとしても、さらにノルマが増えたら労働者にとってはたまったものではない。ある労働者は工場の外では早く歩くが、工場内に入った途端にのろのろ歩きになり、あまりに遅過ぎてかえって疲れるくらいであった。このような意識的怠業は、当時、アメリカのどの工場や現場でも普通に行われていたことであった。

　テーラーは、意識的怠業をやめさせるために、それぞれの工程にかかる時間を測定し、科学的方法によって最速の作業時間を決めようと考えた。そのためにまず金属の切削がどのように行われるかを科学的に研究することにした。当時の機械工作の現場では、管理者は作業者にすべて仕事を丸投げしていて、金属切削のやり方は作業者の経験に任せられていた。しかし、最適な切削条件を求めるこの研究に、当初の半年の予定を大幅に超える26年もの歳月を費やした。この研究成果に即して、作業者が簡易に切削スピードや動力などを決定できる計算尺を考案した。また切削の各動作にかかる時間を、ストップウォッチを用いて測定し研究した。これを時間研究という。同時に、高速の切削でも硬度を失わない合金の研究も行い、鉄に炭素・クロム・タングステンを含むテーラー・ホワイト鋼または高速度鋼（high-speed steel；俗称ハイス）とよばれる合金を発明した。

　テーラーはこうした研究の集大成を1911年に『科学的管理法の原理』として出版した。テーラーは作業者が高速度で作業することで、経営者だけでなく作業者にも利益が得られることを論じた。そのためには、これまで作業者に丸投げしていた仕事の内容について、科学的に検討することで経験を排除し、管理者が責任を持ってそれを指揮・遂行しなければならない。また各作業者の適性について論

じ、適さない人は他の部署に異動させることを提案した。こういったことは、管理者だけでも作業者だけでもできないので相互に協力する必要がある。また作業の非効率は、各作業者の責任によるものではなく、むしろ組織的な問題であるとして、作業者だけではなく管理者も仕事とその責任を分担する必要性を説いた。

このテーラーの理論は特に経営者に受け入れられていったが、その理由は、テーラーの理論のうち経営側に有利な部分だけが取り入れられたことによるものであった。

21.5　フォードによるT型車の生産

フォード（1863－1947）は、デトロイトから約5km離れた農家に生まれた。青年時代、デトロイトに出て機械技術を学んだ。19歳頃、内燃機関に関心を持った。1893年、デトロイトで電力事業を行うエジソン電気会社に就職した。その後、安価な自動機械の乗り物はアメリカでは絶対に流行ると確信し、その事業化に取り組んだ。1896年春に完成した第一号車は、バックができなかった。その後、デトロイト自動車会社などの主任技師になり自動車を製作したが、会社解散後、自動車レースで優勝した。今日につながるフォード自動車会社が設立されたのは1903年ことである。いくつかのモデルを生産・販売したが、歴史上有名になる4気筒40馬力エンジンと前進二速、後進一速のギアを積むT型車は1908年に発売された。T型車は図21.7に示すようなものであった。

図21.7　T型フォード

バナジウム鋼が多く使用されたT型車は、軽量化と耐久性・強度の面で多いに改善されるとともに修理が容易であった。1909年からはT型車だけに特化して生産を始めた。1913年には、T型フォードの製造に自動車製造としては初めてベルトコンベアを使用し、流れ作業による組み立てラインを使用した。その起源は諸説あるが、もっともよく知られているのは、シカゴの精肉業者による解体ラインである。図21.8はその様子を描いたものである。フォード社のウィリアム・クランがこの肉の解体ラインにヒントを得たといわれている。組み立てライン生産はさらなるコストダウンと生産効率を可能にした。

これらの大量生産技術の基礎には、専用工作機械によって加工された標準化部品による互換性生産

などを内容とするアメリカン・システムにあるが、一方で、大量生産とコストダウンによって、金持ちの道楽であった自動車を大衆のものにしようという夢を追求したフォードの信念を見逃すことはできない。

図21.8 シカゴ精肉業者の解体ライン。豚の脚が滑り台にある。

　同じ時代にその全容を表したテーラーの「科学的管理法」とフォードの自動車生産のやり方はよく比較の対象とされたり、その起源について話題にされたりしてきた。実際、「科学的管理法」の時間研究・動作研究や労働者の科学的選抜はフォードの工場で行われていた。ところが、フォードやフォード社の関係者はテーラーの「科学的管理法」とフォードの仕事との関係を否定している。実際、テーラー主義（テーラーリズム）とフォード主義（フォーディズム）は異なる側面があったことは否めない。テーラー主義は、生産手段はそのままにして、作業者の作業効率の最適化（最速化）を図ったが、フォード主義は、生産手段およびその体系を機械化・自動化・連続化して生産効率を高めた。結果、T型フォードのコストダウンおよび販売価格の引き下げが可能になった。図21.9はT型フォード・ツーリングタイプの生産台数と販売価格の推移である。1909〜10年に生産台数約1万8千台、950ドルであったT型フォードは、1916−1917年には約79万台を達成し、360ドルまで販売価格は低下した。

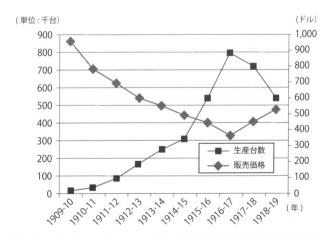

図21.9 T型フォード・ツーリングタイプの生産台数と販売価格の推移

だが、1920年頃になると状況は変わった。1925年以降、アメリカ国内の自動車市場は新規需要よりも買い換え需要が主になった。また、キャデラック、シボレーを傘下に取り込んだゼネラル・モーターズ（GM）を1923年にスローン（1875-1966）が経営権を握り、経営組織の立て直しを行った。結果、最上位車のキャデラックから、ビュイック、オールズモービル、ポンティアック、そして大衆向きのシボレーを製造・販売した。そしてモデルチェンジを行い、買い換え需要を喚起した。とくに、T型フォードと同じ価格帯のシボレーなどの多品種の自動車の量産に注力し、大衆車でもT型フォードより高級になるような仕様とした。

フォードはGMの市場戦略の後塵を配することになった。単一モデルのT型フォードは飽きられてしまった。自動車には単に価格の安さと移動手段だけではなく、機能やデザイン・乗り心地・社会的ステータスをみたすということが求められるようになったのである。1926年になるとT型フォードの多くは在庫となった。1927年、1,500万7,033台のT型フォードを最後に生産は終了し、フォードはA型の新車種の生産に切り替えた。

16世紀半ば頃からイギリスで起こったマニュファクチュア（工場制手工業）と分業化、イギリス産業革命期の繊維産業における機械制大工業の成立、蒸気機関による動力の革新、工作機械の剛性の強化・送り機能などによる精度の向上、そしてアメリカの専用工作機械と互換性部品などを用いた工廠方式、科学的管理法に影響を受けた大量生産方式が確立し、その後の20世紀の産業技術の基本が確立することになる。その点、イギリスから始まったマニュファクチュアおよび産業革命の取組みは、アメリカで新たに展開し、現代の大量生産方式の基礎を形成した。

第22章 20世紀の化学技術の発達と石油化学コンビナートの形成

　石油化学工業は1920年代にアメリカでの石油精製技術の高度化とそれに伴う副生ガスの生産的利用とともに始まった。しかし、当時支配的な地位にあった化学工業は電気化学を基礎とするカーバイド・アセチレン工業や、高温・高圧を利用したアンモニア工業であった。第二次世界大戦以降、アメリカによる日本・ヨーロッパへの戦後補償、ポリエチレンやポリプロピレンという石油由来の分子化学製品の登場、既存プロセスを代替する石油化学プロセスの確立を通じて、石油化学工業が支配的な地位を確立し、巨大なコンビナートを形成していった。

　本章では、20世紀の化学技術の発達を概観しつつ、石油化学コンビナートの形成過程をみる。

22.1 カーバイド・アセチレン工業

　20世紀前半に登場したカーバイド・アセチレン工業は、①石炭と石灰石を電気炉にて加熱・合成しカルシウム・カーバイドを生成し、さらに加水しアセチレン・ガスを生成・回収する工程と、②アセチレン・ガスを塩酸や水素と反応させ、各種化学製品を生成する工程で構成される（図22.1）。

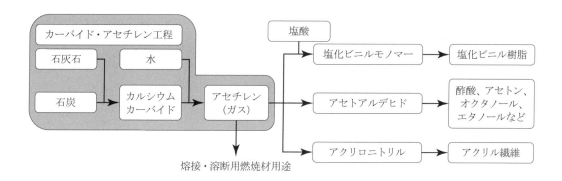

図22.1　カーバイド・アセチレン工業のプロセスと主な製品用途

　前者の工程は、1890年代のカナダのウィルソンとモアヘッドのアルミニウム製造実験と、パリ大学のモアッサン（1852–1907）のカーバイド生成の実験により確立された。1860年代にはデーヴィ、ベルトロー、ヴェーラーらがカルシウム・カーバイドやアセチレンの生成に成功していたが、それらは実験室規模のものであった。

　1892年にウィルソンらはアルミナの還元に金属カルシウムを用いて、従来よりも安価にアルミニウムを製造しようと考えた。彼らは金属カルシウムの製造実験の際にタールと石灰を用いたが、予想と

は異なる黒い物質が生成された。この物質は分析の結果、カルシウム・カーバイドであることが判明した。また1894年にモアッサンは石灰と炭化糖を電気炉で反応させ、カルシウム・カーバイドを生成した。彼はさらにカルシウム・カーバイドを水で処理すると、高純度のアセチレンが生成されることを発見した。

1894年にアメリカのユニオン・カーバイド社がアセチレンの工業的生産を開始したが、当時のアセチレンの用途は照明用または金属の溶接・溶断用に限定された。これはアセチレンと酸素が結合すると、高温燃焼するという性質を利用したものであった。当時、アセトアルデヒドが有機薬品・溶剤や火薬などの原料である酢酸やアセトンの生成に利用できることはわかっていた。また1881年にクチェロフは、第二水銀水溶液を触媒にしたアセチレンからのアセトアルデヒドの生成法を発見していた。しかし、当時は生成したアセトアルデヒドの回収法が確立されていなかった。加えて化学反応に不可欠な触媒である第二水銀は化学反応の過程で有機水銀化合物となり、反応性が低下するという課題も抱えていた。

第一次世界大戦（1914−1918年）の勃発により酢酸やアセトンの需要が急増すると、既存の木酢原料だけでは不足することが懸念され、代替原料としてアセトアルデヒドに対する期待が世界的に高まった。1916年にドイツ、カナダでは第二水銀水溶液に多量のアセチレンを吹き込み、循環させることでアセトアルデヒドを回収するという過剰アセチレン法が確立された。その結果、アセチレンを起点とし、アセトン、酢酸、無水酢酸などを生産する化学コンビナートが形成された。しかし、過剰アセチレン法はアセトアルデヒド生成の課題の一つである回収法の課題を克服したに過ぎず、第二水銀の有機化という問題は残されたままであった。その結果、廃液またはスラッジに有機水銀が混ざり、排水の放出による水銀汚染が生じた。

以上のカーバイド・アセチレン工業の一連の展開は主にドイツで行われた。その背景には、植民地からの資源の確保が困難である一方で、国内に豊富な石炭資源が存在していたという歴史的・地理的な条件に加えて、合成染料技術を基盤に成長したドイツのBASF社、バイエル社、ヘキスト社らを中心とする大学研究者らの研究成果の工業規模による技術的応用の取り組みが挙げられる。その典型的事例成果として挙げられるのが、アンモニアの直接合成法であるハーバー=ボッシュ法の確立である。

22.2 ハーバー=ボッシュ法と高圧化学

アンモニア（NH_3）は、火薬原料である硝酸や化学肥料の一つである硫安の原料である。しかし、水素（H）と窒素（N）の直接合成によるアンモニアの生成は、農芸化学の大家リービッヒ（1803−1873）やその支持者らは不可能とし、その考えが20世紀に入るまで支配的であった。

他方で、1865年にドヴィルはアンモニアが水素・窒素に分離されるだけではなく、逆反応として水素と窒素の再合成がなされると考えた。また1884年にル・シャトリエは化学物質の反応速度が反応物質の濃度、温度、圧力によって変化するという化学平衡の原理を発見した。アンモニアの直接合成法の発見者であるハーバー（1868−1934）は、1904年からアンモニアの合成実験を開始したが、それはこの科学の発展に基づき水素と窒素の直接合成の効率性がもっとも優れた濃度、温度、圧力、触媒を

みつけるという実験であった（図22.2）。なお同時期にはオストワルト（1853-1932）やネルンスト（1853-1941）ら著名な化学者もアンモニアの合成実験を行っていた。しかし、8.25％以上という高いアンモニア生成比率を初めて発見したのはハーバーであった。その反応条件は500度、200気圧という高温高圧下で、オスミウムやウラニウムという希少金属を触媒に用いたものであった。

1908年にBASF社はハーバーの研究に着目し、彼の実験に資金を援助する一方で、アンモニア合成法の工業化に向けた研究を開始した。というのも彼の実験装置では耐圧容器材料に石英、触媒にオスミウムやウラニウムという希少資源が用いられており、工業プロセスには不向きであった。BASF社のボッシュ（1874-1940）はクロム・バナジウム鋼の内筒と耐圧強度を高めた外筒の二重構造にした反応筒、ミタッシュは磁性酸化鉄に酸化アルミニウムと酸化カリウムを添加した触媒を開発した。またボッシュは、合成原料の一つである水素を褐炭から生成するためウィンクラー炉を採用した。こうして工業化の課題を克服したBASF社は、1911年オッパウに大規模な工場を建設した（図22.3）。

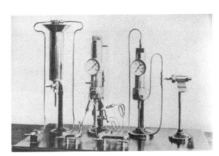
図22.2　ハーバーの実験器具

図22.3　BASF社のアンモニア合成工場（オッパウ、地名）

実験と工業化を通じて確立されたアンモニア合成法であるハーバー=ボッシュ法は、19世紀の産業革命の進展以来ヨーロッパ諸国を悩ませてきた農業肥料問題を克服する手立てとして、また第一次世界大戦におけるドイツの肥料・火薬の供給源として重要な役割を果たした。他方で、この達成を石油化学コンビナートの形成という観点でみた場合には、高圧法によるポリエチレン生産の契機をもたらすとともに、第二次世界大戦後には低価格の水素原料を求めて石油化学工業との結びつきを強め、結果的にカーバイド工業の衰退と石油化学工業のコンビナート形成に寄与した。

22.3　石油精製技術の発達と石油化学工業の登場

アメリカの石油産業は、1859年のドレイクによる掘削法による石油採取の成功と、1870年にロックフェラーが設立したスタンダード・オイル社の鉄道網と精油所を結びつけた石油ビジネスの登場とともに興隆した。当時の主な石油製品需要は灯油であり、石油精製装置はアルコール蒸溜装置を転用した程度のもので十分であった。石油精製用に専用化された装置の開発は1870年代にはロシアのバクー油田地帯にて始まり、1880年代にはメンデレエフが連続蒸溜装置を開発したのだが、アメリカで精製装置の高度化が求められるようになったのは1890年代以降であった。1882年にエジソンは白熱電灯

と発電所を結びつけた照明ビジネスを開始したが、その急速な普及につれて照明用としての灯油市場は圧迫された。他方で、1908 年のフォード社による T 型フォードの大量生産を皮切りにガソリン需要が急増した。その結果、石油から灯油ではなくガソリンを効率的に回収することが石油精製技術の主要な課題となり、この過程で連続蒸留とクラッキングという装置技術の革新がもたらされた。

　1911 年に、トランブルはパイプ・スチルによる連続蒸留装置の特許を取得した（図 22.4）。既存の蒸留は縦置式か横置式の蒸留釜を用いて灯油またはガソリンの抽出温度まで加熱し、その成分を分離するというものであった。これに対し、パイプ・スチルは、加熱したパイプの中に石油を流し、気体状になった石油を精留塔で各種成分に分離するというものであった。しかし、石油に含まれるガソリン成分の比率は 15〜20％ 程度であり、増加するガソリン需要に対応するには、それ以外の石油抽出成分の分解や改質が不可欠であった。

　1914 年にスタンダード・オイル（インディアナ）社のバートンは、ガソリン成分の比率を向上させるクラッキング技術の工業化に成功した。彼が確立したクラッキングプロセスは、円筒状の装置内を 100 気圧で 400 度にして重油成分の分子結合を分解されるというもので、重油から約 30％ の軽質油の生成に成功した。しかし、最初期のバートン法プロセスは、プロセス終了ごとに装置内部に溜まったコークスなどの清掃が必要であった。そこで石油精製企業や UOP 社などのエンジニアリング企業は、バートン法プロセスの装置改良や代替プロセスの開発競争を展開した。1940 年代に入ると、触媒を接触させて軽油成分を分解するフードリー法が広まった（図 22.5）。

図22.4　最初のパイプ・スチル

図22.5　フードリー法

　石油化学工業は、以上の石油精製技術の高度化の過程で発生した廃ガスに含まれるプロピレンからのイソプロピルアルコールの生成と、石油採掘の際にしばしば随伴する天然ガスに含まれるエチレンを原料とするエチレン誘導体の生成から始まった。

　1855 年にベルトローはプロピレンと硫酸を加水分解する方法により、1862 年にフリーデルは、アセトンをナトリウムアマルガムで還元する方法により、それぞれイソプロピルアルコールの生成に成功した。しかし、彼らの関心は実験による合成法の発見にとどまり、工業化には至らなかった。

20世紀に入り、自動車の大量生産により塗料の有機溶媒としてアセトンの需要が急増する中で、石油企業はその原料であるイソプロピルアルコールの量産化に注目した。1919年にメルコ・ケミカル社がベルトローの方法に基づいて実験プラントを建設し、イソプロピルアルコールの生成に成功し特許権を取得した。1920年にスタンダード・オイル（ニュージャージー）社はメルコ・ケミカル社の特許権を買収し、ニュージャージー州のベイウェイ工場にて工業規模での生産を開始した。

また1920年にユニオン・カーバイド社は実験用プラントとして天然ガス向けのクラッキング装置をウェスト・バージニア州に建設し、エチレンを原料にエチレンオキサイド、エチレングリコール、ジクロロエタン、エチルアルコールというエチレン誘導体の生成に成功した。1924年にダイナマイト用原料であるグリセリンの代替品生産を目的に、同州にエチレングリコール製造用の工場を建設したが、1927年には自動車ラジエーターの不凍液としてもエチレングリコールを販売するようになった。

22.4 高分子説と高分子化学工業の登場

19世紀まで化学製品は少数の分子同士の結合である低分子結合、またはベンゼン環のような環状結合が支配的であった。天然ゴムや天然の植物から抽出したセルロースなども存在していたが、多くの化学者はそれらの分子が鎖状に結びついているとは考えず、むしろ低分子が二次的な力で会合し凝集するコロイド説を支持した。これに異を唱えたのが、シュタウディンガー（1881-1965）であった。

彼が1924年に発表した高分子説とは、天然のセルロースなどの同一の構造をもつ低分子は鎖状に繋がって一つの巨大な分子、すなわち高分子を形成するというものであった。この説は、当初コロイド説を主張する化学者から批判された。そこで彼は自身の説の証明に際して、スチレンやポリアクリル酸など、天然の高分子に類似した化学物質を用いた研究を行った。また1930年代に、アメリカのデュポン社のナイロンやI.C.I社（Imperial Chemical Industries）の高圧法ポリエチレンなどが登場すると、高分子説が理論的に正しいものとして認識されるようになった。

ナイロンはデュポン社のカロザース（1896-1937）が開発した合成繊維である。カロザースはシュタウディンガーの高分子説に関心を持ち、1928年にデュポン社に入社後、高分子製品の開発に携る中で、合成ゴムであるネオプレンや合成繊維であるポリエステルを開発した。こうした研究開発の過程で、彼は強度が高く延伸性のある繊維の合成には、シュタウディンガーが実験で採用した付加重合ではなく縮合重合が適しており、それにはアミド結合によるポリアミド繊維が有力であると考えた。彼は数々のポリアミド繊維を試作し、1935年にヘキサメチレン・ジアミンとアジピン酸によるポリアミド繊維の合成に成功した（図22.6）。その後、デュポン社は多数のスタッフと多額の研究費を投入し、4年後の1938年10月に「石炭と水と空気から作られ、鉄のように強く、クモの糸のように細く、他の天然繊維よりも伸縮性に富み、光沢のある繊維」としてナイロンを発表し、ナイロン・ストッキングを販売した。1941年に同社は、太平洋戦争にて輸入が途絶した絹（パラシュート用繊維として利用）の代替品として軍需向けにナイロンを大量生産した。なお開発者であるカロザースは1937年4月に自殺しており、自身の開発した繊維の社会的影響は知る由もなかった。

図 22.6 カロザース(左)と、ナイロンのサンプル(右)

　高圧法ポリエチレンは、1933 年にイギリスの I.C.I 社での実験の際に偶然発見された。同社は 1,400 気圧という高圧下でエチレンとベンズアルデヒドを合成し、合成染料の中間原料であるフェニルエチルケトンの生成を試みたが、偶然にも白色の固体状の物質であるポリエチレンを生成した。1935 年に同社はエチレンの重合における酸素の関与を、1937 年にポリエチレンの高周波に対する絶縁性の高さを発見した。同年には、ポリエチレンは海底ケーブル用の絶縁材として販売が始まったが、第二次世界大戦の本格化とともにレーダー用の絶縁ケーブルとしての役割が期待されるようになった。1942 年に同社は本格的な工業生産を開始するとともに、同時に軍需に対する不足の懸念から同盟国であるアメリカを介してデュポン社、ユニオン・カーバイド社に製造特許を供与した。両社は 1941 年、1942 年にアメリカ国内にてポリエチレン製造を開始した。

　またドイツにおいても、1938 年に BASF 社が独自にポリエチレンの開発に成功し工業生産を開始した。しかし、その原料となるエチレンは石油が欠乏していたことから、アメリカとは異なりアセチレンの水素添加かエタノールの脱水素法によって生成した。

22.5　アメリカの戦後復興政策と石油依存型エネルギー・資源構造の形成

　第二次世界大戦期、石油は軍艦、戦車、航空機などの燃料に利用された。石油・天然ガス資源が豊富に産出されたアメリカでは、こうした石油製品需要の拡大によって石油精製や石油化学が急成長した。

　しかし、第二次世界大戦の終結は、中東地域の軍需向け供給が失われるというアメリカの石油産業にとって無視できない事態をもたらした。中東産石油の生産コストは、アメリカ産石油のそれと比較して 1 対 10 以上の開きがあり、中東産石油のアメリカ市場への参入は国内石油産業の壊滅を意味していた。そこでアメリカ政府は、アメリカ国内産業の保護と、エクソン社、BP 社ら中東地域の油田を実質的に支配していた英米系の大手石油企業への配慮を目的に、ヨーロッパ・日本への戦後復興政策を通じて石油精製装置の復旧・近代化を進めた。その過程で日本やヨーロッパ各国は、石油の生産地域

にて精製し必要な石油製品を輸送するという戦前の技術体系から、海外から石油を輸入し国内で精製し各種製品を消費する技術体系へと転換した。

こうした技術体系の変化は、日本・ヨーロッパの同時代的な状況に合致したものとはいい難かった。戦後復興期の両地域は、インフラ設備も含め自動車需要がそれほどなく、粗製ガソリンであるナフサなどは余剰となった。そこで余剰ナフサの生産的利用と、当時先端分野として期待された石油化学工業の育成という二つを目的に、ナフサを原料とする石油化学コンビナート形成が産業界と政府の連携のもとに進められた。

1950年代に入ると、石油精製装置、ナフサ分解装置、ポリエチレン生成装置などが結合された石油化学コンビナートが登場しはじめた。日本では岩国、四日市などの旧海軍の燃料廠を含め、港湾地域を中心に展開された。ヨーロッパでは、ロッテルダム地域の製油所と長距離パイプラインを起点としたコンビナートや、イタリアのポー川流域の天然ガスを原料とするコンビナートが建設された。アメリカでは主要な石油生産地域であるテキサス州を中心に、石油精製廃ガスや天然ガスがパイプラインを通じて化学企業に送られ、各種生産プロセスに利用されるコンビナートが形成された。

図22.7 三井石油化学（岩国工場）

22.6 チーグラー触媒の登場と高分子化学工業の新展開

第二次世界大戦以降、軍需向けとして事実上数社で独占されていた高分子製品の生産技術は、独占禁止法違反やエンジニアリング企業の特許戦略などを介して、他の化学企業にも普及した。たとえば、1952年にはアメリカの公正取引委員会が、I.C.I社とデュポン社との間での高圧法ポリエチレンに関する特許協定を反トラスト法違反と判断した。その対応としてI.C.I社は、デュポン社以外の化学企業に対して同プロセスのライセンス契約を行った。またUOP社などのエンジニアリング企業は、自社が取得または開発した生産技術を積極的に国内外に販売した。その結果、先進諸国の多数の化学企業が高分子化学分野に参入するようになった。

こうした流れに拍車をかけたのが、ドイツのマックス・プランク石炭研究所所長であるチーグラー（1898－1973）が発見したポリエチレン生成用触媒であった。彼は、1930年代後半より同研究所にて有機合成を研究していたが、1953年10月、トリエチル・アルミニウムと四塩化チタンを結合した触

媒を用いて、1気圧で100度程度の条件下でエチレンを重合させることに成功した。この触媒は、開発者の名を冠してチーグラー触媒とよばれた。

図22.8 チーグラー

チーグラー触媒によって生成されたポリエチレンは、高圧法でつくられたものと比較して重合の規則性があり、高密度かつ硬質で耐久性が高かったことから、容器類への用途展開が可能であった。また高圧法に比べ低圧・低温での重合であり、低コスト生産も期待された。そのため世界中の化学企業がチーグラーとの間に同触媒の利用に関するライセンス契約を結び、工業化プロセスの確立に向けた研究開発を実施した。

またチーグラー触媒の成功を受けて、1954年にミラノ工科大学のナッタ（1903-1979）は、チーグラー触媒で利用した四塩化チタンの代わりに三塩化チタンの触媒を用いてポリプロピレンの生成に成功した。1957年には、ナッタとイタリアのモンテカチーニ社はポリプロピレンの工業化に成功した。それまでプロピレンはエチレンのように重合することは不可能と考えられており、プロピレンは合成洗剤の原料であるアルキルベンゼンやアセトンなどに限られていた。しかし、エチレンやブテン（合成ゴムの基礎材）を原料とする製品群が広まる中で、ナフサの分解の際に同時に生成されるプロピレンは過剰生産状態になった。すなわちポリプロピレンの工業化プロセスの確立は、余剰副産物の生産的利用を通じてコンビナートの大規模化を促進する契機をつくり出したのである。

22.7 石油化学コンビナートの形成と公害

1950年代前半の段階で、アメリカでは石油化学工業が有機合成工業全体の6割以上に達していたが、日本やヨーロッパ諸国では戦前のカーバイド・アセチレン系工業がなお主流を占めていた。しかし、1950年代半ば以降、塩化ビニルやアクリロニトリル（アクリル樹脂の原料）の生成にてエチレンやプロピレンを原料とする生産プロセスが普及する中で、日本、ヨーロッパ諸国においても石油化学工業が広まった。

塩化ビニル工業は、戦前にはアセチレンと塩酸を反応させるアセチレン法が用いられていたが、1951年にはエチレンと塩素を反応させるEDC法、さらに1958年にはエチレンを直接、塩酸と酸素とを反応させ塩化ビニルモノマーを生成するオキシクロリネーション法が登場した（図22.9）。EDC法の場合、EDCの生成で副生される塩酸をアセチレンと反応させて塩化ビニルモノマーを生成するため、石油化学工業とカーバイド・アセチレン工業は共存することが可能であった。しかし、オキシクロリネーション法では塩化ビニルモノマーの生成にて副生する塩酸とエチレンの直接合成を行うため、アセチレンはもはや必要ではなくなった。また高度成長期の塩化ビニル需要の増加は、もう一つの原料である塩素需要を喚起した。その結果、ソーダ工業ではアンモニアソーダ法から電解ソーダ法へのプロセス転換が行われた。この過程でソーダ工業は各地の石油化学コンビナートに包摂されていった。

アクリロニトリルの場合、1940年代にはアセチレンと青酸を化学反応させて生成するアセチレン-青酸法が行われていたが、1959年にスタンダード・オイル（オハイオ）社がプロピレン、アンモニア、

空気からアクリロニトリルを生成するソハイオ法を確立した。

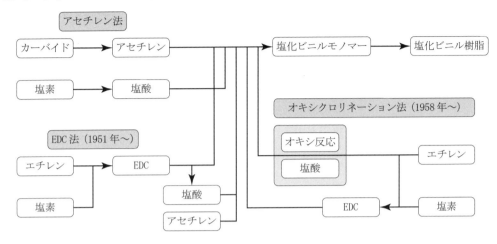

図22.9 塩化ビニル製造プロセス

　アンモニアの場合、戦前にはコークスの電気分解から副生される水素を利用していたが、戦後は天然ガス、廃ガス、ナフサの分解プロセスで生じる一酸化炭素、炭酸ガスを利用するようになった。

　このように、戦前にはカーバイド・アセチレン工業で生産または副生されたものを原料としていた各種の化学工業は、戦後には石油化学コンビナートの一プロセスとして包摂されていった。これが「石炭から石油へ」「アセチレンからエチレンへ」などと表現される高度成長期の原料転換の内容である。

　以上の化学工業の展開において忘れてはならないのは、深刻な公害被害が発生したということである。ただし、それは既存の欧米諸国の経験などから公害の発生は予見可能であり、また高度成長期の初期段階すなわち1950年代後半には公害問題が顕在化していたにも関わらず、経済活動を優先したために深刻化したのである。その意味では、「科学的知見が未成熟だから」、「企業や政策当局によるガバナンスが機能しなかったから」公害が発生したのではなく、「科学的知見の軽視」と企業・政策当局による経済活動優先という「ガバナンス」が公害を発生させたのである。

　日本における石油化学工業は、1955年の通産省省議「石油化学工業の育成対策」以降、石油化計画（第一期：1955-1959年、第二期：1959-1963年）をはじめ、政府および財閥系企業を中心にしながら「計画的」に進められた。ここでいう「計画的」とは、第一に、通産省の国内需要予測や国際競争力分析に基づいて石油化学コンビナートの建設計画が進められたこと、第二に、旧海軍燃料廠の払い下げや港湾整備など政府からの強力な支援があったこと、第三に、揺籃期の石油化学工業の育成保護を行うとともに、チッソや昭和電工といったアセチレン系企業の石油化学系企業への転身を実質的に保証したことである。

　以上のカーバイド・アセチレン系から石油化学系への産業技術の転換に際して、地域住民や周辺の自然・環境への影響は事実上無視された。アセチレン系では1956年に水俣病が公式確認され、石油化学系では1960年以降には四日市をはじめ喘息で苦しむ人びとが続出した（図22.10、図22.11）。しかし、企業側は自らの原因を否定ないし否定のための研究を進める一方で、生産能力の拡張や増産を行

った。また政府や各地の自治体も被害実態の調査や検討会の設置はしたものの、徹底した原因究明は行わず、また原因企業に対する生産活動の制限や公害対策の義務化といった行政措置は行わなかった。

1960年代後半になると公害被害は各地でさらに深刻化し、住民運動、提訴といった地域での取り組みが活発化し、公害問題は社会的な課題として広く認識されるようになった。その結果、公害対策基本法（1967年、1970年改正）が制定された。

公害反対運動、公害規制を受けて企業では排煙脱硫装置や活性汚泥装置など公害防止技術を本格的に導入した。また生産プロセスで生じる副産物の環境中への排出を極小化するクローズド・システムや、ソーダ工業でのイオン交換膜法といった生産プロセスの転換による無公害化の試みがなされた。

図22.10 四日市の大気汚染（1960年代）

図22.11 喘息患者

第 23 章 科学と技術の軍事利用

　人類の歴史において戦争は 8,000 年前に始まったといわれるが、20 世紀は戦争の歴史の中でもその被害のあり方において特別な時代であった。

　産業革命以来の自由競争が中心の資本主義に対して、19 世紀後半から 20 世紀にかけて生産、流通、金融の各分野で独占企業が経済主体となる独占資本主義の時代が訪れた。独占企業は、国内市場が過剰資本を吸収しきれなくなると、商品だけでなく資本を国外に輸出するようになった。帝国主義列強諸国は、独占企業の経済的利益を確保・拡大させる対外政策をとり、世界を経済的・領土的に分割・再分割する二度の世界大戦を引き起こした。第一次世界大戦におけるイギリスの 3C 政策（カルカッタ、カイロ、ケープタウンを結ぶ植民地政策）やドイツの 3B 政策（ベルリン、ビザンチウム、バグダッドを鉄道で結び自国の経済圏に組込もうとする政策）、第二次世界大戦における日本の対アジア政策構想である「大東亜共栄圏」もその例である。

　戦争経済のもとでは、発達した生産力によって生み出された軍事手段（兵器）が民間人を含む無差別殺戮と大規模な環境破壊をもたらした。その象徴である大量破壊兵器は、無差別で長期的、遺伝的な被害をもたらすこともあり、開発・生産・貯蔵・使用・廃棄すべての段階で生命殺戮と環境破壊の原因となった。科学と技術の発達は、人類社会を豊かにする一方で、戦争被害と公害・環境問題の原因にもなってきたのである。

　研究開発は、科学がもたらす可能性を、客観的な物的手段である技術として実現する活動である。主な担い手は、産業革命期には個人の発明家であったが、独占資本主義の時代には、企業内研究所や政府機関・大学等に雇われた科学者・技術者となった。1929 年の大恐慌後は、経済活動の軍事化とともに、政府は軍部が関与した研究開発を組織し、戦時下には多数の科学者・技術者が軍事動員された。

　本章では、大量破壊・大量殺戮の手段である兵器の開発を取り上げ、物理・化学、生物・医学、航空宇宙分野の科学と技術が、どのように軍事利用されてきたのかを考える。

23.1 化学技術の軍事利用 ― 二度の世界大戦

　第一次世界大戦（1914－1918）では、騎兵と歩兵が衝突する戦場の姿が一変した。それまでの騎兵による突撃に対して、機関銃が採用されたことで防御側が有利になった。ドイツ軍と連合軍は英仏海峡から 700km 以上にわたって塹壕を掘り、塹壕の前の鉄条網が相手の突撃を防ぐことで、前線は膠着状態に陥った。そのため双方が工業力を総動員する総力戦となったが、その一方で塹壕を突破する戦車や、空気よりも比重が大きい毒ガスで塹壕に潜む兵士を攻撃できる化学兵器が開発された。

1915年4月、ドイツ軍がベルギーのイープルで塩素ガスをフランス軍陣地に放出した。当時のドイツ化学工業は大躍進を遂げており、食塩水を電気分解して苛性ソーダをつくる工程（電解法）から大量に生じる副産物の塩素を利用した。これをきっかけに両陣営は、より強力な毒ガスとその防護装置の開発を競い、戦争はエスカレートした。無色無臭で気づかれにくいホスゲン、マスクのみでは防護できないイペリット（マスタードガス）などが開発された。こうして大戦中に約30種類、12万5,000トンの毒性化学物質が使用され、死傷者は88〜130万人に達した。

ドイツ軍の化学兵器の開発責任者は、空気中の窒素を固定するアンモニア合成を理論的に基礎づけたハーバーであった（第22章参照）。ハーバーは、「科学者は平和時には世界に属するが、戦争時には祖国に所属する」と考えた。また、毒ガスによって戦争を早く終結させれば無数の人命を救えるとして自らを正当化した。

1925年には、世論の批判を背景に、毒ガス・細菌兵器の禁止に関するジュネーブ議定書が締結された。しかし、第二次世界大戦ではアジアとヨーロッパで毒ガスが再び使用された。ナチス・ドイツは、アウシュヴィッツをはじめとする強制収容所で青酸化合物チクロンBを使うなどして、数百万人のユダヤ人を虐殺した。また、主要国ではアメリカと日本がこの時期に議定書を批准せず、日本軍は1930年代から主に中国大陸で毒ガスを使用した。

図23.1　ドイツ軍による毒ガス放射攻撃(左)、アウシュヴィッツ強制収容所に連行されるユダヤ人(右)

日本軍では、広島県大久野島を中心に、1929−1944年の間に7,000〜8,000トンのイペリットやルイサイト、青酸を生産した。原材料は、主に三井・住友・三菱などの財閥系企業や新興財閥企業が供給しており、近代化された日本の化学技術が軍事に利用された。

日本政府は毒ガス使用が国際法違反であることを認識していたが、1928年に発効したジュネーブ議定の批准を拒み、軍部の独裁が強まると国際協調の枠組みから離脱した。1937年7月に日中全面戦争が始まると、装備が貧弱で毒ガスを兵器として保有していない中国軍に対して、日本軍は毒ガスを本格的に使用した。戦局が悪化すると、太平洋戦線の拡大に伴い兵力が不足し、それを補うために中国大陸で毒ガスが使用された。しかし、毒ガスの使用が国際的に知られるようになると、米英の連合軍の報復を恐れて東条英機参謀総長（首相・陸相を兼任）は1944年7月に毒ガスの使用中止を命じ、毒

ガス戦は終了した。敗戦時に、つくられた毒ガスの約半分は瀬戸内海の大久野島に残置されており、島外に持ち出された約半分は主に中国で使用・投棄・遺棄されたといわれる。

図 23.2 大久野島の毒ガス製造施設(左)、日本軍による中国江西省での毒ガス筒の実地訓練(1939年3月)(右)

23.2 生物・医療技術の軍事利用 ―日本陸軍731部隊

　生物兵器の実戦使用の一つに日本軍の事例がある。1932年から陸軍軍医学校の防疫研究室を中心に、中国東北部のハルビン、北京、南京、広東、シンガポールに防疫給水部がつくられた。その実態は人体実験を含む生物化学兵器の研究開発を行う国家ぐるみのネットワークを形成した「石井機関」と称されるものである。ハルビンの731部隊では、スパイ容疑などで逮捕された中国人やロシア人、朝鮮人、モンゴル人が「マルタ」と称する被験者とされ、生物化学兵器やワクチンの開発実験、病態や治療法の解明（人為的感染実験、凍傷実験、輸血実験、気圧減圧実験など）、軍医教育などの実験材料にされた。腸チフス菌とコレラ菌はノモンハン事件（1939年）や中国大陸の作戦で使用され、戦争末期には炭疽菌やペスト菌も量産された。媒介動物である蚤に、ペスト菌に汚染した鼠の血を吸わせてペスト蚤を培養し、これを陶器製の容器に入れた細菌爆弾が飛行機から投下された。

　人体実験をしたのは医師である。731部隊を創設した石井四郎陸軍軍医中将（1892－1959）は、出身の京都大学だけでなく、東京大学や大阪大学など主要大学の医学部教授らを防疫研究室の嘱託にし、弟子の派遣を要請した。教授らは研究費や資材確保で便宜を受け、派遣された医師はこれまでにはない研究環境を手に入れた。当時の大学医学部は、研究室ごとに教授を中心とする医局講座制がとられ、教授の派遣命令に逆らえない医師もいた。

　人体実験と生物戦に関わった医師たちは、毒ガス戦と同様に、極東国際軍事裁判（東京裁判）ではアメリカ軍へのデータの提供と引き換えに免責されて医学界に復帰した。たとえば生理学

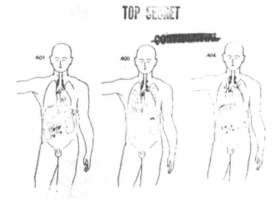

図 23.3 731部隊で行われた病原体の人体実験のレポート

者の吉村寿人は、真冬のハルビンで生きた被験者を屋外で拘束し、凍傷のメカニズムと治療法を調べる実験を主導した。吉村は戦後、京都府立医科大学の学長となり、日本生理学会への投稿論文では戦時中の凍傷実験データを掲載した。また、防疫研究室主任教官であった内藤良一は、凍結乾燥装置を用いて乾燥血漿を製造する戦時中の研究に基づき、石井の後任部隊長の北野政次らと医薬品企業を設立した。1964年からはミドリ十字と名前を変え、後に薬害エイズや薬害肝炎を引き起こす血液製剤を販売した。

戦後は、朝鮮戦争でのアメリカ軍や1980年代のソ連による生物兵器の使用が疑われたが、時間が経過すると細菌やウイルスが死滅するため生物兵器の使用の確認は難しく、米ソも疑惑を否定している。一方で化学兵器は、アメリカ軍がベトナム戦争（1960－1975）で熱帯林を利用するゲリラに対して枯葉剤を使用した。ダウケミカル社などの化学企業が製造した7万m³を超える枯葉剤が、南ベトナムの国土面積の約1割に散布された。1988年にはイラク軍がクルド人に化学兵器を使用した。戦時ではないが、日本ではオウム真理教が松本サリン事件（1994年）と地下鉄サリン事件（1995年）を起こした。

しかしながら、生物兵器は1975年、化学兵器は1997年に禁止条約が発効され、開発・生産・使用・貯蔵を国際的に禁じている。これにより67万発以上の中国の遺棄化学兵器の処理も日本政府に課された。同じ大量破壊兵器である核兵器は、核兵器禁止条約の国連決議にも関わらず、生物化学兵器とは異なって核実験や核保有の部分的な制約にとどまり、核兵器保有国は核兵器の保有に固執している。

23.3 核物理学と原子力技術の軍事利用 ―アメリカの原爆開発

原子爆弾は、核分裂連鎖反応を利用して膨大なエネルギーを取り出す。核分裂性物質であるウラン235やプルトニウム239に中性子が衝突すると原子核が分裂し、減少した質量分が熱エネルギーにかわる（$E=mc^2$）。同時に、α線、β線、γ線などの放射線とともに、2－3個の中性子が発生し、後者は核分裂連鎖反応が継続する条件となる。

物理学の世界では、19世紀末から原子核の構造の理解が進み、1938年12月にハーンがウランの核分裂を発見した（第20章参照）。1939年8月には、シラードが執筆してアインシュタインが署名した手紙が、アメリカのルーズベルト大統領に送られた。

この時の構想は30～40トンの天然ウラン爆弾で、爆発可能性がないばかりか兵器としては重すぎた。一方、イギリスに亡命していたフリッシュとパイエルスは、天然ウランに0.7%だけ含まれるウラン235のみを取り出した高濃縮ウラン爆弾を構想した。1941年7月のモード委員会（イギリス）の最終報告は、その内容を反映してウラン爆弾の実現可能性を示し、アメリカに伝えられた。同じ月にアメリカでは、シーボーグ（1912－1999）らの研究を踏まえて、ローレンス（1901－1958）がプルトニウム爆弾の実現可能性を示していた。こうして、1941年10月のホワイトハウス会談で本格的な原爆の開発が決定された。

原子兵器の原理が科学的に解明され、原爆開発は、原料である核分裂性物質の製造という技術的課題に移った。このことは、核兵器の不拡散や廃絶の課題が核分裂性物質の管理にあることをも示す。

技術的課題の第1はウラン235を90%以上に高濃縮することであった。天然ウランに0.7%だけ含

まれるウラン235と99.3％含まれるウラン238は化学的性質が同じなので、わずかな質量差（中性子3個分）を利用して、核分裂性物質であるウラン235をまず気体拡散法や熱拡散法で低濃縮してから、電磁分離法で高濃縮した。いずれも生産はテネシー州オークリッジでなされた。

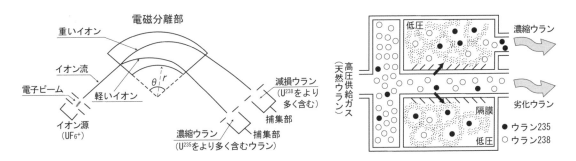

図23.4　ウラン濃縮に使用される電磁分離法(左)、気体拡散法(右)の原理

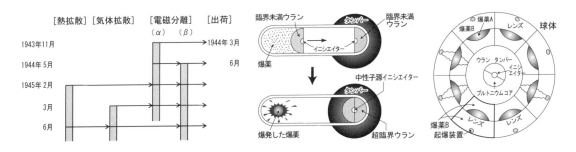

図23.5　ウラン235の生産体系(左)と砲撃法によるウラン爆弾(中)、爆縮法によるプルトニウム爆弾(右)

　気体拡散法は、コロンビア大学のユーリー（1893－1981）が開発責任者となり、ケロッグ社が量産工場を建設して1945年3月から低濃縮ウランを生産した。この方法は今日の原子力発電用の低濃縮ウランの製造にも利用されている。一方、電磁分離法は、ローレンスのグループがカリフォルニア大学放射線研究所で研究を行い、生産工場のクリントン・エンジニア・ワークスで1944年3月から高濃縮ウランを出荷した。

　技術的課題の第2はプルトニウムの製造であった。原子炉でウランを核分裂させると、さまざまな核分裂生成物が生じるが、その中からプルトニウムを化学的に分離できる。コンプトン（1892－1962）は、シカゴ大学に秘密の研究組織「冶金研究所」を新設し、1942年12月2日に人類初の原子炉「シカゴパイル1号（CP-1）」で核分裂連鎖反応を成功させた。パイロット・プラントをオークリッジに建設したのち、デュポン社が量産パイル（原子核反応炉）とプルトニウム精製工場をワシントン州ハンフォードに建設した。核爆発を起こすのに必要なプルトニウム爆弾の臨界質量は少なくて済み、大量生産できる経済性から、戦後は核弾頭にプルトニウムが用いられた。このハンフォード工場では、1987年の生産停止までに約55トンの核兵器用プルトニウムが製造された。

原子爆弾の最終的な組立は、オッペンハイマー所長（1904－1967）の指導のもと、ロスアラモス研究所で行われた。ウラン爆弾は組立が比較的容易な砲撃法だったが、プルトニウム爆弾は、核分裂性物質のプルトニウムを球状に配置し、これを爆薬で瞬間的に圧縮して核爆発させる爆縮法が採られた。その理由は、原子炉では、プルトニウム239だけでなく、自発的に中性子を放出して核分裂を引き起こすプルトニウム240もわずかにつくられるからである。プルトニウム爆弾は構造が複雑だったので1945年7月16日、爆発することを確認するためにアラモゴートで「トリニティ実験」が行われた。

　原爆投下から4ヵ月のうちに、広島では約14万人、長崎では約7万人が殺戮された。アメリカ政府は、原爆投下の目的を戦争早期終結としているが、二種類の原爆の爆破効果の実験的使用、あるいは戦後をみすえてソ連に対する軍事的な優位を示す戦略的な使用ではないかといわれている。

　原爆開発における研究開発の特徴は、第1に権限の集中と執行体制にある。20億ドルを投じた原爆計画の全権限は、大統領と軍、少数の行政官によって独占的に掌握された。第2に全米の科学者の軍事動員である。科学行政官のブッシュ（1890－1974）やコナント（1893－1978）が原爆計画を推進し、各開発担当部門の責任者にオッペンハイマーやノーベル賞受賞者のローレンス、ユーリー、コンプトンをすえ、それらの指導的科学者の影響力と人脈のもとに全米の科学者が動員された。第3に民間企業と労働者の軍事動員である。1941年に第一次戦力法が制定され、軍事上の情報は機密事項となり、また新規性に富む兵器の場合は、公開入札によらない費用プラス固定手数料契約とされた。企業が確実に利益を得られることで、軍産複合体が形成された。第4に機密管理のもとでの科学研究の公開の制限性である。原爆開発は、国民はもとより議会にも秘密裏に進められた。

　これらは、原爆開発にはじまり、水爆、弾道ミサイル、原子力潜水艦、アポロ計画と続くビッグプロジェクトでもみられる特徴である。

図23.6　原爆計画を推進した科学行政官（右からコナント、ブッシュ）と指導的科学者（左からローレンス、コンプトン）

23.4　航空宇宙技術と電子技術の軍事利用　─アメリカの軍産複合体

　戦後世界は、二度の世界大戦を経て戦前の帝国主義列強諸国が米ソを中心とする二つの陣営に集約され、両陣営が経済と軍事の両面で対抗する冷戦を迎えた。資本主義陣営は、経済面ではIMF・GATT体制のもとで自由貿易と世界市場の形成を目指し、日本は政治・軍事面ではアメリカを中心とする軍事同盟とアメリカ軍基地ネットワークのもとにおかれた。

　アメリカの対外政策は「国益」の確保と拡大を目的とするが、それは原材料やエネルギー資源、貿易・輸出市場と投資市場、交易ルートなどをめぐるアメリカ独占企業のグローバルな経済的利益（資

本蓄積）を意味している。目的を達するための軍事手段の物的基盤は、航空爆撃を中核とする軍事技術体系であり、弾頭（核・非核）を運搬手段（航空機・ロケット・艦船）に搭載し、指揮管制のもとで使用される。航空爆撃の手段は、第二次世界大戦でゲルニカ（1937年）、重慶（1938年）、1945年にはドレスデン、東京・名古屋・大阪、広島・長崎などに戦略爆撃と称する無差別的な都市爆撃が繰り返される中で、航空宇宙技術を中心に形成され、確立された。同時に、二度の世界大戦を経て、戦争は軍人の犠牲だけでなく、非戦闘員の犠牲を伴うようになった。こうして航空爆撃手段は、「冷戦」における核抑止戦略と「熱戦」における通常戦争戦略の物的な基礎をなしてきた。

アメリカの軍事支出は、1950－1960年代は連邦政府支出の40－70％、1970年代以降も15－40％を占めてきた。軍事調達の中心は、航空爆撃手段を中核とする軍事技術体系に対応し、軍用機、電子・通信、ミサイル、艦船であった。アメリカでは政府研究開発費も軍事と深い関係にある。冷戦期には国防総省とエネルギー省（原子力委員会）、NASA向けで全体の75－90％を占めた。これら政府機関を経由して研究開発費を得たのは、軍産複合体の基礎をなす原子力産業－航空宇宙・造船産業－電子・通信産業である。以下、核兵器の航空爆撃手段を中心に、その形成過程を追っていく。

核弾頭開発は原子力委員会と原子力産業が担った。水素爆弾は、重水素が核融合する際の質量欠損が爆発エネルギーとして放出されるが、反応に必要な超高温条件は原爆を使用して得た。1952年11月のアメリカ軍による水爆実験は、原料を冷却装置で液化させる湿式水爆であり、重量は65トンにも達した。爆撃機に搭載可能な乾式水爆は、ソ連が1953年8月に開発、遅れたアメリカは1954年3月1日に実験を行った。これが「ビキニ水爆実験」であり、第五福竜丸など多くの日本マグロ漁船が被災し、魚介類は放射能で汚染された。これを機に核兵器廃絶の世論が広がり、1955年7月には物理学者の湯川秀樹（1907－1981）らが署名したラッセル・アインシュタイン宣言が発表された。日本では、同年8月に原水爆禁止世界大会が実施され、その後も毎年開催されている。

アメリカでは、核弾頭の小型軽量化に見通しがつくと、運搬手段として大陸間を短時間で飛行するロケット（ミサイル）が、主にアメリカ空軍と航空宇宙産業によって開発された。アメリカ空軍は、1957年9月にダグラス社のソー（発射重量50t、改良型がデルタ）、同年12月にコンヴェア社のアトラス（120t）、1959年2月にマーチン社のタイタン（100t）の試射に成功した。

一方のアメリカ海軍は、造船産業や電機産業とともに原子力海軍を建設した。原子力潜水艦は、外部から酸素を取り込んで燃料させる必要がなく、長期間潜水し続けられるため隠密性が高い。先制核攻撃に対する報復戦力としての軍事的価値から、原子力潜水艦は、本来は必要な開発プロセスや安全性の確認が省略された。原子炉を受注したウェスチング・ハウス社は、最初の1号機から実験や修理がしにくい仮想の潜水艦船体内への原子炉建設（STR Mk-1）を強いられた。原子炉2号機は早くも実用艦に搭載され、1955年1月にエレクトリック・ボート社のノーチラス号が原子力航行を実現した。開発された加圧水型原子炉（PWR）は、核不拡散政策の転換により商業転用された。水中発射弾道ミサイル（SLBM）は、アメリカ海軍とロッキード社が、潜水艦に適合させるべく小型化・軽量化かつ安全性を考慮し、固体燃料のエンジンを開発した。1960年7月に原子力潜水艦からポラリスを水中発射した。こうして米ソは、核弾頭を運搬する戦略爆撃機とICBM、SLBMという「核の三本柱」の開発・量産を競うようになった。

時代は前後するが、ソ連が1957年10月に、コロリョフ（1907－1966）を中心に開発したR-7ロケット（発射重量270t）で人工衛星スプートニクを打ち上げると、アメリカ政府は1958年にARPA（高等研究計画局）とNASA（アメリカ航空宇宙局）を設立して宇宙開発を急いだ。1961年5月には、ケネディ大統領が1960年代中に月面着陸を目指すことを発表した。マーキュリー計画（地球周回軌道飛行）やジェミニ計画（ランデブー・ドッキングや船外飛行）で有人宇宙飛行の経験が蓄積され、1969年7月にアポロ11号が人類初の月面着陸に成功した（アポロ計画）。

　NASAは当初は非軍事目的に特化し、軍事目的の宇宙開発は国防総省が管轄することとして構想された。しかし、実際には設立時に軍事部門の組織がNASAに移管され、軍事と深く関わることになった。たとえば、アポロ宇宙船を打ち上げたサターン・ロケットは、陸軍からの移管組織であるマーシャル宇宙飛行センターで開発された。この所長のフォン・ブラウン（1912－1977）は、かつてナチス・ドイツのもとでV-2ミサイルを開発した。ドイツの降伏直前に投降してからはアメリカ陸軍に従事し、1958年1月にはジュピターCで、アメリカ初の人工衛星エクスプローラを打ち上げた。

　また宇宙船や衛星の打ち上げには、弾道ミサイルを衛星打ち上げ用に改良したアトラス、タイタン、デルタが主に用いられた。このことは、NASAの事業が航空宇宙産業に市場を提供していることを意味する。これらのロケットは、多くの軍事衛星を打ち上げた。米ソが1980年代初期までに打ち上げた人工衛星約3,000基のうち、7割は航行、通信、情報収集（早期警戒、写真偵察、気象、測地、電子情報、海洋監視）に利用する軍事衛星であった。

　核弾頭や宇宙船、人工衛星を打ち上げるための航空宇宙技術の発達は、電子技術と電子産業の形成を促した。ソ連が初期の大きな核弾頭にあわせて大推力のエンジンを開発したのに対して、アメリカでは核弾頭の小型軽量化を見込んでからICBMの開発を本格化させた。そのため、アメリカではロケットの推進力が不足し、核弾頭を誘導する電子機器の軽量化が求められた。それに応じたのは、航空宇宙産業が集積するロサンゼルスの周辺に、軍需を吸収することで成長したシリコンバレーの電子産業であった。こうして1960年代末までにはアメリカ軍の軍用電子機器はICチップ化され、シリコンバレーの半導体メーカーは急成長した。

　以上のように戦後のアメリカでは、核弾頭開発の一方で、原子力潜水艦や弾道ミサイルといった運搬手段、指揮管制に利用する人工衛星が開発された。さらに兵器の高性能化のために、兵器そのものだけでなく、その周辺的で要素的な技術である電子機器の軽量化や、電子技術の全面的利用が軍事技術開発で重視されるようになった。この過程で、民生分野ではコストが見合わなくても、軍事的な必要性から莫大な資金が投じられ、国家（軍部）がファースト・ユーザーとなって技術発達を促したのである。

　しかし、軍事技術開発のもとでは、コストよりも軍事的な性能、つまり製造技術よりも製品開発が重視される。そのため、軍事技術開発から生まれた電子技術や通信技術が民生分野の需要に応じるためには、民生分野のユーザーの要求に応えて、軍事用途とは異なる発達が求められるのである。逆に、非軍事分野で開発された民生技術であっても、優れた技術は常に軍事技術に組み込まれる可能性があり、周辺的な技術であっても軍事に特有の民生目的とは異なる発達が求められるのである。

第 24 章　電子制御の発達と生産の自動化

　資本主義社会のもとでは、技術は資本蓄積の物的基礎であり、企業は利潤を獲得するために技術を利用する。生産・流通・金融などさまざまな企業活動の中で技術が利用される一方で、技術の開発・生産の主な担い手は産業資本であった。本書では、これまで主に労働生産性を高める労働節約的な技術進歩について述べてきた。しかし、生産技術が複雑で高度になると巨額の設備投資が必要になり、回収期間が長期化する一方で激しい技術開発競争は技術の早期の陳腐化をまねく。そのため20世紀後半には、労働節約的な技術進歩に加えて、労働対象（原材料や資源）や労働手段（機械や装置）を節約する資本節約的な技術進歩が進んだ。また、生産過程・流通過程における原材料や中間原料・仕掛品、完成品といった在庫の停滞を回避する、あるいはリードタイムを短縮して資本の回転率を高めることが課題になった。

　ここで鍵を握ったのが、半導体やこれを用いたコンピュータなどの電子技術による制御機構の発達であり、それによって生産の自動化が進展した。

24.1　機械的な制御機構の発達と制御理論

　機械化や自動化の過程では、労働者の技能が労働手段の体系としての技術に吸収・統合される。経験や勘に頼って明示的には認識されない労働者の暗黙知は、文章や図表、数式で表現できる形式知として認識されることにより、技術の設計や開発に生かしやすくなる。その際に欠かせないのが制御機構の発達である。

　生産過程では主に、オルゴールのように定められた順序で動作を制御するシーケンス制御（プログラム制御）と、制御量と目標値とのズレを検出して一致させようとするフィードバック制御（追値制御）が用いられる。また、フィードバック制御には、制御量の状態をセンサで感知して温度や圧力、流量、組成、濃度を制御するプロセス制御と、位置や角度、方位、姿勢など幾何学的状態の制御量を目標値に追従させるサーボ機構がある。前者はボイラーのような装置、後者は溶接ロボットのような機械で用いられる。

　近代的なフィードバック制御の起源は、産業革命期のワット（1736−1819）の蒸気機関にみられる。ピストンの往復運動は歯車を介して回転運動に変換されて動力となるが、その動力供給には安定性が必要であり、回転速度を一定にするために、1788年に遠心調速器（ガバナ）が設けられた（図 15.5、15.6 参照）。その仕組みは蒸気機関の回転速度が上がると遠心力によってガバナのおもりが浮き上がり、この動きはてこを介して伝わり、蒸気のバルブが閉じることで回転速度を落とすというものであ

る。この仕組みのきっかけは共同経営者であるボールトン（1728－1809）の示唆による。製粉工場では石臼の回転速度を調整して粉の大きさを一定にすることが求められ、その速度制御作用が装置としてガバナに組み込まれた。その後、この速度制御の原理は産業横断的に普及し、水車だけでなく、ガソリンエンジンやディーゼルエンジンなどの内燃機関にも用いられた。

　プロセス制御の起源も産業革命の時代にみられる。ワットは、蒸気機関に蒸気を供給するボイラーにも、蒸気の圧力と水位をコントロールする制御機構を取り付けた。一方、1792年にイギリスで石炭ガスを利用したガス灯が紡績工場の照明に用いられると、19世紀初頭には街灯にも利用され、ガスはパイプで供給された。そこで、パイプ内の圧力変動を制御する必要から、クレッグは1815年にガスの圧力制御装置を発明した。

　サーボ機構は、大型蒸気船の出現に伴い、大きな抵抗を受ける舵を操作するために開発された。イギリスで造船されたグレート・イースタン（1858年進水）の舵は、当初は人力で制御されたが、1867年にサーボ機構が取り付けられ、舵手が角度の目標値を指令するとサーボモーターで舵の角度が制御された。

　近代的な制御機構の出現は、制御理論の発展をうながした。ワットの蒸気機関における速度制御機構の問題は、制御信号の入力と制御動作との間に遅れが生じるため、安定した定常状態に至るまでに時間が掛かったり、振動が大きくなったり、不安定になることであった。1827年にファーレイがこの問題を指摘したことが、フィードバック制御を理論的に解明する契機になった。今日に至る制御理論の源泉とされるのは、イギリスの物理学者マクスウェル（1831－1879）とラウス（1831－1907）の研究であり、制御の安定性を数学的に解析しうることを明らかにした。さらに、ロシアのヴィシュネグラードゥスキーが理論的解析の結果をグラフによって可視化したことで、学術的な理論研究を技術者や職人が利用しやすくなった。

　以上のように、遠心調速機に続くプロセス制御、サーボ機構というフィードバック制御機構の技術的実現は、制御理論という科学の発展を求めた。初期の制御機構は機械的な制御であったが、やがて電流の強弱を利用した電気的な制御、さらには電子制御（デジタル制御）が用いられるようになった。この電子制御の技術的基礎となったのが半導体とコンピュータであった。

24.2　メインフレームとしての大型コンピュータの発達

　20世紀後半には、それまでの真空管からトランジスタ、IC（集積回路）、LSI（大規模集積回路）という半導体技術の革新に応じてコンピュータが発達した。

　電子計算機としてのコンピュータは、第二次世界大戦中の弾道計算や暗号解読、原爆開発といった軍事的要求によって誕生した。ペンシルヴァニア大学のエッカート（1919－1995）とモークリー（1907－1980）は、陸軍（弾道研究所）と契約して、世界初の電子計算機の一つであるENIACを1946年に完成させた。しかし、1万8,800本の真空管は内部の電極が機械的な接点をもつため1日に1本の割合で故障し、計算手順（プログラム）の変更には配線の切り替えが手間になった。

　今日のコンピュータは基本的にプログラム内蔵式であり、ENIACとは異なり処理するデータやプロ

グラムを内部の記憶装置に保持する。この考案をめぐってエッカートとの裁判に発展したが、この方式は1945年6月にノイマン（1903－1957）が提起した。その基本構成は、①入出力制御装置を作動させる中央演算処理装置（CPU）、②命令内容の記憶装置（水銀遅延管やウィリアムズ管、磁気コアメモリ、半導体メモリ）、③命令を実行する入出力制御装置である。プログラムを内蔵できるようになると能率的なプログラム指示のために、人間の言語に近い指令体系（プログラム言語）を言語プロセッサ（一種のソフトウェア）で機械言語に変換してCPUの論理動作に対応させるようになった。

IBM（International Business Machines Corporation）は、当初、紙に開けた穴の有無やその位置で情報を記録したり読み取ったりするパンチカード式計算機を事業の中核とした。しかし、1953年には真空管式のコンピュータ（IBM701/650）、1959年にはトランジスタ式のIBM1401を開発し、毎分600行印刷するプリンタや金融、小売、製造業用のソフトウェアを備えて自社のパンチカード機を代替した。

これらのコンピュータの中核をなす半導体素子の起源は通信事業にある。1876年にベル（1847－1922）が電話を、1906年にド・フォレスト（1873－1961）が音声電流を増幅できる三極真空管（三極管）を発明すると、AT&T（アメリカ電信電話会社）は全米に電話網を構築した。三極管は、真空管内部の電極の間に挿入した第三の電極（グリッド）の電圧を変化させることで、電流の有無を制御するスイッチ機能や増幅機能を実現するものである。その機能は、パンチカードの穴の有無を0と1で表記する2進法に対応させて電子回路に組み込めば、計算やプログラミングに活用できた。

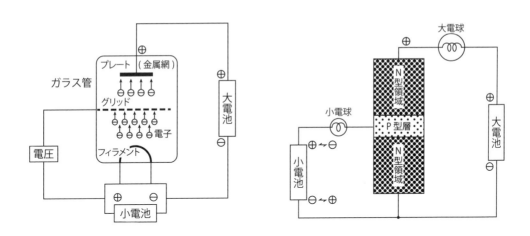

図24.1　三極真空管(左)、半導体トランジスタ(右)の原理

ところが、真空管は発熱や故障の問題を抱えており、その機能はトランジスタによって代替された。AT&Tの研究開発部門であるベル研究所のバーディーンとブラッテンは、1947年12月にトランジスタを開発し、翌年に一般公開した。AT&Tの機器製造部門であるWE社（Western Electric）は、1951年からゲルマニウムを用いてトランジスタを生産した。

1950年代半ばからは、半導体産業の舞台はカリフォルニア州シリコンバレーに移った。ショックレー半導体研究所（1955年設立）に集ったノイス（1927－1990）らは、経営能力を欠くショックレー（1910－1989）に不満を抱き、1957年にFCS社（Fairchild Semiconductor）を設立した。半導体素材に

ゲルマニウムよりも熱に強くて豊富に存在するシリコンが利用されたのもこの頃である。

さらにFCSのノイスと、TI社（Texas Instruments）のキルビー（1923−2005）は、トランジスタだけでなく抵抗器、ダイオード、コンデンサなど電気回路の構成要素をすべて結晶内に形成するICを別々に考案した。アメリカでは、1963年にトランジスタの売上が真空管を上回っていたが、1969年にはICがトランジスタを上回り、素子にICが使われる時代を迎えた。

一方のコンピュータ産業では、IBMが1960年代に独占的な地位を確立した。1964年に開発されたIBM360シリーズは、互換性をもちソフトウェアを共用できる6モデルのコンピュータと44種類の共通周辺機器から構成された。1970年に開発されたIBM370シリーズでは、演算素子にICが本格採用され、記憶装置も磁気コアメモリが半導体メモリに置き換えられた。IBMが独占したのは、企業の中央コンピュータなどに使用される大型コンピュータ（メインフレーム）市場で、1955−1980年に市場シェア5～7割を占めて、1980年には売上高262億ドル、純利益34億ドルに達した。

24.3 マイクロプロセッサの開発と分散型の電子制御

半導体の発達によって次第に市場は多様化した。DEC社（Digital Equipment Corporation）はICを用いて、旧式の大型コンピュータの能力をもちながら価格を10分の1程度に抑えたミニコンピュータ（ミニコン）を開発した。当時は、自らソフトウェアのプログラムを書ける科学者・研究者がいる大学や研究所をターゲットにしたこともコストの抑制につながり、1965年にPDP-8を1万8,000ドルで販売した。専用のアプリケーションを搭載したミニコンは、生産設備の電子制御にも用いられた。ミニコン市場は1980年代にはメインフレーム市場を脅かすまでに成長し、DEC社は1981年に約32億ドルを売り上げてIBMに次ぐコンピュータ・メーカーに成長した。

1966年にアメリカ半導体市場の1位と2位を占めたTI社（17％）とFCS社（13％）の顧客は、政府、なおいえば軍部であった。1963～65年にアメリカの国防総省とNASAはICを大量に使用する契約を両社と結び、TIは大陸間弾道ミサイルのミニットマンⅡ、FCSはアポロ宇宙船誘導コンピュータ向けなどの契約を受注した。1970年に1,000個（1K）の素子をもつ高集積のLSIが登場すると、半導体の発達は質的に変化してMPU（マイクロプロセッサ）が誕生し、PC（パーソナル・コンピュータ）の登場を決定づけた。

そのきっかけは日本の電卓開発競争にあった。早川電機（のちのシャープ）は、1964年にトランジスタ電卓コンペットを53万5,000円で発売すると、1969年にはロックウェル社のLSIを用いたマイクロコンペットを9万8,000円で販売した。価格と性能が競われる中、ビジコンによる電卓用LSIの依頼が発端となり、1971年に4ビット演算処理能力をもつインテルのMPU4004が開発された。その後、インテルが1974年に開発した8080（8ビット）はスイッチ入力によるMITS社のアルテアに、1978年に開発した8088（16ビット）はIBM PCに採用された。

1970年代半ばから形成されたPC市場では、ウォズニャック（1950−）とジョブズ（1955−2011）が設立したアップルが、キーボードやモニタ、フロッピーディスクドライブを備えたアップルⅡを1977年に販売した。PCゲーム、教育用から商業用にも用途が広がると、ようやく1981年にIBMが

PC市場に参入した。

　ミニコン、さらにはマイクロプロセッサを備えたPCの開発は、生産過程では、大型コンピュータをメインフレームとして利用する集中型の制御から、分散型の電子制御を実現する契機となった。

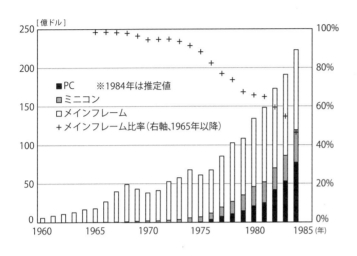

図24.2　アメリカのコンピュータ市場の製品群構成（左）と、ミニコンを用いた工作機械（右）

24.4　装置工業における生産プロセスの自動化

　電子技術の発達は、装置工業、さらには機械工業における電子制御と生産の自動化を促進した。素材を供給する鉄鋼業や化学工業、電力業は、原料に化学的変化（質的変化）をもたらす装置を主に用いる装置工業である。第二次世界大戦後、それらの装置が大型化すると、アナログ制御では複雑で数が増した制御ループに対応できなくなり、電子技術を用いたデジタル制御が有効になった。アメリカでは、1959年にTRW社（Thompson Ramo Wooldridge）の制御用コンピュータが精油施設に導入されて生産プロセスの電子制御に成功すると、電力業や鉄鋼業にも導入された。装置工業では、まず大型コンピュータを用いた集中型の制御システムが導入されたが、DEC社がミニコン（PDP-8）を販売し、さらにマイクロコンピュータが開発されると分散型の電子制御も利用されるようになった。

　電子制御の範囲は、まずは生産設備や生産工程（工場）、最終的には工場の全工程にわたる生産計画や生産管理に広がった。たとえば、1970年頃に新日鐵君津製作所で構築されたオール・オンライン・システムでは、中央コンピュータ（IBM360）による総合計画、そこから通信ケーブルで連結された各工場に生産を指示して実績を集計する生産管理、工場内で各生産設備に指示を出すプロセス制御、設備のモーターの回転の調整・制御などさまざまな場面でコンピュータが使用された。

　高炉（製銑工程）では、200本の温度センサ（熱電対）や形状センサから得た情報がコンピュータで処理され、原燃料（酸化鉄やコークス）を送るコンベアや20数個の送風機のモーターが制御され、銑鉄の生産量が調整された。製鋼工程の転炉で適度に脱炭された鋼は、連続鋳造を経てスラブ（鋼片）

に切断される。さらに圧延工程（熱間および冷間圧延）では、特定の寸法や性状に形づくられ、薄板（自動車や家電用）や厚板（船舶や建築、橋梁用）、鋼管や条鋼（軌条、形鋼、棒鋼、線材）など多様な鉄鋼製品が製造されている。1990年代半ばの新日鐵では、市場の求めに応じて20万種類という多彩な製品を生産していた。

熱間圧延の工程ではスラブを定められた寸法・性状に圧延する。たとえば、厚さ40mmで16.3mのスラブは、肉厚が1mmになれば総延長650mに圧延されてホット・コイルに巻き取られる。このとき連続する圧延機のローラーの回転と上下の動き（間隔調整）は、厚みセンサや温度センサから得る検知情報をコンピュータが処理してモーターの回転を制御することで調整される。少しの調整ミスが大事故を引き起こしかねず、熱延工程を制御するソフトウェアはユーザーである新日鐵とメーカーの東芝が3年をかけて共同開発し、プログラムは70万行に達し、厚さ10cmのA4判ファイルで80冊になった。この結果、熱延工場の製品精度は誤差数ミクロンに達し、生産の歩留まりと効率が向上した。

この事例からもわかるように、自動制御の実現には電子技術だけでなく、状態検出のためのセンサ、操作器としてのアクチュエータ、制御系の解析と設計のための制御理論なども必要になる。

ライン全長600m。奥に7基連続の仕上熱間圧延機と交換用ローラーがある。
図24.3　鉄鋼業の高炉(上)、新日鐵名古屋製鐵所の熱間圧延(熱延)工場(下)

24.5　機械工業における生産技術の電子化

自動車や家電などの機械工業では、切削・プレス・鍛造・成形・板金・溶接などによって作業対象に物理的変化（形状変化）をもたらす機械を主に利用し、生産工程は素材から部品を製造する機械加工工程や組立工程で構成される。機械工業における自動化、とりわけコンピュータを用いた電子制御は、設計・開発、個別の機械や設備、生産工程、工場単位の生産管理や在庫管理など、さまざまな場面で導入された。

機械加工工程では、加工物を回転させて切削する旋盤（ろくろと同じ原理）と、工具を回転させて加工物を切削するフライス盤が基本的な手段として用いられる。

図24.4　普通旋盤（左）、NCフライス盤（スキンミラ、右）

アメリカでは、航空機や兵器の大型部品など、複雑な形状の部品加工を自動化するために、工作機械のNC化、つまり数値制御（Numerical Control）が実現された。1952年、米空軍と契約したJ.T. パーソンズは、MITサーボ機構研究所と協力して3軸制御NCフライス盤を開発した。朝鮮戦争では、米空軍のF-86ジェット戦闘機がソ連軍の戦闘機に対抗していた。さらなる高速化のために課題とされたのは、流線型の主翼を金属塊から一体的に削り出すことで、継ぎ目をなくした分だけ軽量化を図ることであった。フライス盤は、工具と加工対象を設置した作業台の両方をX軸・Y軸・Z軸方向に移動させられるので、複雑な曲面を削るのに適したうえに、作業台であるベッドを大きくすれば主翼のような大型部品を一体的に削ることもできる。米空軍の後押しを受けて、NCフライス盤はまず航空機産業で普及した。

一方、1970年代半ばからの日本では、自動車や家電など耐久消費財の多様な形状・寸法の部品を同一の機械で加工するために、NC旋盤が普及した。日本の自動車産業は外注率が高く、数多くの中小企業が生産を請け負い、個々の中小企業における生産量は必ずしも大きくなかった。さらに中小企業は、自動車に限らず多様な取引先のさまざまな部品加工を請け負ったため、汎用性が高く、段取り替えなど実加工以外の時間を短縮し、治具や取付具を節約できる機械を求めた。そこに、未熟練労働者であってもプログラムを変えれば、同一の機械で多様な形状・寸法の部品加工を容易に生産できる。ここにNC旋盤が普及する理由があった。他方アメリカでは、自動車産業の内製率が高く生産規模も大きいことから、特定の形状や寸法の部品を加工するNC化されていない専用工作機械の複合体であるトランスファマシンが大規模機械加工工場で使用され、日本のように旋盤のNC化は進まなかった。

NC旋盤の制御には、当初はミニコン、やがてマイクロコンピュータが用いられた。とりわけ石油危機後の日本では、自動車産業や家電産業の多品種生産に対応するために、NC旋盤が中小企業を含めて広範に導入された。その結果、日本とアメリカとのNC化率は、1973年の1.3％と1.1％から、1980年の12.3％と3.6％、1989年の32.6％と5.8％と推移し、ME（Micro Electronics）化が日本で急速に進んだことがわかる。

機械加工工程に比べて組立工程は、労働過程が多様で複雑であることから相対的に自動化が遅れてきたが、1980年代末には日本で14,250台、アメリカで4,700台、西ドイツで17,700台の産業ロボットが溶接や塗装、組立工程で利用されるなど電子技術が利用された。

　コンピュータは設計・開発の段階でも導入され、コンピュータの計算・処理能力を利用した単純で膨大な繰り返し計算や、設計情報のコンピュータ処理、グラフィック機能を利用した3次元の図面作成・処理、設計情報を用いた複雑な機械加工のコンピュータ制御も実現された。

　たとえば航空機産業では、設計技術者が三面図を製図して頭の中で立体を描き、石膏モデルをつくって部品同士の干渉の有無を確認していた。ところが1970年代末頃から、三面図がそのままコンピュータ画面に映し出される2次元CAD（Computer Aided Design）に置き換えられ、1980年代後半には3次元CAD（たとえばフランスのダッソー・システムズ社が開発したCATIAなど）によってコンピュータ画面に立体を描いて干渉も確認できるようになり、実物大モデルは不要になった。

　またコンピュータは、装置工業と同様に機械工業でも生産管理に取り入れられてきた。たとえばトヨタ自動車では、混流による多品種生産をしつつも在庫を圧縮するために、各工程に必要な物を、必要なときに、必要な量だけ供給することを目指すJIT（Just in Time）を追求してきた。1990年代までに確立されたトヨタの情報システムは、販売店、海外現地工場や代理店、車体メーカーやサプライヤとの間に構築され、市場における需要の変化を可能な限りで予測し、生産実施の直前まで細かな仕様の変更にも対応する柔軟な生産の仕組みをつくりだした。自社内部では、本社における受注管理や生産実績管理といった生産管理には大型コンピュータ、工場における生産順序計画や生産実績管理といった生産管理にはミニコン、工程管理やライン管理には生産ライン単位のコンピュータを用いて、ライン制御でロボットの動きを制御した。売れ残りが生じないように在庫を圧縮するためには、正確な販売予測が欠かせない。

　生産計画や生産管理を含めて、生産プロセスは全体として機械化、自動化を指向してきた。機械の発達という意味では、機械は、機能の異なる複数の機械と機械が連携して協業する機械の連鎖体系に発達し、さらにそれぞれの機械が人間の助力なしに自動的に加工する自動機械となり、それらが相互に連携し協業する自動機械体系に転じてきた。

　人間労働における制御の対象に着目すると、まず、労働手段が人間の手の延長としての道具であった時代には、人間は道具の動きを制御して労働対象に働きかけていた。産業革命期に本来の機械が出現すると、人間は機械を操作（制御）して労働対象に働きかけるようになった。機械は、適当な運動が伝えられると、以前に労働者が道具で行っていたものと類似の作業を行う機構（作業機）が組み込まれている。さらに、人間による操作（制御）や機械の各要素に内在する制御機能のうち、コンピュータを利用した自動制御機構が分離・独立してくると、人間の働きかけの対象は機械から制御機構に移った。本節で述べたように、この生産の自動化において、電子技術は大きな役割を担ったのである。

　ただし、機械化や自動化が進展しても、機械の開発や管理、補修、動作のプログラミング（教示）や切り替え、ソフトウェアやシステムの開発には新たな労働が求められたり、新たな産業が誕生するなど、必ずしもただちに職人や技能者、熟練労働者を含めた労働者が生産過程から排除されたり、人間労働が消滅するわけではない。

主な参考文献

[第1部]

R.リーキー・R.レウィン（寺田和夫訳）『ヒトはどうして人間になったか』岩波現代選書、1981年

C.スタンフォード（長野敬・林大訳）『直立歩行－進化への鍵－』青土社、2004年

片山一道（責任編集）『人間史をたどる－自然人類学入門－』朝倉書店、1996年

埴原和郎『人類の進化－20世紀の総括－』講談社学術文庫、2004年

寺沢恒信『意識論』大月書店、1984年

J.D.バナール（鎮目恭夫訳）『歴史における科学』みすず書房、1967年

兵藤友博・雀部晶『技術の歩み〔増補版〕』ムイスリ出版、2003年

K.P.オークリー（国分直一・木村伸義訳）『石器時代の技術』ニューサイエンス社、1971年

藤本強『石器時代の技術』教育社、1980年

G.チャイルド（禰津正志訳）『文明の起源　上・下』岩波新書、1951年

K.セグリマン（平田寛訳）『魔法－その歴史と正体』平凡社、1961年

中山茂『占星術』紀伊国屋書店、1964年

ボイヤー（加賀美鐵雄・浦野由有訳）『数学の歴史　1・2』朝倉書店、1983、1984年

飯沼二郎『風土と歴史』岩波書店、1970年

伊藤嘉昭『人間の起源』紀伊国屋書店、1966年

岩城正夫『原始技術史入門』新生出版、1980年

大月書店編集部編（F.エンゲルス）『サルが人間化するにあたっての労働の役割他10篇』大月書店、1965年

[第2部]

『古在由重著作集　第一巻　現代哲学と唯物論』勁草書房、1965年

村田数之亮『世界の歴史4　ギリシア』河出書房新社、1989年

伊藤貞夫『古代ギリシアの歴史』講談社学術文庫、2004年

岩崎允胤『ギリシア・ポリス社会の哲学』未来社、1994年

J.トムソン『最初の哲学者たち』岩波書店、1958年

平田寛『科学の起源－古代文化の一側面－』岩波書店、1974年

B.ファリントン（出隆訳）『ギリシア人の科学　上』岩波新書、1955年

山本光雄訳編『初期ギリシア哲学者断片集』岩波書店、1958年

H.ガスター（矢島文夫訳）『世界最古の物語』社会思想社、1973年

ダンネマン（安田徳太郎訳）『大自然科学史　2』三省堂、1977年

ボイヤー（加賀美鐵雄・浦野由有訳）『数学の歴史　2』朝倉書店、1984年

平田寛『科学の起源』岩波書店、1974年

山本光雄『アリストテレス』岩波新書、1977 年

太田秀通『生活の世界歴史 3　ポリスの市民生活』河出書房新社、1991 年

藤村潤・肱岡義人・江上生子・兵藤友博『科学その歩み』東京教学社、1988 年

『プラトン全集 12　ティマイオス』（種山恭子訳）、岩波書店、1975 年

『アリストテレス全集 3　自然学』（出隆訳）岩波書店、1968 年

『アリストテレス全集 4　天体論　生成消滅論』（村治能就、戸塚七郎訳）岩波書店、1968 年

『アリストテレス全集 6　霊魂論　自然学小論集　気息について』（山本光雄、副島民雄訳）岩波書店、1968 年

『アリストテレス全集 8　動物誌：下　動物部分論』（島崎三郎訳）岩波書店、1969 年

『アリストテレス全集 9　動物運動論　動物進行論　動物発生論』（島崎三郎訳）岩波書店、1969 年

『アリストテレス全集 12　形而上学』（出隆訳）岩波書店、1968 年

レーニン（松村一人訳）、『哲学ノート』岩波文庫、1956 年

Ch.シンガー（伊東俊太郎・木村陽二郎・平田寛訳）『科学思想のあゆみ』岩波書店、1968 年

中村禎里『生物学を創った人々』みすず書房、2000 年

ダンネマン（安田徳太郎訳）『大自然科学史　2』三省堂、1977 年

木村雄吉『ギリシアの生化学　生命の科学の思想的源流』中央公論社、1975 年

ウィトルーウィウス（森田慶一訳註）『建築書』東海大学出版部、1979 年

E.M.ジューコフ監修責任（江口朴郎他監訳）『世界史：古代 6』東京図書、1961 年

Ch.シンガー（伊東俊太郎、木村陽二郎、平田寛訳）『科学思想のあゆみ』岩波書店、1968 年

R.J フォーブス（田中実訳）『技術の歴史』岩波書店、1956 年

Ch.シンガー他（1-4：平田寛・八杉龍一、5-6：田名実、7-8：田辺振太郎、9-10：高木純一、11：山田慶児、12：柏木肇訳編）『技術の歴史　1-12』筑摩書房、1978-81 年

大沼正則『技術と労働』岩波書店、1995 年

秋間実『人類史への散策』新日本出版社、1977 年

堀江英一『経済史入門』有斐閣、1971 年

J.ギャンベル（坂本賢三訳）『中世の産業革命』岩波書店、1978 年

原善四郎『鉄と人間』新日本出版、1988 年

藤原武『ローマの道の物語』原書房、1985 年

今井宏（著訳）『古代ローマの水道』原書房、1987 年

芝原拓自『所有と生産様式の理論』青木書店、1972 年

T.S.レイノルズ（末尾至行、藤原良樹、細川欵延訳）『水車の歴史』平凡社、1989 年

O.ノイゲバウアー（矢野道雄、斎藤潔訳）『古代の精密科学』恒星社厚生閣、1984 年

伊東俊太郎『近代科学の源流』中公書店、1978 年

矢島祐利『アラビア科学の話』岩波書店、1977 年

[第3部]
(第9章、第11章)
豊田利幸責任編集『世界の名著　21　ガリレオ』中央公論社、1973年
サンティリャーナ（武谷三男監修、一瀬幸雄訳）『ガリレオ裁判』岩波書店、1973年
シテクリ（松野武訳）『ガリレオの生涯』東京図書、1977年
W.シーア、M.アルティガス（浜林正夫、柴田知薫子訳）『ローマのガリレオ』大月書店、2005年
『レオナルド・ダ・ヴィンチの手記　上・下』（杉浦明平訳）岩波書店、1954、1958年
ラディスラオ・レティ編（小野健一他訳）『知られざるレオナルド』岩波書店、1975年

(第10章)
Ch.シンガー他編（田中実訳編）『増補　技術の歴史　ルネサンスから産業革命へ　下　6』筑摩書房、1978年
ウェストフォール（渡辺正雄、小川真理子訳）『近代科学の形成』みすず書房、1980年
トーマス・クーン（常石敬一訳）『コペルニクス革命』講談社、講談社学術文庫、1989年
アーサー・ケストラー（小尾信彌・木村博訳）『ヨハネス・ケプラー ―近代宇宙観の夜明け』筑摩書房、ちくま学芸文庫、2008年
山本義隆『磁力と重力の発見3　近代の始まり』みすず書房、2003年
ガリレオ・ガリレイ（青木靖三訳）『天文対話　上』岩波書店、岩波文庫、1959年
伊東俊太郎『人類の知的遺産　31　ガリレオ』講談社、1985年
伊藤和行『ガリレオ―望遠鏡が発見した宇宙』中央公論新社、中公新書、2013年

(第12章)
坂本賢三『人類の知的遺産　30　ベーコン』講談社、1981年
ベーコン（桂寿一訳）『ノヴム・オルガヌム　新機関』岩波書店、岩波文庫、1978年
ベーコン（川西進訳）『ニュー・アトランティス』岩波書店、岩波文庫、2003年
詫間直樹氏の記事　http://blog.goo.ne.jp/titech-gijutsu/e/2b853bad1654a5302b8e8ae591d3778d
http://www.mping-berlin.mpg.de/Galileo_Prototype/HTML/F107_V/F107_V.HTM（最終閲覧日 2019年8月20日）
デカルト（桂寿一訳）『哲学原理』岩波書店、岩波文庫、1964年
デカルト（桝田啓三郎訳）「哲学の原理」『世界の大思想　7』河出書房、1965年
デカルト（神野慧一郎訳）「世界論」『世界の名著　22　デカルト、野田又夫責任編集』中央公論社、1967年
所雄章『人類の知的遺産　32　デカルト』講談社、1981年
野田又夫『デカルト』岩波書店、岩波新書、1953年
ウェストフォール（渡辺正雄、小川真理子訳）『近代科学の形成』みすず書房、1980年
H・バターフィールド（渡辺正雄訳）『近代科学の誕生　上』講談社、講談社学術文庫、1978年
ガリレオ（豊田利幸訳）「レ・メカニケ」豊田利幸責任編集『世界の名著　21　ガリレオ』中央公論社、1973年

ガリレオ・ガリレイ（今野武雄・日田節次訳）『新科学対話　下』岩波書店、岩波文庫、1948 年

スティルマン・ドレイク（赤木昭夫訳）『ガリレオの思考をたどる』産業図書、1993 年

高橋憲一『ガリレオの迷宮』共立出版、2006 年

スティルマン・ドレイク（田中一郎訳）『ガリレオの生涯①　―ピサの斜塔と自由落下』共立出版、1984 年

野田又夫『パスカル』岩波書店、岩波新書、1953 年

萩原明男『人類の知的遺産　37　ニュートン』講談社、1982 年

ニュートン（川辺六男訳）『自然哲学の数学的諸原理　世界の名著　26』中央公論社、1971 年

アイザック・ニュートン（中野猿人訳）『プリンシピア―自然哲学の数学的原理』講談社、1977 年

中島秀人『ロバート・フック』みすず書房、1997 年

中島秀人『ロバート・フック―ニュートンに消された男』朝日新聞社、1996 年

山本義隆『重力と磁力の発見 3　近代の始まり』みすず書房、2003 年

中村誠太郎監訳『チャンドラセカールの「プリンキピア」講義』講談社、1998 年

和田純夫『プリンキピアを読む―ニュートンはいかにして「万有引力」を証明したのか』講談社、2009 年

ベー・エム・ゲッセン（秋間実、稲葉守、小林武信、渋谷一夫訳）『ニュートン力学の形成―プリンキピアの社会的経済的根源』法政大学出版局、1986 年

島尾永康『ニュートン』岩波書店、岩波新書、1979 年

（第 13 章）

J.G.クラウザー(鎮目恭夫訳)『産業革命の科学者たち』岩波書店、1962 年

A.J. アイド(鎌谷親善、藤井清久、藤田千枝訳)『現代化学史 1 ―基礎理論の時代』みすず書房、1972 年

W.H.ブロック(大野誠、梅田淳、菊池好行訳)『化学の歴史 I』朝倉書店、2003 年

T.H.ルヴィア(化学史学会監訳、内田正夫編集)『入門化学史』朝倉書店、2007 年

ドルトン(田中豊助、原田紀子、相悠紀江共訳)『化学の新体系』内田老鶴圃、1986 年

"Priestley, Joseph." Encyclopædia Britannica. Encyclopædia Britannica Ultimate Reference Suite. Chicago: Encyclopædia Britannica, 2014.

Henry Guerlac, "Antoine-Laurent Lavoisier," in *Dictionary of Scientific Biography*, vol. 8,(1981): pp. 66-91.

山本義隆『熱学思想の史的展開 1　―熱とエントロピー』ちくま学芸文庫、2008 年

[第 4 部]

（第 14 章）

ポール・マントゥ（徳増栄太郎、井上幸治、遠藤　輝明訳）『産業革命』東洋経済新報社、1964 年

エリック・ホブズボーム（浜林正夫、神武庸四郎、　和田一夫訳）『産業と帝国　新装版』未來社、1996 年

荒井政治、内田星美、鳥羽欽一郎編『産業革命の技術＜産業革命の世界 2＞』有斐閣、1981 年

D・S・L・カードウェル（金子務訳）『技術・科学・歴史―転換期における技術の諸原理』河出書房新

社、1982 年

Edward Baines, *History of the Cotton Manufacture in Great Britain* (London: H.Fisher, R. Fisher, and P. Jackson, 1835)

A.E.Musson, Eric Robinson, Foreword to the Second Printing by Margaret C. Jacob, *Science and Technology in the Industrial Revolution* (Gordon and Breach, 1989)

堀江英一「イギリス紡績業における機械体系の確立過程」『経済論争』第99巻第1号、1967年、42-65頁。

Richard Benjamin, David Fleming Forwarded by Reverend Jesse Jackson, *Transatlantic Slavery: An Introduction* (Liverpool: Liverpool University Press, 2010)

Gillian Cookson, "Richard Roberts," *Oxford Dictionary of National Biography* Online.

(第15章)

John Farey, *A Treatise on the Steam Engine, historical, practical, and descriptive*, vol.1 (London: Longman, Rees, Orme, Brown, and Green, 1827)

H.W. Dickinson, *James Watt, Craftsman & Engineer* (Cambridge: Cambridge University Press, 1935) 邦訳 原光雄訳『ジェームズ・ワット』創元社、1941年

H. W. Dickinson, *A Short History of the Steam Engine* (Cambridge: Printed for Babcock & Wilcox, at the University Press, 1938) 邦訳 H・W・ディキンソン (磯田浩訳)『蒸気動力の歴史』平凡社、1994年

L.T.C. Rolt, *Tools for the Job: A History of Machine Tools to 1950* (London: Her Majesty's Stationary Office, Revised edition 1986)

Edited by Charles Singer, E.J. Holmyard, A.R. Hall and Trevor I. Williams; Assisted by Y. Peel, J.R. Petty, M Reeve, *A History of Technology: Volume IV The Industrial Revolution c1750 to c 1850* (New York and London, Oxford University Press, 1958)

Eric Robinson and A.E Musson, *James Watt and the steam revolution: a documentary history* (London: Adam & Dart, 1969)

D・S・L・カードウェル (金子務監訳)『蒸気機関からエントロピーへ——熱学と動力技術』平凡社、1989年

Richard L. Hills, *James Watt, Volume 1: His time in Scotland, 1736-1774* (Derbyshire: Landmark Publishing, 2002)

Richard L. Hills, *James Watt, Volume 2: The Years of Toil, 1775-1785* (Derbyshire Landmark Publishing, 2005)

小林 学「ジェームズ・ワットによる蒸気機関の改良」科学教育研究協議会編集/日本標準刊『理科教室』No.636(Vol.50 No.12)、2007年12月、98-101頁

山崎正勝・小林学編著『学校で習った「理科」をおもしろく読む本——最新のテクノロジーもシンプルな原理から』JIPMソリューション、2010年

石谷清幹「技術發達の根本要因と技術史の時代區分」『科學史研究』第35號、1955年、28-38頁

（第 16 章）

エミリオ・セグレ（久保亮五、矢崎裕二訳）『古典物理学を創った人々 ―ガリレオからマクスウェルまで』みすず書房、1992 年

ダビド・K.C.マクドナルド（原島鮮訳）『ファラデー、マクスウェル、ケルビン ―電磁気学のパイオニア』河出書房新社、1968 年

ナンシー・フォーブズ（米沢富美子・米沢恵美訳）『物理学を変えた二人の男 ―ファラデー、マクスウェル、場の発見』岩波書店、2016 年

山崎俊雄・木本忠昭共著『新版 電気の技術史』オーム社、1992 年

W.H.ブロック（大野誠・内田淳・菊池好行訳）『化学の歴史 I』朝倉書店、2003 年

T.H.ルヴィア（化学史学会監訳、内田正夫編集）『入門科学史』朝倉書店、2007 年

広重徹 訳と解説『カルノー・熱機関の研究』みすず書房、1973 年

奥山修平、河村豊、雀部晶、田中国昭編著『電気技術史概論』ムイスリ出版、2000 年(初版第 4 刷)。

小林学『19 世紀における高圧蒸気機関に関する研究 ―水蒸気と鋼の時代』北海道大学出版会、2013 年

"electromagnetism." Encyclopædia Britannica. Encyclopædia Britannica Ultimate Reference Suite. Chicago: Encyclopædia Britannica, 2014.

"arc lamp." Encyclopædia Britannica. Encyclopædia Britannica Ultimate Reference Suite. Chicago: Encyclopædia Britannica, 2014.

"Davy, Sir Humphry, baronet (1778- 1829)," *Oxford Dictionary of National Biography* Online

"Maxwell, James Clerk (1831- 1879)," *Oxford Dictionary of National Biography* Online

（第 17 章）

ヴォルテール（林達夫訳）『哲学書簡』岩波書店、1951 年

ディドロ、ダランベール編（桑原武夫訳編）『百科全書』岩波書店、1971 年

科学の名著 第Ⅱ期 5 ラマルク（高橋達明訳）『動物哲学』朝日出版社、1988 年

ダーウィン（八杉竜一訳）『種の起源 上・下』岩波文庫、1990

ダーウィン（島地威雄訳）『ビーグル航海記 上・中・下』岩波書店、1959－1961 年

八杉竜一『ダーウィンの生涯』岩波書店、1976 年

八杉竜一『進化論の歴史』岩波書店、1969 年

八杉竜一『近代進化思想史』中央公論社、1972 年

八杉竜一『生物学の歴史 上・下』日本放送出版協会、1984 年

横山輝雄『生物学の歴史』放送大学教育振興会、1997 年

溝口元・松永俊男『生物学の歴史』放送大学教育振興会、2005 年

松永俊男『ダーウィン前夜の進化論争』名古屋大学出版会、2005 年

矢島道子・和田純夫編『はじめての地学・天文学史』ベレ出版、2004 年

G.R.テイラー（矢部一郎・江上生子・大和靖子訳）『生物学の歴史 1・2』みすず書房、1976－1977 年

(第18章)

大沼正則編『化学工業の発明発見物語：鉄からプラスチックまで』国土社、1983年

加藤邦興『化学の技術史』オーム社、1980年

久保田宏・伊香輪恒男『ルブランの末裔：明日の化学技術と環境のために』東海大学出版会、1978年

Ch.シンガー編（田辺振太郎訳編）『技術の歴史 第7巻：産業革命(上)』筑摩書房、1979年

L.F.ハーバー（水野五郎訳）『近代化学工業の研究：その技術・経済史的分析』北海道大学出版会、1977年

山崎俊雄『化学技術史：大工業と化学技術』中教出版、1953年

(第19章)

ルードウィヒ・ベック（中沢護人訳）『鉄の歴史 III-2』たたら書房、1968年

中沢護人『鋼の時代』岩波書店、岩波新書、1964年

中沢護人『ヨーロッパ鋼の世紀──近代溶鋼技術の誕生と発展』東洋経済新報社、1987年

[第5部]

(第20章)

岩崎允胤・宮原将平『現代自然科学と唯物弁証法』大月書店、1972年

L.M.ブラウン・L.ホジソン編（早川幸男監訳）『素粒子物理学の誕生』講談社、1986年

Y.ネーマン・Y.キルシュ（近藤都登監訳）『素粒子物理学への招待』啓学出版、1990年

S.ワインバーグ（本間三郎訳）『電子と原子核の発見』日経サイエンス社、1986年

兵藤友博『科学的認識活動の現代的展開とこれを基礎づけた産業活動との相互作用に関する考察』立命館経営学、51巻5号、2013年

山崎正勝・兵藤友博・奥山修平・大沼正則『科学史その課題と方法』青木書店、1990年

M.S.リヴィングストン（山口嘉夫、山田作衛訳）『加速器の歴史』みすず書房、1972年

海部宣男『電波望遠鏡をつくる』大月書店、1986年

安藤裕康『世界最大の望遠鏡『すばる』』平凡社、1998年

戸塚洋二『地底から宇宙をさぐる』岩波書店、1995年

島村英紀『地球の原と胸の内』情報センター出版局、1988年

今井功・片田正人『地球科学の歩み』共立出版、1978年

F.H.ポーチュガル・J.S.コーエン（杉野義信、杉野奈保野訳）『DNAの世紀 I・II』岩波書店、1980年

中村禎里『20世紀自然科学史 生物学 上・下』三省堂、1982、1983年

八杉龍一『生物学の歴史（上）（下）』NHKブックス、1984年

G.R.テイラー（矢部一郎、江上生子、大和靖子訳）『生物学の歴史 1・2』みすず書房、1977年

(第21章)

デーヴィッド・A・ハウンシェル（和田一夫・金井光太朗・藤原道夫訳）『アメリカン・システムから大量生産へ 1800〜1932』名古屋大学出版会、1998年

オットー・マイヤー、ロバート・C・ポスト編（小林達也訳）『大量生産の社会史』東洋経済新報社、1984 年

橋本毅彦『「ものづくり」の科学史―世界を変えた《標準革命》』講談社、講談社学術文庫、2013 年

中山秀太郎『技術史入門』オーム社、1979 年

下川浩一『世界自動車産業の興亡』講談社、講談社現代新書、1992 年

ヘンリー・フォード（豊士栄訳）『ヘンリー・フォードの軌跡』創英社／三省堂書店、2002 年

John Scott, *Genius Rewarded or, The story of the sewing machine* (New York: John J. Caulon, 1880)

Gary Scott Smith. "McCormick, Cyrus Hall"; http://www.anb.org/articles/10/10-01098.html; *American National Biography Online* Feb. 2000. Access Date: Sun Mar 20 2016 00:50:24 GMT+0900

Oliver Evans, *The Young Mill-wright and Miller's Guide* (Philadelphia: The Author, 1795)

"Ford, Henry." Encyclopædia Britannica. Encyclopædia Britannica Ultimate Reference Suite. Chicago: Encyclopædia Britannica, 2014.

"Ford Motor Company." Encyclopædia Britannica. Encyclopædia Britannica Ultimate Reference Suite. Chicago: Encyclopædia Britannica, 2014.

（第 22 章）

加藤邦興『化学の技術史』オーム社、1980 年

加藤邦興『化学機械と装置の歴史』産業技術センター、1978 年

久保田宏・伊香輪恒男『ルブランの末裔：明日の化学技術と環境のために』東海大学出版会、1978 年

近藤完一『日本化学工業論』勁草書房、1968 年

日本エネルギー経済研究所編『戦後エネルギー産業史』東洋経済新報社、1986 年

山崎俊雄『化学技術史―大工業と化学技術―』中教育出版、1953 年

渡辺徳二・佐伯康治『転機に立つ石油化学工業』岩波新書、1984 年

F.アフタリオン（柳田博明監訳）『国際化学産業史』日経サイエンス社、1993 年

J.L.エノス（加藤房之助、北村美都穂訳）『石油産業と技術革新』幸書房、1972 年

L.F.ハーバー（水野五郎訳）『近代化学工業の研究』北海道大学出版会、1977 年

T.I.ウイリアムズ編（柏木肇訳編）『技術の歴史 第 12 巻：20 世紀その 2』筑摩書房、1981 年

（第 23 章）

相田洋『NHK 電子立国　日本の自叙伝（中）』日本放送出版協会、1991 年

井上尚英『生物兵器と化学兵器：種類・威力・防御法』中公新書、2003 年

加藤邦興『化学の技術史』オーム社、1980 年

加藤邦興・慈道裕治・山崎正勝編著『新版 自然科学概論』青木書店、1991 年

黒沢満編『軍縮問題入門 第 2 版』東信堂、1999 年

佐藤靖『NASA：宇宙開発の 60 年』中央公論新社（中公新書）、2014 年

佐藤靖『NASA を築いた人と技術：巨大システム開発の技術文化』東京大学出版会、2007 年

佐原真『戦争の考古学』岩波書店、2005 年

SIPRI／岸由二・伊藤嘉昭訳『ベトナム戦争と生態系破壊』岩波書店（岩波現代選書）、1976 年

渋谷一夫他共著『科学史概論』ムイスリ出版、1997年

常石敬一『七三一部隊：生物兵器犯罪の真実』講談社現代新書、1995年

西川純子『アメリカ航空宇宙産業：歴史と現在』日本経済評論社、2008年

日本放送協会『映像の世紀 第2集 大量殺戮の完成：塹壕の兵士たちは凄まじい兵器の出現を見た』NHKソフトウェア、2000年

林良生「軍事技術とコンピュータ」『コンピュータ革命と現代社会』、1986年

藤岡惇「アメリカ原子力産業の形成」『立命館経済学』第45巻第3・4号、10月、173〜184ページ、1996年

藤岡惇「核冷戦は米国地域経済をどう変えたか」『立命館経済学』45巻5号、12月、18〜35ページ、1996年

村上初一『毒ガス島の歴史：大久野島』村上初一、2003年

森村誠一『新版 悪魔の飽食：日本細菌戦部隊の恐怖の実像』角川書店、1983年

山崎俊雄・大沼正則・菊池俊彦・木本忠昭・道家達将編著『科学技術史概論』オーム社、1978年

山崎正勝・日野川静枝編著『増補 原爆はこうして開発された』青木書店、1997年

山崎正勝・兵藤友博・奥山修平・大沼正則編著『科学史：その課題と方法』青木書店、1987年

山田克哉『原子爆弾：その理論と歴史』講談社（ブルーバックス）、1996年

吉見義明『毒ガス戦と日本軍』岩波書店、2004年

読売新聞社編『ミサイルと核：戦略/戦術核と各種ミサイル（兵器最先端；7）』読売新聞社、1986年

読売新聞社編『原子力潜水艦：戦略/攻撃原潜の全貌（兵器最先端；2）』読売新聞社、1985年

和気朗『死をよぶ科学：BC兵器』新日本新書、1969年

（第24章）

CBEMA, Computer and Business Equipment Manufacturers Association (1985) Computer and Business Equipment marketing and Forecast Data Book, Hasbrouck Heights, N.J. : Hayden Book Co.

相田洋『NHK電子立国日本の自叙伝（上）』日本放送出版協会、1991年

相田洋『NHK電子立国日本の自叙伝（中）』日本放送出版協会、1991年

相田洋『NHK電子立国日本の自叙伝（下）』日本放送出版協会、1992年

相田洋『NHK電子立国日本の自叙伝（完結）』日本放送出版協会、1992年

相田洋・大墻敦『新・電子立国①ソフトウェア帝国の誕生』日本放送出版協会、1996年

相田洋・荒井岳夫『新・電子立国⑤驚異の巨大システム』日本放送出版協会、1997年

新井光吉『日・米の電子産業』白桃書房、1996年

奥山修平・山崎正勝他編著『科学技術史概論』ムイスリ出版、1985年

河邑肇「NC工作機械の発達を促した市場の要求」『經營研究』第47巻第4号、103〜122ページ、1997年

河邑肇「NC工作機械の発達における日本的特質」『經營研究』第46巻第3号、75〜103ページ、1995年

キャンベル・ケリー（末包良太訳）『ザ・コンピュータ・エイジ』共立出版、1979年

主な参考文献

キャンベル・ケリー、アスプレイ（山本菊男訳）『コンピューター200年史：情報マシーン開発物語』海文堂出版、1999年

佐野正博「IBMのPC事業参入に関する技術戦略論的考察」『明治大学社会科学研究所紀要』第48巻第2号、1～33ページ、2010年

佐野正博・橋本和美他『テクノ・グローカリゼーション：技術戦略・地域産業集積・地方電子政府化の位相』梓出版社、2005年

佐野正博「パソコン市場形成期におけるIBMの技術戦略」『経営論集』第50巻第3号、79～108ページ、2003年

示村悦二郎『自動制御とは何か』コロナ社、1990年

示村悦二郎「自動制御の歴史」『油圧と空気圧』第18巻第5号、378～384ページ、1987年

末澤芳文『先端機械工作法：NC工作法から航空機工作法まで』共立出版、1992年

須藤浩行「ディジタル方式によるプロセス計装制御技術」『技術史』第7号、1～23ページ、2010年

セルージ（宇田理、高橋清美監訳）『モダン・コンピューティングの歴史』未來社、2008年

武田晴人編『日本の情報通信産業史：2つの世界から1つの世界へ』有斐閣、2011年

原島文雄「自動制御の進展」『コンクリート工学』第32巻第3号、9～12ページ、1994年

兵藤友博編『科学・技術と社会を考える』ムイスリ出版、2011年

門田安弘『トヨタの経営システム』日本能率協会マネジメントセンター、1991年

山崎俊雄、木本忠昭『新版 電気の技術史』オーム社、1992年

事項索引

数字・アルファベット

731部隊 193
CAD（Computer Aided Design）........... 206
DNA 169
ENIAC 200
IBM360 202
IC（集積回路）....................................... 200
JIT（Just in Time）................................ 206
ME（Micro Electronics）........................ 205
MPU（マイクロプロセッサ）.................... 202
PC（パーソナル・コンピュータ）............. 202
Philosophical Transactions............... 99, 126

あ行

アヴォガドロの仮説................................. 105
アウシュヴィッツ..................................... 192
アウストラロピテクス 2
握力把握 5
アッピア街道 49
アッピア水道 51
アテネ 32
アトム 29
アニリン染料 148
アポロ計画 198
アメリカ的製造方式 171
アラビア世界 56
アルケー 20
アルゴン 100
アルマゲスト（数学全書）.......................... 45
アレクサンドリア 41
アンペールの法則 127
アンモニア合成法 183
イエズス会 86
イオニア 20
医学 63
イギリス王立研究所 126, 127
異端審問制度 82
イデア 32
緯度圏航海法 76
イペリット（マスタードガス）................. 192
陰影法(明暗法)... 69
インジゴ 151
宇宙の神秘 78
宇宙論 87
ウラン235 194
運動霊（anima motrix）........................... 79
エカント 76
エヌマ・エリシュ 22
エネルギー保存の法則 127
塩化ビニル工業 188
円慣性 94
遠近法（透視図法）................................... 69
円錐振り子.. 95
円錐振子式遠心調速機 120
塩素 144
円の求積 16

か行

カーバイド・アセチレン工業................... 181
絵画科学 70
階層構造 162
回転式蒸気機関 122
解剖学 68
開放耕地制度 56
化学コンビナート 182

科学実験	163
科学的管理法の原理	177
科学的自然観	20
科学的実践	37
獲得形質遺伝（世代継承）説	137
核分裂連鎖反応	195
囲い込み	108
片刃礫器	7
家畜化	12
活字	64
カナート	51
紙	64
カミオカンデ	164
神の国	55
ガラパゴス	139
ガリレオの相対性原理	81
カルノー・サイクル	133
カルノーの定理	132
枯葉剤	194
灌漑農業	14
慣性の法則	94
間接製鉄法	60
機械工業	203-206
機械時計	59
機械の要素	49
機械論的自然観	90
幾何学	27
技術的実践	37
キャベンディッシュ研究所	101
キャラコ	112
キャラック船	61
強制運動	39
形相	35
キリスト教	54
禁書目録聖省	85
近代溶鋼法	156
空虚	29
グレゴリオ暦	76
系統解剖	71
系統発生	135
啓蒙主義	136
ゲージ	172
毛織物業	109
血液循環説	73
ケプラーの第一の法則「楕円軌道の法則」	79
ケプラーの第二の法則「面積速度一定の法則」	79, 95
ケプラーの第三の法則「調和法則」	80
ゲルマン世界	56
研究不正	170
言語	8
原子炉	195
原子論	30, 104, 129
建築書	52
弦の法則	92
原論	42
高エネルギー加速器	164
航海暦	76
工作道具	8
工場用原動機	117
後成説	135
合成染料	142, 148
高分子説	185
光量子仮説	163
高炉	60, 153, 203
コーンウォール機関	131-133
黒灰	145
黒色火薬	64
告白	55
コプリー・メダル	100
コロバテス	51

さ行

項目	頁
サーボ機構	199
斉一説	135
サイクロトロン	165
再生医療	169
細石器	11
さらし粉	144
三角帆	60
産業革命	108
三極真空管（三極管）	201
三原質説	98
算術	15
三圃農法	56
シーケンス制御	199
ジェニー紡績機	111, 112
時間研究	177
織布	109
自然運動	39
自然選択	140
自然哲学の数学的諸原理	96
実学	27
実験装置・測定手段	163
実用主義	53
質料	35
質量保存の法則	102, 103
始動	35
自動化	113, 122, 123, 179, 199, 203-206
自動ミュール機	115
社会型発想法	34
ジャベル水	143
斜面の落下実験	92
重機械	59
宗教裁判	82
自由七科	52
縦帆（三角帆）	61
自由落下	91-93
ジュールの法則	129
呪術	13
純酸素上吹き法	158
蒸気機関	116
諸学科	52
書記	16
植民都市	24
シリコンバレー	198
人為選択	140
新科学対話	93
神学的世界観	54
進化思想	136
進化の系統樹	140
進化論	141
神官	14
真空論	42
シンクロトロン	165
人体解剖	68
神話的自然観	22
水車	59
水力紡績機	113
数値制御（Numerical Control）	205
数秘学	28
スタンダード・オイル社	183
すばる望遠鏡	167
スペルマタ（spermata）	29
星界の報告	83
制御機構	199
生産的実践	30
製鉄技術	23
生物地理学	169
生物分類	134
精密機械	59
精密把握	5
生命精気（プネウマ）	47

精錬炉 60, 153
世界の調和 80
石刃技法 11
石油精製技術 181
石器 2
線形加速器 165
占星術 13
前成説 135
銑鉄 153
潜熱 99
旋盤 70, 172, 173, 205
創世記 55
総体的奴隷制 22
装置工業 142, 203, 206
ソーダ 142
ソーダ工業 188
測地術 27
ソハイオ法 189
ソフィア 31
素粒子論 164
ソルヴェー法 147

た行

第一質料 36
大学 58
大気圧機関 116
体循環 73
代数学 62
太陽黒点 84
太陽中心説 77
太陽暦 14
多元論 29
脱フロギストン空気 100, 101, 103
単一機械 44
探査ロケット 167
鍛鉄 153

チーグラー触媒 187
地動説 42
中間種 141
中世都市 57
直接製鉄法 153
定比例の法則 104, 105
ティマイオス 33
テーラー・ホワイト鋼 177
手織工 115
哲学原理 90
デュポン社 185, 187, 195
天球儀 25
天球の回転について 77
電子制御 199
電磁波 130
電磁誘導 127
天水農耕 23
天動説 39
電波望遠鏡 167
天文学 68
天文対話 85
転炉 156-159, 203
同業者組合（クラフトギルド） 58
洞窟壁画 10
同心天球説 39
動物誌 38
動物哲学 138
動物部分論 37
毒ガス 191
都市国家 23
飛び杼 109
度量衡 15
奴隷制 30, 49

な行

ナフサ 189

倣い旋盤	172
握り斧	6
偽金鑑識官	85
二足歩行	4
ニューコメン機関	117
人間の由来	141
ヌース	29
熱素（カロリック）	103, 132
熱の仕事当量	129
熱容量	99
熱力学第1法則	133
熱力学第2法則	133
年周視差	78
ノウム・オルガヌム（新機関）	89
ノーフォーク農法	108

は行

ハーバー＝ボッシュ法	183
肺循環	74
倍数比例の法則	104, 105
鋼	153-159, 171, 177, 178, 203
博物誌	53
剝片石器	7
発火技術	11
ハッブル宇宙望遠鏡	167
パドル法	155
半栽培	12
万能細胞	170
万有引力	80, 94-97
万有引力定数	100
ビーグル号航海記	139
比較解剖学	73
比較形態学	134
ビキニ水爆実験	197
ピタゴラス教団	26
火の使用	9

比熱	99
微分積分学	94, 95
百科全書	136
漂白	142
漂白作業	142
ファブリカ	72
フィードバック制御	199
複動機関	120
歩留まり	204
フライス盤	173, 205
フランス学士院	102
プリンキピア	96
プルトニウム239	194-196
フロギストン	98
プロセス制御	199, 200, 203
分離凝縮器	117
平行運動機構	121
平炉法	158
ベッセマー法	157
ペロポネソス戦争	31
変異	140
ヘンリーの法則	104
望遠鏡	81
放射性変換説	162
紡績	109
ボルタの電堆	125

ま行

埋葬	13
マクスウェル方程式	131
魔術	10
磨製石器	11
マンチェスター文芸哲学協会	104
ミシン	171
ミニコンピュータ（ミニコン）	202
ミュール紡績機	114

ムセイオン 41
綿工業 108
目的 35

や行

唯一者 28
有機合成化学 150
遊星歯車機構 119
ユニオン・カーバイド社 182
ユリウス暦 53
容器 12
用不用説 137
四原因説 35
四元素説 36
四体液説 46

ら行

羅針盤 64

ラテン世界 56
力織機 115
硫酸 142
粒子論 90
流体静力学 44
両刃礫器 7
臨床医学 75
るつぼ 155
ルバロア技法 7
ルブラン法 144
レ・メカニケ 91
錬金術 63
労働 9
労働奴隷制 24
ロンドン王立協会 90, 95, 96, 99, 100

人名索引

あ行

アークライト（Richard Arkwright, 1732−1792） 113

アームストロング（William George Armstrong, 1810−1900） 157

アインシュタイン（Albert Einstein, 1879−1955） 163

アヴォガドロ（Amedeo Avogadro, 1776−1856） 105

アウグスチヌス（Aurelius Augustinus, 354−430） 54

アグリコラ（Georg Agricola, 1494−1555） 60

アナクサゴラス（Anaxagoras, 前500頃−前428頃） 29

アナクシマンドロス（Anaximandros, 前610頃−前546頃） 25

アナクシメネス（Anaximenes of Miletus, 前585頃−前528頃） 25

アリスタルコス（Aristarchus, 前310頃−前230頃） 42

アリストテレス（Aristotelēs, 前384−前322） 34-40

アル=フワーリズミー（Abū Abdāllah Muhamed Ibn Mūsā al-Khwārizmi, 780？−850？） 62

アルキメデス（Archimedes, 前287−前212） 43

アンペール（André-Marie Ampère, 1775−1836） 127

ウァロ（Marcus Terentius Varro, 前116−前27） 52

ウィルキンソン（John Wilkinson, 1728−1808） 102, 118

ヴェサリウス（Andreas Vesalius, 1514−1564） 72

ウェッジウッド（Josiah Wedgwood, 1730−1795） 102

ヴェロッキオ（Andrea del Verrocchio, 1435頃−1488） 68

ウォレス（Alfred Russel Wallace, 1823−1913） 140

エウクレイデス（Eukleídēs, 前330頃−前260頃） 42

エラトステネス（Eratosthenes, 前275−前194） 43

エルステッド（Hans Christian Ørsted, 1777−1851） 127, 129

エンペドクレス（Empedocles, 前490頃−前430頃） 29

オッペンハイマー（J. Robert Oppenheimer, 1904−1967） 196

か行

カートライト（Edmund Cartwright, 1743−1823） 115

カニッツアーロ（Stanislao Cannizzaro, 1826−1910） 105

カバリエリ（Bonaventura Cavalieri, 1598−1647） 94

ガリレオ（Galileo Galilei, 1564－1642） 81, 82, 89, 91-94, 96, 97

カルノー（Nicolas Léonard Said Carnot, 1796－1832） 123

ガルバーニ（Luigi Galvani, 1737－1798） 124

ガレノス（Claudius Galenos, 129頃－200頃） 47

カロザース（Wallace Hume Carothers, 1896－1937） 185

キャベンディッシュ（Henry Cavendish, 1731－1810） 99-103

キュヴィエ（Georges Leopold Chretien Frederic Dagobert Cuvier, 1769－1832） 137

ギルバート（William Gilbert, 1544－1603） 89, 96, 124

グーテンベルク（Johannes Gensfleisch zur Laden zum Gutenberg, 1400頃－1468頃） 64

クセノファネス（Xenophanes, 前560?－前478?） 28

クラウジウス（Rudolf Julius Emmanuel Clausius, 1822－1888） 133

クラペイロン（Benoît Paul Émile Clapeyron, 1799－1864） 133

クロンプトン（Samuel Crompton, 1753－1827） 114

ケイ（John Kay, 1704－1764） 110

ゲイ=リュサック（Joseph-Louis Gay-Lussac, 1778－1850） 105, 118

ゲーリケ（Otto von Guericke, 1602－1686） 124

ケクレ（August Kekulè, 1829－1896） 150

ケプラー（Johannes Kepler, 1571－1630） 78-81, 94

コート（Henry Cort, 1740－1800） 155

コペルニクス（Nicolaus Copernicus, 1473－1543） 76

コルト（Samuel Colt, 1814－1862） 173

コロリョフ（Sergei Pavlovich Korolev, 1907－1966） 198

さ行

シーメンズ（William Siemens, 1823－1883） 158

シャルル・デュ・フェ（Charles François de Cisterai du Fay, 1698－1739） 124

ジュール（James Prescott Joule, 1818－1889） 129

シュタール（Georg Ernst Stahl, 1660－1734） 98

シュタウディンガー（Herman Staudinger, 1881－1965） 185

ジョブズ（Steven Jobs, 1955－2011） 202

シンガー（Isaac Merrit Singer, 1811－1875） 175

ステノ（Nicolaus Steno, 1638－1686） 136

スミートン（John Smeaton, 1724－1792） 117

スローン（Alfred Pritchard Sloan, Jr., 1875－1966） 180

セーバリー (Thomas Savery, 1650?-1715) 116
ソルヴェー (Ernest Solvay, 1838-1922) 147

た行

ダーウィン (Charles Robert Darwin, 1809-1882) 102, 138
ダーウィン (Erasmus Darwin, 1731-1801) 102
ダービー一世 (Abraham Darby I, 1678-1717) 154
タレス (Thales, 前624頃-前546頃) 20
チーグラー (Karl Zeigler, 1898-1973) 187
チャドウィック (James Chadwick, 1891-1974) 164
デカルト (René Descartes, 1596-1650) 87, 90, 91
デービー (Humphry Davy, 1778-1829) 102, 126, 127
テーラー (Frederick Winslow Taylor, 1856-1915) 177
デモクリトス (Democritus, 前460頃-前370頃) 29
トーマス (Sidney Gilchrist Thomas, 1850-1885) 159
トムソン (Joseph John Thomson, 1856-1940) 162
トムソン (後のケルビン卿。William Thomson, Baron Kelvin of Largs, 1824-1907) 130, 133
ドルトン (John Dalton, 1766-1844) 104, 105, 129
トレビシック (Richard Trevithick, 1771-1833) 131, 132

な行

ナスミス (James Hall Nasmyth, 1808-1890) 156
ナッタ (Giulio Natta, 1903-1979) 188
ニールソン (James Beaumont Neilson, 1792-1865) 156
ニューコメン (Thomas Newcomen, 1664-1729) 116
ニュートン (Isaac Newton, 1642-1727) 89, 91, 94-97, 129

は行

ハーヴェイ (William Harvey, 1578-1657) 73
パーキン (William Perkin, 1838-1907) 149
ハーグリーブス (James Hargreaves, 1721-1778) 112
ハーバー (Fritz Haber, 1868-1934) 182, 183, 192
ハイゼンベルク (Werner Karl Heiseberg, 1901-1976) 164
バイヤー (Adolf Baeyer, 1835-1917) 151
ハウ (Elias How, 1819-1867) 175

パスカル (Blaise Pascal, 1623−1662) 94

パラケルスス (Theophrastus Paracelsus, 1493−1541) 98

パルメニデス (Parmenidēs, 前515頃−没年不明) 28

ハーン (Otto Hahn, 1879−1968) 164

ハンツマン (Benjamin Huntsman, 1704−1776) 155

ピタゴラス (Pythagoras, 前570頃−前497頃) 26

ヒポクラテス (Hippocrates, 前460−前375頃) 46

ビュフォン (Georges-Louis Leclerc, Comte de Buffon, 1707−1788) 134

ビリングチオ (Vannoccio Biringuccio, 1480−1539) 60

ファブリチオ (Girolamo Fabrizio, 1537−1619) 72

ファラデー (Michael Faraday, 1791−1867) 127-130

ファン・ヘルモント (Johannes Baptista van Helmont, 1579−1644) 98

フェアベーン (William Fairbairn, 1789−1874) 157

フェルミ (Enrico Fermi, 1901−1954) 164

フォード (Henry Ford, 1863−1947) 178

フォン・ブラウン (Wernher von Braun, 1912−1977) 198

フック (Robert Hooke, 1635−1703) 95

ブッシュ (Vannevar Bush, 1890−1974) 196

プトレマイオス (Claudius Ptolemaeus, 83−168頃) 45

ブラーエ (Tycho Brahe, 1546−1601) 77

プラウト (William Prout, 1785−1850) 105

ブラック (Joseph Black, 1728−1799) 99, 100, 102

プラトン (Plátōn, 前427−前347) 31, 33, 34

フランクリン (Benjamin Franklin, 1706−1790) 101, 124

ブランチャード (Thomas Blanchard, 1788−1864) 172

プリーストリー (Joseph Priestley, 1733−1804) 101-103

プリニウス (Gaius Plinius Secundus, 23−79) 53

プルースト (Joseph Louis Proust, 1754−1826) 104

ベイコン (Francis Bacon, 1561−1626) 89

ヘッケル (Ernst Heinrich Philipp August Haeckel, 1834−1919) 141

ベッセマー (Henry Bessemer, 1813−1898) 156

ベル (Alexander Graham Bell, 1847−1922) 201

ヘルツ (Heinrich Rudolph Hertz, 1857−1894) 131

ベレンガリオ・ダ・カルピ (Berengario da Carpi, 1460−1530) 72

ヘンリー（William Henry, 1774－1836） 104
ホイットニー（Eli Whitney, 1765－1825） 172
ホイヘンス（Christiaan Huygens, 1629－1695） 95
ボーア（Niels Henrik David Bohr, 1885－1962） 163
ボールトン（Matthew Boulton, 1728－1809） 102, 118
ホフマン（August Wilhelm Hofmann, 1818－1892） 149
ボルタ（Alessandro Giuseppe Antonio Anastasio Volta, 1745－1827） 124-126, 129

ま・や・ら・わ行

マクスウェル（James Clerk Maxwell, 1831－1879） 101, 130, 131
マルコーニ（Guglielmo Marconi, 1874－1937） 131
マルタン（Pierre Martin, 1824－1915） 158
モンディーノ・デ・ルッツイ（Mondino de Luzzi, 1270頃－1326） 71
山中伸弥（1962－） 169
湯川秀樹（1907－1981） 197
ラザフォード（Ernest Rutherford, 1871－1937） 162
ラボアジェ（Antoine- Laurent Lavoisier, 1743－1794） 101-104
ラマルク（Jean-Baptiste Pierre Antoine de Monet, Chevalier de Lamarck, 1744－1829） 137
リアルド・コロンボ（Mattero Realdo Colombo, 1516－1559） 74
リービッヒ（Justus Liebig, 1803－1873） 182
リンネ（Carl von Linne, 1707－1778） 134
ルブラン（Nicolas Leblanc, 1742－1806） 145
レオナルド・ダ・ヴィンチ（Leonardo da Vinci, 1452－1519） 68
レントゲン（Wilhelm Conrad Rontgen, 1845－1923） 162
ローバック（John Roebuck, 1718－1794） 118, 143
ロバーツ（Richard Roberts, 1789－1864） 115, 123
ワット（James Watt, 1736－1819） 102, 117, 131, 132, 199

著者紹介

兵藤　友博（ひょうどう　ともひろ）

最終学歴	名古屋大学理学部
現　職	立命館大学名誉教授
主な著作	『科学・技術と社会を考える』（編著：ムイスリ出版）
	『技術のあゆみ[増補版]』（共著：ムイスリ出版）
	『自然科学教育の発展をめざして』（分担執筆：同時代社）
	『原爆はこうして開発された』（共著：青木書店）

小林　学（こばやし　まなぶ）

最終学歴	東京工業大学大学院社会理工学研究科　博士(学術)
現　職	千葉工業大学准教授
主な著作	『19世紀における高圧蒸気原動機の発展に関する研究―水蒸気と鋼の時代』（単著：北海道大学出版会）
	『学校で習った「理科」をおもしろく読む本―最新のテクノロジーもシンプルな原理から』（編著：JIPMソリューション）

中村　真悟（なかむら　しんご）

最終学歴	大阪市立大学大学院経営学研究科　博士(商学)
現　職	立命館大学経営学部准教授
主な著作	『科学・技術と社会を考える』（編著：ムイスリ出版）
	『図説　経済の論点』（共著：旬報社）

山崎　文徳（やまざき　ふみのり）

最終学歴	大阪市立大学大学院経営学研究科　博士(商学)
現　職	立命館大学経営学部教授
主な著作	『日本における原子力発電のあゆみとフクシマ』（共著：晃洋書房）
	『公害湮滅の構造と環境問題』（共著：世界思想社）
	『アメリカン・グローバリズム：水平な競争と拡大する格差』（共著：日本経済評論社）

| 2019年9月20日 | 初 版 第1刷発行 |

科学と技術のあゆみ

著 者　兵藤友博／小林　学／中村真悟／山崎文徳　©2019
発行者　橋本豪夫
発行所　ムイスリ出版株式会社

〒169-0073
東京都新宿区百人町 1-12-18
Tel.(03)3362-9241(代表)　Fax.(03)3362-9145　振替 00110-2-102907

ISBN978-4-89641-281-9　C3040